Ensayos
479
Cine
Serie dirigida por
Juan Orellana

RAMÓN MONEDERO

M. Night Shyamalan

En ocasiones veo muertos

Prólogo de Hilario J. Rodríguez

ENCUENTRO

Diseño de la cubierta: o3, s.l. - www.o3com.com

Para cualquier información sobre las obras publicadas o en programa
y para propuestas de nuevas publicaciones, dirigirse a:
Redacción de Ediciones Encuentro
Ramírez de Arellano, 17-10.ª - 28043 Madrid
Tel. 902 999 689
www.ediciones-encuentro.es

ÍNDICE

PRÓLOGO

Siempre nos han gustado las amenazas capaces de despertar nuestra ternura. Es decir, las amenazas que jamás encontraremos al dar la vuelta a la esquina y las que castigan a cualquiera menos a nosotros. Además de feas, hacen lo que les da la gana y ni siquiera nos rozan. Resulta estimulante saber que alguien se salta las reglas en algún lugar, preferiblemente lejos. Los monstruos y los malvados le echan un pulso a nuestra imaginación. Nuestras abuelas se reían al amenazarnos con llamar al hombre del saco. O al sacamantecas. Pero sólo se reían porque estaban seguras de que ninguno de esos seres terribles nos haría daño. Contaban aquellas historias para derribar nuestras defensas a la hora de comer, cuando nos negábamos a probar sus guisos, y por la noche si tardábamos en dormirnos. Su mayor deseo era ayudarnos a crecer, pese a nuestra resistencia.

En algunas películas de M. Night Shyamalan, las amenazas también nos han querido ayudar a crecer. Y también han conseguido despertar nuestra ternura porque no sólo han apelado a nuestra imaginación a través de seres imposibles, como los marcianos de *Señales* (*Signs*, 2002), sino que además han apelado a nuestra racionalidad a través de seres de carne y hueso enfrentados a circunstancias excepcionales, como David Dunn (Bruce Willis) en *El protegido* (*Unbreakable*, 2000). A esos seres de carne y hueso muchas veces los hemos visto siguiendo a un niño al que supuestamente protegían, enfrentándose a un asesino en masa sólo para demostrarse que en el fondo ellos mismos no eran tan malos, luchando contra los marcianos con la fuerza de la fe, o atrapados en el claro de un bosque de manera voluntaria para preservar una inocencia putrefacta.

Los protagonistas de *El sexto sentido* (*The Sixth Sense*, 1999), *El bosque* (*The Village*, 2004) o *El incidente* (*The Happening*, 2008) parecen piezas defectuosas en el engranaje de nuestra sociedad, no encajan. Caminan sin rumbo. Sin embargo, siguen ahí. En cierto modo, podríamos considerarlos símbolos de algo que no funciona entre nosotros. La filmografía de M. Night Shyamalan los convierte en parte del mundo moderno, donde casi todos actuamos como muertos vivientes en los transportes públicos o en el interior de nuestros vehículos, camino del trabajo y al dar los buenos días a los amigos, hasta que algo excepcional nos obliga a cambiar, a convertirnos en un nuevo tipo de seres humanos, más conscientes de nuestras flaquezas pero al mismo tiempo más conscientes de nuestro valor. Si pensamos al respecto, podríamos vernos a nosotros mismos como intérpretes de muchas de sus películas, recorriendo un extraño camino que al final nos hace más conscientes de la importancia de la fe, de la amistad, del amor y de tantas cosas que podrían hacernos fuertes y que, sin embargo, nos están volviendo cada vez más débiles.

Lo que la obra de Shyamalan pone de relieve es que nuestra capacidad para ver supera con creces nuestra capacidad para entender. En ese sentido, viene a ser una prolongación de lo que antaño hicieron directores y productores como Jacques Tourneur o Val Lewton. Con sus películas, todos ellos han querido hacernos comprender que a menudo los hechos más fantásticos pueden resultarnos tan esquivos como las reglas que rigen los asuntos del amor. Vivimos en un mundo extraño por mucho que nos hayamos familiarizado con él. En la portentosa *Yo caminé con un zombi* (*I Walked with a Zombi*, 1942, Jacques Tourneur), donde la poesía emana de la luz y de la sombra, se decía algo que podría aplicarse a las mejores películas de Shyamalan: «Todo parece hermoso sólo porque no entiendes lo que ves. Los peces voladores saltan atemorizados porque otros peces quieren comérselos. El agua brilla a causa de millones de cuerpos muertos; es un brillo putrefacto.»

Como pone de relieve este valiosísimo libro de Ramón Monedero, M. Night Shyamalan convierte la macabra poesía del cine fantástico en realismo sucio. Sus protagonistas, en muchos casos, son una encarnación de nuestro pasado, nos tienden un lazo con el cual jamás podremos romper porque de él depende el futuro. Se presentan ante nosotros para recordarnos los riesgos que corremos si no reaccionamos ante el fin de la familia, el triunfo del consumismo, la paranoia militarista o el tipo de compartimento estanco donde nos obliga a vivir el capitalismo. Antes de Shyamalan, muchos directores imitaron el cine fantástico de gente como Jacques Tourneur o Val Lewton, sin proponer visiones demasiado inteligentes del mundo contemporáneo, reduciendo todo a un simple juego. Shyamalan, por su parte, ha demostrado en bastantes ocasiones que un género puede viajar en el tiempo y en el espacio, encontrando características propias. En realidad, lo que nos propone es simple y complicado: nos viene a decir que está en nuestras manos que sus fantásticos argumentos sigan siendo sólo cine o se acaben convirtiendo en la realidad donde vivimos.

Durante la colonización francesa del norte de África, en los países sometidos solía haber sesiones de cinematógrafo por las noches. Las nuevas autoridades querían agasajar así a las viejas, recordándoles sus enormes avances tecnológicos, su poder. Querían resultar persuasivos, convencer a aquellos pueblos primitivos de las bondades de la civilización. Muchos espectadores eran musulmanes que iban al cine para no desairar a sus *anfitriones*; sin embargo, mantenían los ojos cerrados a lo largo de la proyección, de lo contrario creían estar cometiendo una herejía. Cerrar los ojos sigue siendo la mejor estrategia ante esas imágenes del horror que, en lugar de concienciarnos, nos insensibilizan, convierten la fantasía en un presagio de la realidad y la realidad en un presagio de la fantasía. ¿Puso Neil Armstong su pie en la Luna o fue un montaje? ¿Se desplomaron las Torres Gemelas primero en la realidad o en una película? Mientras los intelectuales franceses se entretienen hablando sobre la cultura del simulacro, en los trenes de cercanías hay «cosas —como decía Kiko Amat— que hacen bum» y que matan a la gente, como pusieron de relieve los atentados del 11 de marzo de 2004 en Madrid.

Damos por hecho que el cine es parte de nuestras vidas aunque todavía no sepamos bien cuál es su verdadera función. Cineastas como M. Night Shyamalan buscan respuestas y escritores como Ramón Monedero nos las exponen y aclaran en libros como éste que estás a punto de leer, querido lector, y que espero que –como a mí– te descubra los rasgos y exploraciones de uno de los mejores cineastas que hay en activo dentro del cine *mainstream* norteamericano en estos momentos, un hombre para quien «el futuro todavía no está escrito».

Hilario J. Rodríguez

AGRADECIMIENTOS

Es mi primer libro y por tanto, entenderán que deban empezar por el principio. Nunca podré agradecerle a mis padre, Ramón y Loli lo que han hecho por mí, pero aquí al menos podré darles las gracias, por sus esfuerzos y constancia por empujar y defender mi desmedida pasión por el cine. A mi padre Ramón, por haberme apoyado e invertido muchos esfuerzos y dinero en una dedicación que creo que él, en el fondo, nunca ha llegado a comprender del todo. ¿Cómo es posible que pueda tener algo de productivo pasarse el día viendo películas de monstruos y fantasmas? Bueno papá, entre tus manos tienes una pequeña evidencia. A mi madre, Loli, de entrada, porque a ella le debo la herencia genética de amar el cine, y más aún, a mi abuela Luz, que estoy seguro me estará observando desde algún sitio llena de orgullo. Con mi madre podía ver crecer la hierba en una película y el disparate más hilarante. Mi madre nunca puso pegas a nada, veía incluso aquellas películas que ya había visto porque yo necesitaba verlas. A veces incluso me apuntaba alguna que otra cuestión que a mí se me escapaba. A los dos, gracias de todo corazón.

También tengo que darle unas profundas gracias a Pedro Alberto Cruz, porque aunque él —seguramente— no comparta ni una sola frase de este libro, fue el primero que me enseñó que el cine era un Arte. Me descubrió cosas tan dispares como el cine de Robert Wise,

Andrei Tarkovski, Sam Peckinpah o el valor de los cortos animados de la Warner. Pedro, quizá no te veas reflejado en una sola de estas páginas, pero créeme, tu semilla está aquí. Precisamente a través de Pedro conocí a un grupo de personas que, cada uno a su modo, también me enseñaron mucho acerca de otras mil formas distintas de ver, entender y admirar el cine. Gracias a Antonio Rentero, Miguel Ángel Hernández, Isabel Durante, Mercedes Alarcón y Raquel Alarcón, todos los viernes por la tarde durante años, en la ya mítica *tertulia*, repasábamos el cine por delante y por detrás, de arriba abajo y a veces también, lo que no era el cine.

Ya en la universidad, tengo que empezar por ese grupo de inseparables amigos cuyas tertulias en el *Togo* o en cualquier otro bar abierto a deshoras, hubieran hecho sombra a la mejor de las clases. Con unas cervezas en la mano, Ana Mayor, Sergio A. Martínez, Julián Gómez-Ulla, Alicia Gracia y José Antonio Planes revisamos, reinterpretamos y redefinimos a los genios del cine clásico y moderno, los modelos de comunicación, el fenómeno de las masas, la política, la religión, el sexo, la vida y la muerte. Creedme que vuestras charlas me enseñaron mucho, y vosotros lo sabéis, y seguramente sin ellas este libro no sería tal cual es. A todos gracias.

También tengo que agradecerle sus apasionantes enseñanzas y sus interminables horas de charla informal a Manuel González-Sicilia, quizá el único adulto capaz de rivalizar conmigo en amor al cine. González-Sicilia no sólo me enseñó cine en la universidad, y de una forma que hasta entonces desconocía, sino que además me ayudó a poner los pies en la Tierra. Me hizo sentir adulto a su lado y lo que es más importante, me hizo sentir un igual en un etapa tan complicada como la universitaria.

También en la universidad conocí a un amigo muy especial. Marcelo López Cambronero, un formidable filósofo, que me hizo descubrir al filósofo aficionado que llevo dentro. Nunca terminaré de agradecerle todo lo que ha hecho y sigue haciendo por mí. Pero tal vez lo más importante, creo, es que fue una de esas personas que cree en mí, que cree puedo aportar algo al mundo de la Cultura y que puedo y debo luchar por hacerme oír. Y eso siempre es importante. Me enseñó a apuntar alto, muy alto y a no desanimarme cuando fracasara. Me enseñó a tener esperanza y sobre todo me habló de Dios como nunca antes nadie me había hablado. A lo largo de este libro lo cito en no pocas ocasiones y aún así, estoy convencido de que no son suficientes, porque hay mucho, mucho más de lo que pudiera exponer aquí de las enseñanza de Marcelo en casi todas las páginas de este libro.

Precisamente gracias a Marcelo conocí a personas realmente interesantes como Eduardo Segura o Higinio Marín, nombres con los que, por una amplia variedad de razones, no pude intimar todo lo que me hubiera gustado. También gracias a Marcelo y a las sucesivas jornadas y seminarios de cine que montamos en Murcia, conocí a otro nombre clave, Hilario J. Rodríguez. A Hilario le debo otro montón de cosas, de entrada, el fantástico prólogo prometido hace años cuando este libro no era ni la mitad de lo que hoy es. Hilario comparte con Marcelo esa rara tendencia a creer en mí. Hilario ha contado —y sigue contando— conmigo en no pocas aventuras crítico-literarias y en lo que se refiere a este libro, ha sido mi principal empuje moral. Era Hilario el que, cada vez que coincidía conmigo, me preguntaba por el libro de Shyamalan y el que me insistía en que lo terminara. De hecho, fue Hilario quien me dio el último empujón definitivo en una agradable noche en Cáceres de la que no sé si se acordará. Muchas gracias Hilario.

También gracias a Marcelo (ahora entenderán por qué le debo tanto) conocí a otro nombre fundamental. Coincidí con Juan Orellana en una charla sobre cine que le invitamos a dar en Murcia hace ya unos años y curiosamente, lo único que recordaba de él era que me recomendó ir a ver *American Dreamz*, una acertadísima y divertidísima invitación que nunca tuve la ocasión de agradecerle en persona. Tiempo después, sin habernos visto durante años, sin previo aviso y a través de un correo electrónico, me puse en contacto con él y le comenté el proyecto de un libro sobre Shyamalan. Lo ojeó, le gustó y lo envió a Ediciones Encuentro donde Manuel Oriol me recibió con los brazos abiertos dispuesto a ofrecer el mejor producto posible.

Y finalmente, ya para terminar, tengo que darle las gracias a mi mujer Ana Arévalo. Las razones, como se podrán imaginar, son muchas. Este libro le ha robado un buen número de horas y ella nunca me lo ha reprochado. El simple hecho de que esté a mi lado, a mí me sirve para seguir adelante y además, siempre me empujaba y me animaba a terminar el libro, a volver a ver una película que ya habíamos visto cien veces y a volver reescribir lo que ya había reescrito otras tantas. Pero sobre todo, Ana me dio el mejor regalo que jamás pude imaginar, mi hija Lucia. Ha sido la única personita capaz de arrancarme, a mí y a mi mujer, una sonrisa en el peor de los momentos. Mi hija Lucia es un regalo y cuando digo regalo tengo la sensación de estar quedándome corto y necesitaría escribir otro libro sólo para expresar qué siento por mi hija. Siempre con una sonrisa en la boca. Son mi oxígeno, mi hija y mi mujer, y por esto os he dejado para el final y por esto también, os quiero dar las gracias de una forma muy especial.

Para terminar, ahora de verdad, no quiero despedirme sin mencionar un par de nombres; Antonio Abril y Joaquín Vera. Ellos saben por qué. Gracias.

A MODO DE PRESENTACIÓN

Este libro se gestó hace años, demasiados. El germen del trabajo que ahora tienen en sus manos se publicó por primera vez en una apasionada iniciativa de un grupo de profesores y unos pocos alumnos de la Universidad llamada *Teleskop* encabezada por el profesor Marcelo López Cambronero. Aquella publicación digital resultaba una iniciativa terriblemente prometedora pero no duró mucho. Apuntaba alto, tal vez demasiado, y por esta razón requería de un grandísimo esfuerzo que desgraciadamente no se pudo soportar durante mucho tiempo. El caso es que entre aquellas páginas digitales había una sección de cine que dirigía yo y en la que pudimos contar con escritores cinematográficos tan importantes como Roman Gubern, José María Latorre, Tomás Fernández Valentí o Hilario J. Rodríguez. El caso es que allá por el año 2003, en Teleskop publiqué un pequeño artículo titulado *M. Night Shyamalan. Cine asumido y superado.* Era sin duda un texto quizá demasiado entusiasta, aunque honestamente creo que permitía intuir al menos el intento de abordar la obra de Shyamalan con cierto nivel de objetividad.

Poco después, Carlos Díaz Maroto, director de la web *pasadizo.com* me pidió si podía publicar ese artículo su página. Yo accedí encantado. Lo importante vino después. Aquel pequeño artículo generó una imprevista cantidad de reacciones tanto por parte de los lectores de *pasadizo.com* como fuera de la página web. Conforme pasaba el tiempo me encontraba foros y *blogs* en los que se hacía referencia a mi artículo. Había comentarios para todos los gustos y estómagos. Había palabras de admiración, pero también de odio y hasta ofensivas. No mucho después encontré que mi artículo sobre Shyamalan se encontraba entre la bibliografía seleccionada por el director en la página de Internet *imdb.com*, como es bien sabido, la base de datos cinematográfica más importante y grande del mundo. Aquello me hizo pensar.

Llevaba tiempo barajando la posibilidad de escribir un libro, algo sencillo, puesto que sería mi primer trabajo en solitario y me recomendaron que si no me quería meter en camisas de once varas, lo mejor sería abordar la obra de un director con no muchas películas. Yo estaba tanteando dos nombres y uno de ellos era el de M. Night Shyamalan. La reacción que yo mismo pude comprobar que tuvo el artículo en la red me hizo considerar que probablemente Shyamalan era la opción más interesante. En aquel momento se encontraba en la cresta de la ola, acaba de estrenar *Señales* y todos lo acababan de coronar como el nuevo Spielberg. Parecía un proyecto interesante.

Pero escribir un libro no es cosa de un día. El trabajo que implica, la dificultad de acceder a determinadas películas y hasta mi propia inseguridad dilataron este proyecto más allá de lo que hubiera sido deseable aunque bien mirado, quizá ahora sea un libro mejor de lo que lo hubiera sido años atrás. Hay quien piensa que las cosas nacen y se hacen cuando es su momento, y tal vez el momento de que yo publicara un libro sobre M. Night Shyamalan era este. Recuerdo que tras el estreno de *La joven del agua*, mi amigo Israel Paredes me preguntó «¿Sigues con el libro de Shyamalan ahora que no le gusta nadie?». Tenía razón, ¿era buena idea seguir con él en un momento en el que ya nadie parecía admitir en público que era un seguidor de su cine?

Creo que lo que se puso de dolorosa manifestación entonces era una sensación que en realidad se venía fraguando desde los tiempos de la misma *Señales*; la cada vez más insalvable distancia entre detractores y seguidores del cine de M. Night Shyamalan. Sus *fans* no admiten una salida de tono, ni ante un film como *Airbender. El último guerrero* y su detractores no admiten una genialidad como *La joven del agua* ni aun cuando se les ha pasado el enfado de haber visto una película completamente diferente de lo que iban esperando. Este libro no está preparado para uno de sus detractores, suponiendo que alguno de ellos se preste siquiera a echarle una ojeada. Lo que creo que es una pena, porque sería ideal que cada vez con más frecuencia no acercáramos a los entornos que detestamos para conocerlos un poco mejor y justificar nuestro rechazo o en su defecto, redescubrir una imprevista admiración.

En cualquier caso lo cierto es que el trabajo ya está hecho, la apuesta cerrada y las cartas sobre la mesa. Parto de la base de que soy consciente de que este no es el libro definitivo sobre M. Night Shyamalan, más que nada porque el propio director no creo que haya hecho aún su obra definitiva. Este librito no es más que una sencilla aproximación a la obra del director de origen indio que pretende ofrecer la visión que estoy seguro, el propio Shyamalan intenta trasladar desde sus películas. El trabajo que tienen en sus manos es más un ejercicio de reflexión que un trabajo de investigación. No he pretendido ofrecer datos particularmente exclusivos, aunque los haya, mi intención principal ha sido la de proponer una aproximación a la obra de un director que, creo, a veces no se termina de entender del todo. Como me dijo en una ocasión Marcelo López Cambronero, el buen investigador no es necesariamente aquel que ofrece las respuestas adecuadas, sino el que propone las preguntas acertadas. Espero honestamente que este libro genere en quien lo lea eso, las preguntas adecuadas.

INTRODUCCIÓN

Recuerdo una anécdota que un día, en la universidad, me relató el profesor Eduardo Segura, probablemente el mayor experto que existe en lo referente a la vida y obra de J.R.R. Tolkien. Estaba sacada de un ensayo del creador de *El señor de los anillos*, un hombre al que, además de escribir historias fantásticas, le gustaba reflexionar sobre la propia naturaleza de lo asombroso. En *Árbol y hoja* podemos leer: «Los cuentos, naturalmente, no son el único medio de recuperación o de profilaxis contra el extravío. Basta con la humildad. Y para ellos en especial, para los humildes, está *Mooreeffoc*, es decir, la Fantasía de Chesterton. *Mooreeffoc* es una palabra imaginada, aunque se la pueda ver escrita en todas las ciudades de este país [Inglaterra]. Se trata del rótulo 'Coffee-room', pero visto en una puerta de cristal y desde el interior, como Dickens lo viera un oscuro día londinense. Chesterton lo usó para destacar la originalidad de las cosas cotidianas cuando se nos ocurre contemplarlas desde un punto de vista diferente del habitual. La mayoría estaría de acuerdo en que este tipo de fantasía es ya suficiente; y en que siempre abundarán materiales que la nutran. Pero sólo tiene, creo yo, un poder limitado, por cuanto su única virtud es la de renovar la frescura de nuestra visión (...).. La fantasía creativa, por cuanto trata de forma fundamental de hacer algo más que recrear algo nuevo, es capaz de abrir nuestras arcas y dejar volar como a pájaros enjaulados los objetos allí encerrados. Las gemas todas se tornarán flores o llamas, y será un aviso de que todo lo que poseíais (o conocíais) era peligroso y fuerte, y que no estaba en realidad verdaderamente encadenado, sino libre e indómito; sólo vuestro en cuanto que era vosotros mismos»[1].

Recuerdo que Eduardo Segura solía decir que ejemplos como este ponían en evidencia que el buen narrador de historias es aquel que fundamentalmente es capaz de arrojar una nueva luz sobre la realidad que ya conocemos o que creíamos conocer. Porque el mundo es en realidad un universo polisémico, salpicado de significados a veces ambiguos, complejos, pero en cualquier caso, siempre ricos. Esto es lo asombroso, defendía Eduardo, y es el Arte quien posee la capacidad radical, decía él, de revelar esos significados que encierran los mundos posibles.

Pensando en la obra de M. Night Shyamalan, pronto me di cuenta de que el mundo, tal y como lo concibe el director norteamericano, no es un mundo llano, ni mundano. Muy al contrario, se trata de un universo asombroso repleto de fantasmas, superhéroes, extraterrestres, monstruos, sirenas, dragones y monstruos voladores. Sin embargo, sus insólitas propuestas dramáticas —con la única excepción de *Airbender. El último guerrero* (*The Last Airbender*, 2010)— suelen estar muy bien encajadas en entornos acusadamente mundanos, normales. Y esto sirve fundamentalmente a dos cuestiones. La primera, permite que el espectador entre sin problemas en la historia. Las casas, los campos y las ciudades que se ven en las películas de Shyamalan resultan familiares, cercanas, aunque jamás hayamos pisado Estados Unidos. Y en segundo lugar, nos dice algo acerca de la realidad. Nos dice que esas cosas extraordinarias que pueblan sus películas no son ajenas a esa familiaridad, al contrario, forman parte de ella. Para aventurarse en una historia de Shyamalan, no hace faltar cruzar

[1] Tolkien, J.R.R., *Sobre los cuentos de hadas,* Minotauro, Barcelona 1991, p. 72.

un espejo, ni rebasar una puerta, *sólo* hace falta mirar. Pero mirar quizá, como no lo habíamos hecho antes o al menos, no como solemos hacerlo.

Por esta razón el celebérrimo niño de *El sexto sentido* (*The Sixth Sense*, 1999), cuando afirma con voz temblorosa que «en ocasiones veo muertos» (en realidad «I'see dead people», el «en ocasiones» fue una licencia que por lo visto nos tomamos en España a la hora de traducirla), nos está diciendo que en ocasiones es capaz de ver cosas extraordinarias en una vida sin nada más apasionante que evitar que sus compañeros de clase abusen de él. Lo paradójico de esta capacidad de Cole (Haley Joel Osment) es que esa facultad de ver más allá de lo que otros ven se ha convertido en una maldición. Y esto es así porque en un mundo donde nada extraordinario existe, nada que no se pueda tocar o medir es merecedor de ser tenido en cuenta, alguien que ve *cosas* donde otros no ven nada es un bicho raro.

M. Night Shyamalan hizo propia esa particular mirada de Cole, esa asombrosa mirada capaz de *ver muertos.* Esa mirada insólita de redescubrir la realidad, de empezar leyendo *Mooreeffoc* donde el resto sólo ve *Coffe-Room. P*or esta razón, la propuesta radical que nos ofrece Shyamalan es la de enfrentarnos al mundo con otros ojos, con unos ojos bien distintos que nos revelen la facultad de extrañamiento que encierra el mundo real. M. Night Shamalan nos invita a mirar a las sombras con otra óptica, a mirarnos a nosotros mismos con otras intenciones, a mirar al cielo, al bosque, a un árbol y al agua con asumida sorpresa, con un espíritu contemplativo y sobre todas las cosas, con esperanza. *En ocasiones veo muertos* no es más que una cita sumamente popular que en todo caso, ejemplifica muy bien esa visión de lo extraordinario. Los fantasmas de *El sexto sentido* no son más que un ejemplo, una metáfora de lo insólito que cohabita en el mundo real. Y lo mismo sucede con los superpoderes de David Dunn (Bruce Willis) en *El protegido,* con la *ninfa* que surge de una piscina en *La joven del agua (Lady in the Water,* 2006) o con la extraña toxina que elimina el instinto de supervivencia de *El incidente (The Happening*, 2008), simples metáforas de cómo lo asombroso puede hacer acto de presencia en nuestras vidas mundanas y a veces aburridas.

Como veremos, el discurso de M. Night Shyamalan se articula en función de conceptos complejos a cerca de la propia existencia y de nuestro lugar en el mundo, y esto además lo hace el director de *Señales (Signs*, 2002) partiendo de signos y modelos genéricos reconocibles y atractivos para el gran público: el cine de terror, los superhéroes, la ciencia ficción. Los envoltorios de las películas de M. Night Shyamalan resultan atractivos para el gran público, pero además, el director de *El bosque (The Village*, 2004) ha tenido la capacidad y muchas veces la valentía, de reinventarlos, de alterarlos, renovándolos. Esto, que podrá gustar o no, en cualquier caso revela una agradecida e insólita capacidad por parte de Shyamalan para reentender y releer los clichés clásicos del cine y sus géneros más populares. Por esta razón, por su esencial vínculo con el cine clásico, sus formas suelen permitirle al espectador un lujo muy poco extendido en el Hollywood actual; disfrutar del simple y llano placer de que te cuenten una historia.

Digámoslo cuanto antes, M. Night Shyamalan es un narrador nato, un contador de historias, por esto le preocupa más un relato lineal, coherente y consecuente, que una trama compleja y desbaratada en mil y un giros de guión. Y esto es así porque hasta cuando una película de Shyamalan termina con un final sorpresa, estas conclusiones suelen estar enfocadas a reconstruir toda la historia. Es decir, sus aplaudidos finales sorpresa no son meros artefactos de pirotecnia dramática para dejar clavado al público en su butaca, sino claves para comprender el relato. Claves sin las cuales, las películas de Shyamalan serían otras.

Vamos a hablar de cine, pero tratándose de M. Night Shyamalan, también vamos a hablar de otras cosas. A veces, cosas mundanas, otras, cosas extraordinarias, pero siempre estaremos hablando de lo mismo, de cómo miramos al mundo y de cómo nos vemos a nosotros mismos. En suma, puede que al fin y al cabo de lo que terminemos hablando sea de la vida misma. De esas cosas que nos pasan todos los días y que ya han dejado de llamar nuestra atención. Shyamalan no entiende el cine si no está relacionado con la existencia del individuo y eso es bueno, porque así Night lo que hace es penetrar en sus recovecos, en sus inseguridades y en sus contradicciones, pero también en sus alegrías y en sus esperanzas. Así Shyamalan lanza un discurso que habla del hombre para el hombre, una comunión entre un cineasta que narra y un público que contempla. En suma, intención y percepción, las claves del Arte.

UN INDIO EN HOLLYWOOD

Manoj Nelliyattu Shyamalan nació en Mahé, un pueblecito de la provincia india de Tamil-Nadu, en Pondicherry, en una de las regiones más al sur del país, a unos 2.500 kilómetros de Nueva Delhi, el 6 de agosto de 1970, aunque lo cierto es que el pequeño Manoj apenas si se crió allí. Según las malas lenguas, hay quien asegura que Shyamalan lleva puliendo y matizando su biografía desde que se convirtió en un personaje mundialmente conocido. Así, algunos datos varían sensiblemente y existen algunas cuestiones de su vida personal que no están del todo claras. Por ejemplo, hay quien asegura que Night nació en la India únicamente porque su madre se trasladó a su país de origen a pasar los últimos cinco meses de gestación y que tan sólo seis semanas después de haber nacido el pequeño Shyamalan se trasladó con su familia a Estados Unidos. Otra versión de la misma historia únicamente indica que M. Night Shyamalan nació en la India, en efecto, pero que emigró a Norteamérica, junto a sus padres, Nelliate C. Shyamalan, cardiólogo, y Jayalakshimi Shyamalan, obstreta, a los dos años de edad. En cualquier caso lo cierto es que el pequeño Manoj se crió y educó en Estados Unidos, en Penn Valley, una pequeña ciudad del municipio de Lower Merino, en el condado de Montgomery, Pennsylvania. Cuando M. Night Shyamalan tuvo la edad adecuada y aunque siempre se tuvo muy presente en casa sus orígenes indios,

Manoj fue matriculado en una selecta escuela privada católica para chicos, la Episcopal Academy de Lower Merino.

Durante aquellos años, Shyamalan resultó ser un chaval inusualmente callado que pretendía, sobre todas las cosas, no llamar la atención. «Era muy tímido, no hablaba, estar en clase me daba la posibilidad de desaparecer dentro de un grupo, no sobresalir, eso me ayudó mucho, me hizo fuerte y además, no había chicas que pudieran distraerme»[2] declaró el propio director. De hecho, fue tal la escasa comunicación que ofrecía el joven Shyamalan en su entorno académico, que el pequeño inmigrante de origen indio fue llevado a un psicólogo por miedo a que su aparente timidez ocultara un problema más grave. Pero la verdad es que el propio cineasta declaró, ya adulto, que aquellas terapias le sirvieron más bien poco. De hecho, fueron aquellos años de aislamiento deseado los que Night aprovechó para descubrir primero, y enamorarse después, del cine a muy temprana edad. Fue también durante aquellos años cuando el pequeño Manoj probablemente estuvo más necesitado de sentirse partícipe de una sociedad como la norteamericana. Cuando se es un niño, nuestros principales deseos pasan por sentir que formamos parte de un conjunto, de una comunidad y en última instancia, de un grupo de amigos. Tal vez, una de las cosas que más aisló a Shyamalan en sus años de niñez fuera su propio nombre, Manoj Nelliyattu Shyamalan. Aquellos dos primeros nombres, Manoj y Nelliyattu, estaba diciendo a gritos que Shyamalan era un extranjero. El pequeño Manoj estaba rodeado de chicos con nombres como Sam, Michael, John, Jack y en cambio él, se llamaba Manoj. Tuvo el pequeño Shyamalan no pocas discusiones con sus padres en relación a su nombre. Quería cambiárselo y eso, para una cultura como la india, era poco menos que una herejía, pero a Shyamalan le atraía la idea de *americanizar* su nombre. Esta es otra de las anécdota vitales del director que cuenta con dos versiones.

2 Ruiz Mantilla, Jesús. «La irrupción del superhéroe existencialista», en *El espectador*, n.º 120, p. 8.

Una, la que promulga el propio cineasta y que también aparece en el libro de Michael Bamberger, *The Man Who Heard Voices*, cuenta que un día, leyendo sobre los indios Lakotas, Manoj se tropezó con el nombre de Night. Y se quedó con él, lo cual no dejaría de incidir en cierto tono trascendental sobre su nombre fruto de los verdaderos nativos americanos. La otra versión, en cambio, es bastante más mundana. Según parece, el nombre de Night (noche en inglés) podría venir del mote que Shyamalan recibió en el colegio fruto de su piel oscura, sus ojos pardos y su pelo negro.

En cualquier caso lo cierto es que mientras Manoj, ahora Night, se esforzaba en hacerse ver y sentir como un verdadero estadounidense, su pasión desenfrenada por el cine iba aumentando por momentos. Puede que Night sólo utilizara el cine, en un principio, precisamente para conocer mejor la cultura que lo rodeaba y que al fin y al cabo lo estaba criando, pero lo cierto es que aquella costumbre se convirtió en un *hobbie*, y de ahí en una pasión. Cuenta José María Aresté[3] que en cierta ocasión, cuando Shyamalan todavía era un niño, su madre lo sorprendió con una cámara Super-8. Jayalakshimi, o Jaya, como se hacía llamar la madre del pequeño, le preguntó de dónde había sacado aquel instrumento y éste, ni corto ni perezoso, le contestó que de una tienda. Jaya, no muy convencida con el relato de su hijo, lo acompañó a la tienda en cuestión a que devolviera la cámara y al comprobar cómo el niño tardaba demasiado en salir del establecimiento, Jaya entró. Una vez allí vio a un dependiente con una enorme bolsa entre las manos repleta de monedas. Eran cerca de 500 dólares que Shyamalan había ahorrado pacientemente y que cuando había tenido suficiente, había rescatado de su hucha para utilizarlo como depósito en la tienda para el alquiler de la cámara. El episodio debió calar hondo en la familia Shyamalan dado que el pequeño Manoj no tardó demasiado en hacerse con su propia cámara Super

[3] Aresté, José María. «El nuevo mago del suspense», en Fijo, Alberto, *Breve encuentro*, Inversiones Editoriales Dossat, Madrid, 2004 p. 249.

8, convirtiéndose desde aquel momento en su mejor y más estimado amigo inanimado, con el cual llegó a rodar la nada desdeñable cifra de 45 cortometrajes hasta que cumplió los dieciséis años[4].

Durante estos años de asumida jovialidad infantil, Night se nutrió conscientemente de un buen número de títulos que lo marcarían para el resto de su vida. Películas como *Tiburón* (*Jaws*; Steven Spielberg, 1975), *En busca del arca perdida* (*Raiders of the Lost Ark*; Steven Spielberg, 1980), *El exorcista* (*The Exorcist*; William Friedkin, 1973), *El planeta de los simios* (*Planet of the Apes*; Franklin J. Schaffner, 1968) o *El padrino* (*The Godfather*; Francis Ford Coppola, 1972) cambiarían de forma radical la forma de entender y de admirar el cine de este incipiente creador cinematográfico. Fue entonces, cuando tras su graduación en 1988, un Shyamalan de 18 entusiastas años anunció a su acomodada familia de médicos —doce en todo el linaje—, algo que ya se veía venir: quería ser director de cine. Su padre ya lo había imaginado como un ilustre médico, pero fue su madre, Jaya, quien animó al pequeño a que siguiera adelante con su ilusión de ser cineasta. El caso es que el aspirante a director de cine debió de manifestar las suficientes muestras de entusiasmo y absoluta devoción como para que lo matricularan en la Universidad de Cine de Nueva York y en la Tisch School of the Arts.

En su formación cinematográfica, M. Night Shyamalan empezó a descubrir a los directores que después serían sus asumidos maestros y mentores con una especial admiración por cineastas como Steven Spielberg, Alfred Hitchcock o Francis Ford Coppola entre otros. Shyamalan no debió de pasar desapercibido dado que uno de los profesores de Night no tardó en advertir que aquel chaval callado, de piel y ojos oscuros, tenía madera de director. De hecho, uno de sus maestros, Lamar Sanders, quedó perplejo ante la fuerza de las narraciones del emergente Shyamalan, las cuales a

[4] Algunos de estas prematuras muestras de talento cinematográfico se pueden encontrar en la mayoría de las ediciones en DVD de las películas del director con la excepción de *La joven del agua* y *El incidente.*

la postre, no desestimaban un importante instinto comercial, algo que siempre era y es de agradecer —aunque no sea un requisito *sine qua non*— para un relato cinematográfico.

Ya graduado y con veintidós años, Shyamalan llevaba tiempo pensando qué hacer exactamente con el que pretendía que fuera su primer largo. Fue entonces cuando su madre Jaya, que tenía que viajar a la India a ver a sus padres, le sugirió al joven Shyamalan que se fuera con ella, que visitara su país y de paso rodara algo allí. La idea no era más que una inocente propuesta, pero en ella bullía el material suficiente para que Shyamalan gestara su primer film. Sus padres fueron los productores ejecutivos del proyecto y la película se tituló *Praying with Anger* (1992), rodada en un régimen de producción muy precario con unos escasos 750.000 dólares. El film contaba la historia semi-autobiográfica que el propio Shyamalan experimentó al llegar a la India en aquel viaje. La película tenía como protagonista a Dev Raman (interpretado por el propio Shyamalan), un joven indio estudiante de medicina en los Estados Unidos, que tras concluir sus estudios regresa a la India encontrándose con un lugar completamente desconocido que nada tenía que ver con el país que había abandonado años atrás. Esta experiencia de redescubrimiento vital le servía al protagonista de *Praying with Anger* para reencontrarse tanto con él mismo como con la propia India.

Escrita, dirigida, producida e interpretada por M. Night Shyamalan, el primer paso ya estaba dado, aunque sus consecuencias fueran muy limitadas. *Praying with Anger* gozó de una discretísima *premier* comercial en Woodstrock, Illinois, pero lo cierto es que la ópera primera de Shyamalan no provocó ningún revuelo mediático o profesional al estilo de *Duel* (*El diablo sobre ruedas*; 1971) de Steven Spielberg aunque sí recibió muy buenas críticas en general, sobre todo en el festival de cine de Toronto, al que accedió *in extremis*. Durante los siguientes años comienza la etapa más dura de Shyamalan, la de hacerse un hueco en la industria. Night desde el principio se dio cuenta de que sería demasiado complicado hacerse con un futuro en esto del cine si no conseguía meter a la industria en su bolsillo. De este modo el joven director indio comenzó a realizar trabajos alimenticios como guionista en la mayoría de los casos, puliendo guiones ajenos de forma no acreditada. Ocasionalmente, conseguía *colar* algún guión que lograba interesar lo suficiente a algún estudio como fue el caso de *Labor of Love* para la Fox —que nunca se rodó— o la propia adaptación del cuento de E. B. White, *Stuart Little*, que esta vez sí, años después, en 1999, se convertiría en un mediocre film de éxito dirigido por Rob Minkoff —*El rey león* (*The Lion King*; 1994)—y co-escrito posteriormente por un guionista también novel, Greg Booker. Curiosamente *Stuart Little* se estrenó en todo el mundo muy pocas semanas después del éxito que daría a conocer a Shyamalan en todo el mundo, *El sexto sentido.*

M. Night Shyamalan no recuerda con demasiado cariño aquella etapa de su vida. Según cuenta el propio cineasta estaba condenado a la reescritura de libretos ajenos que además estaba condicionados por las exigencias de la producción. Un guión podía estar más o menos bien como estaba, pero si un productor consideraba que necesitaba una escena más de amor o un *gag* más para banalizar la cuestión, Shyamalan era el encargado de escribirlo, aunque no creyera en el conjunto ni en el añadido. Pero es que además, y según ha relatado el propio Shyamalan, en más de una ocasión los productores solían ser gente muy poco receptiva a determinadas sutilezas dramáticas. En una ocasión, Shyamalan recibió el encargo de añadir una escena para un largometraje en la que se acentuara la relación entre un padre y su hija. En la escena que escribió Night, la hija, mientras metía los pantalones de su padre en la lavadora, encontraba unas fotos de su padre cuando era más joven y la hija se sentaba en el suelo y las contemplaba durante un rato. No había una sola palabra, y los productores la descartaron desde el principio. Shyamalan no estaba ni de lejos contento con lo que estaba haciendo.

En cualquier caso durante aquella época no todo fueron malas noticias. En 1993 se casó con una antigua compañera del colegio, una bella psicóloga también de origen indio, Bhavna Vaswani, con la que se trasladó a su actual residencia en Williston, en el condado de Chester en Pennsylvania. Mientras tanto, Shyamalan seguía trabajando para Miramax puliendo guiones ajenos a regañadientes. Pero el caso es que un día las cosas cambiaron, Night había escrito un guión que quería dirigir y consiguió que llegara a las manos del temible Harvey Weinstein. *Los primeros amigos* (*Wide Awake*, 1997) contaba una experiencia que como *Praying with Anger*, tenía mucho de autobiográfica. El film narraba la historia de Joshua Beal (Joseph Cross), un joven estudiante de un colegio católico —el mismo en el que estudió Night cuando era niño— que tras la muerte de su querido abuelo (Robert Loggia), emprende una insólita búsqueda: encontrar a Dios para preguntarle si su abuelo está con él y se encuentra bien. Como el Dev Raman de *Praying with Anger*, el Joshua Beal de *Los primeros amigos* en su insistente búsqueda de Dios, terminará encontrándose a sí mismo y a la realidad que le rodea. La película, pese a la implicación personal de su director y guionista fue un absoluto fracaso y a punto estuvo de volatilizar su carrera como director, quien tuvo que luchar durante años por el control final del film, algo que nunca consiguió. La película le fue quitada de las manos por Harvey Weinstein (conocido en Hollywood como Harvey Manostijeras por su facilidad y ligereza a la hora de cortar y remontar películas) en su agónico proceso de montaje de más de tres años, todo aderezado con infinidad de conversaciones y acaloradas discusiones entre productores e inversores que no veían con buenos ojos la viabilidad comercial del film.

Tras dos patinazos comerciales seguidos y mil y una desavenencias artísticas, fundamentalmente con Miramax, Shyamalan se sentó hacer algo muy sano, reflexionar. Algo estaba haciendo mal. Sí, estaba haciendo películas, pero no las que él hubiera deseado ver como espectador, no el tipo de películas que le hubiera encantado encontrar en un cine, no el tipo de cine que hizo que se enamorara de él. De este modo, Shyamalan miró fijamente al cine que lo encandiló, y lo reinterpretó.

De este modo nació *El sexto sentido*, todo un fenómeno social y cultural del momento y, hasta la fecha, la película más taquillera de la filmografía de Shyamalan con sus esplendorosos 661 millones de dólares de recaudación. La película, protagonizada por Bruce Willis, dio a conocer a Shyamalan al gran público y el propio cineasta configuró, de forma mucho más aguda y controlada, su propio perfil como creador de atmósferas, personajes y formas cinematográficas propias. El film además, supuso el descubrimiento del joven actor Haley Joel Osment y consiguió ser nominado a seis Oscar entre ellos el de mejor película, director y guión. No se llevó ninguno.

Con la jugosa recaudación de *El sexto sentido*, Shyamalan dio el paso que todo director y hasta actor en Hollywood da en algún momento de su carrera para asegurarse un mínimo de control sobre las películas en las que interviene: creó su propia productora, la Blinding Edge Pictures. A partir de entonces Shyamalan se aseguró de no perder el *final cut* de todos sus largometrajes así como garantizarse la elección de los miembros del reparto y la participación de determinados técnicos y artistas en la producción de sus películas.

Al año siguiente, y ya bajo la bandera de Blinding Edge Pictures, se estrenó bajo una extraordinaria expectación su segunda película, *El protegido* (*Unbreakable*, 2000), de nuevo con Bruce Willis, esta vez acompañado por Samuel L. Jackson. El film se rodó cronológicamente —un lujo que muy pocos directores se pueden permitir en Hollywood— y contó con el preciado *final cut* del director. La película recaudó unos nada desdeñables 249 millones de dólares, pero aquella cantidad no dejó de resultar un recibimiento sensiblemente inferior para un film como *El protegido*, una película en la que, según Shyamalan, todo el mundo había puesto lo mejor de sí mismo al haberse estrenado inmediatamente después del alboroto generado por *El sexto sentido*.

Pese al disgusto que a Shyamalan le supuso el moderadamente frío recibimiento por parte del público de *El protegido*, aquel año 2001, el joven director tuvo otras razones por las que alegrarse. Por un lado fue requerido por su antigua escuela episcopal para recibir un premio como *Alumno distinguido* del centro y por otro lado le ofrecieron escribir el guión de *Indiana Jones IV*, una tentadora oferta que según el propio director rechazó por no sentirse la persona adecuada para escribir ese guión, lo que no deja de resultar curioso tratándose de una oportunidad de oro para que Night hubiera podido trabajar con su admirado Spielberg. Pero además, ese mismo año, a Shyhamalan también le ofrecieron dirigir otro título de otra saga de éxito, aunque esta vez mucho más moderna, la tercera entrega de *Harry Potter*, pero Night tenía otros intereses y aunque siempre le apeteció haber dirigido una entrega del popular niño mago, el cineasta prefirió concentrarse en la que iba a ser su siguiente películas. Finalmente fue Alfonso Cuarón el encargado de llevar a buen puerto *Harry Potter y el prisionero de Azkaban* (*Harry Potter and the Prisoner of Azkaban*; 2004).

Y es que por aquel entonces, Shyamalan ya andaba muy ocupado *cocinando* su siguiente éxito. El director de *El sexto sentido* empezaba a hacerse determinadas preguntas y a cuestionarse su futuro en la industria. No quería convertirse en una mera sombra de *El sexto sentido*, en uno de esos *directores de una sola película*. Como otros tantos realizadores a lo largo de la historia del cine, a Shyamalan le preocupaba su situación y su éxito en Hollywood, y esa inquietud le llevó a realizar un film más comercial, aparentemente más convencional, que si bien no traicionaba sus ideales dramáticos y estilísticos, resultaba a todas luces una película con unas intenciones populistas muy claras. Lo que, digámoslo desde un principio, no tiene por qué tener nada de malo.

Señales ya fue otra cosa bien distinta a *El protegido* y eso se notó en las taquillas de todo el mundo. Si bien es verdad que *Señales* no alcanzó las cotas de popularidad y las astronómicas cifras de

El sexto sentido, la película consiguió recaudar más de 400 millones de dólares. El film contaba, en versión minimalista, una hipotética invasión extraterrestre como metáfora espiritual acerca de la pérdida de la fe de un sacerdote local (Mel Gibson). *Señales* es tal vez, una de las película peor entendidas de su director, por esa incómoda tendencia que tienen sus personajes a *sentarse a filosofar* aunque en mi opinión, los intereses del film vayan por otros derroteros. El caso es que esta política de la trascendencia en un largometraje de Shyamalan despistó a más de uno que tachó la película de simple, sin ahondar en la complejidad representativa que el film guardaba bajo sus cuidadas formas.

Con *Señales* empezó a manifestarse una constante que ya había dado sus primeras muestras en *El protegido* y que a partir de entonces definiría el resto de la carrera de su director: el curioso idilio de amor/odio que el director parece mantener desde entonces con el público. Las películas de Shyamalan suelen crear una aparatosa expectación y por lo general, de entrada, el público suele acudir en masa a verlas, al menos, durante los primeros días de exhibición. Lo que ocurre después ya es otro cantar. Porque tanto *El protegido* como *Señales* y *El bosque*, fueron películas que despertaron un inusitado interés de partida pero que en última instancia terminaron decepcionando a buena parte del público masivo que fue a verlas ante mucho peso específico y poco material sólido sobre el que poder gritar.

Después de su éxito el director de origen indio tanteó la posibilidad de adaptar *Vida de Pi*, de Yann Martel, un escritor canadiense, aunque curiosamente nacido en Salamanca, pues su padre era cónsul de Canadá en España. El caso es que *Vida de Pi* aborda la singular historia de Pi, un niño indio de Pondicherry, casualmente, lugar de nacimiento de Shyamalan, que naufraga en el océano Pacífico en una barca junto a un tigre de Bengala. Se trata de una historia infantil de fantasía y aventuras que no obstante también aborda temas algo más densos como la espiritualidad, como es bien sabido, una de las constantes del cine de Night. Según parece, el director de *El sexto sentido* estuvo en negociaciones con 20th Century Fox y el proyecto a punto estuvo de materializarse. Shyamalan veía en este proyecto un vínculo muy especial y casi se sentía predestinado a dirigirla. Sin embargo, a Night había algo que no le terminaba de convencer y le daba miedo asociar su nombre a una historia con otro final sorprendente y prefirió dejar pasar la ocasión a favor de relatos, al menos en su forma, más sencillos. De todos modos Shyamalan siempre tuvo *Vida de Pi* en cartera a la espera del momento perfecto. Sin embargo en Hollywood es muy peligroso esperar demasiado y finalmente fue Ang Lee quien se hizo con las riendas de un proyecto que Shyamalan llevaba acariciando desde los tiempos de *Praying With Anger*.

En cualquier caso, su siguiente película, *El bosque*, compartiría ciertos puntos con su anterior película, sobre todo al entenderse como una intrigante historia situada en un *decorado* romántico que llevaba al extremo los planteamientos que Shyamalan manejaba desde hacía años en torno a conceptos eminentemente cinematográficos. La cámara de Shyamalan no perdió su elegancia y lo que es más, ganó en representatividad. Para muchos se trata de su mejor película y sin duda, parece que el largometraje va ganando adeptos con el tiempo. *El bosque* recaudó más de 256 millones de dólares, sobre el papel, había sido un éxito, pero resultaba inevitable seguir teniendo en mente las cifras de *El sexto sentido* e incluso las de *Señales*.

Después de *El bosque* se produjo un extraño episodio en la carrera de Night Shyamalan. El director, según a quien se le pregunte, puede ser un hombre cercano y afable o un egocéntrico bastante insoportable. Pero lo cierto es que las cosas no iban del todo bien con la Disney desde hacía un tiempo y el relativo exito/fracaso de *El bosque* puso, sin saberlo, un punto y aparte. Cuando M. Night Shyamalan entregó a la Disney el guión de la que iba a ser su siguiente película, el director recibió más reticencias que apoyos. Nadie lo terminaba de entender. Se le pidió que cambiara mil cosas, que añadiera por aquí y que recortara por allá, pero Night sospechaba que nadie en Disney entendía aquel proyecto. Shyamalan tenía un contrato con Disney que le permitía buscar financiación en otros estudios y eso fue lo que hizo. La Warner Bros. aceptó invertir 70 millones de dólares en su siguiente película. *La joven del agua* se estrenó acompañada de la habitual expectación pero esta vez las cosas no salieron ni medio bien. La película resultó ser el mayor fracaso comercial de la carrera de Night desde los tiempos de *Los primeros amigos*. El film recaudó algo más de 72 millones de dólares, 42 millones en Estados Unidos y 30 millones y medio en todo el mundo. Un desastre.

No es de extrañar por tanto que la Warner no quedará nada contenta con la ocurrencia de Shyamalan y que el antaño niño mimado de Disney tuviera que irse a buscar otro estudio para poder rodar su nueva película. En esta ocasión encontró cobijo en la Twenty Century Fox, que accedió a invertir 48 millones, ni un dólar más, ni un dólar menos, en *El incidente*. La película recaudó 54 millones y medio en Estados Unidos y casi cien millones en el resto del mundo. En total casi 163 millones y medio de dólares, más de tres veces lo invertido, pero lejos, muy lejos, de las astronómicas cifras de *El sexto sentido*, incluso de *El protegido*.

Pese a todo aquel año 2008 M. Night Shyamalan recibió una grata sorpresa de donde menos se hubiera podido esperar. Un día sonó el teléfono y al otro lado estaba un miembro del gobierno de la India: le habían concedido el Padma Shri, la cuarta condecoración, por orden de importancia, que el gobierno indio puede entregar a un civil. En aquel viaje a la India Shyamalan tuvo mucho en qué pensar. Andaba desorientado y aunque su nombre aún significaba algo para el gran público y lo que es más importante, para Hollywood, muchos y cada vez con más insistencia, empezaban a hablar de su incesante decadencia. El director tenía que hacer algo y hacerlo rápido. La solución le vino en forma de propuesta para realizar una película de encargo. La cadena de televisión infantil Nickelodeon, llevaba un tiempo preparando la puesta en marcha de una adaptación a la gran pantalla de una de sus series estrellas, *Avatar. La leyenda de Aang*, un falso *anime* que estaba teniendo un gran éxito dentro y fuera de los Estados Unidos. Se daba la circunstancia de que *Avatar. La leyenda de Aang* era una serie que las hijas de Night seguían todas las semanas de forma casi religiosa. Era una película de encargo, una superproducción de más de cien millones de dólares con grandes efectos especiales y el inicio de una trilogía, podía ser lo que Night estaba esperando. Aceptó.

La película terminó titulándose *Airbender. El último guerrero* eliminando del producto original el término «Avatar» debido al éxito que meses antes había tenido el conocido film de James Cameron. *Airbender. El último guerrero* terminó rondando los 150 millones de dólares y en su primer fin de semana superó los 50 millones. Buena señal. En cambio, las críticas fueron demoledoras y Shyamalan tuvo que leer y escuchar algunos de los ataques más furibundos que probablemente nunca se le hayan hecho a un director, años atrás, de éxito. Night admitió públicamente que no llegaba a entender por qué ese odio hacia su cine pero lo cierto es que primero en Estados Unidos y luego también en buena parte de Europa, *Airbender. El último guerrero* fue literalmente masacrada por la crítica. Al final, el film de Shyamalan recaudó en todo el mundo más de trescientos millones de dólares pero lo cierto es que tanto Night como Paramount y Nickelodeon empezaron a cuestionarse determinadas cosas como la posibilidad de dejar la trilogía en dos únicas películas, pasar la dirección a otro cineasta o sencillamente dejar la aventura *Airbender* donde estaba, a la espera de tiempos mejores.

Y lo cierto es que no es de extrañar que los estudios y el propio Shyamalan se pararan a pensar después del estreno de *Airbender*. No había sido demasiado normal la virulencia con la que la película fue atacada y aunque las recaudaciones no fueron mal, una nueva entrega podía dejarse influenciar por las malas críticas de su antecesora y por el sentimiento generalizado de que sería una mala película sin la necesidad de tener que verla. De hecho, una buena muestra del sentimiento generalizado que había hacia Shyamalan y *Aibender* fue la convención del año 2010 de Comic-Con en la que se proyectó por primera vez el trailer de *La trampa del mal* (*Devil*; John Erick Dowdle, 2010), una película escrita y producida por Shyamalan y que el público recibió entre abucheos y no por el trailer en sí, que por lo general gustó mucho, sino por la sensación que buena parte de los asistentes todavía arrastraban después de haber visto *Airbender. El último guerrero*.

Situado por tanto en un lugar incómodo el director puso en macha un proyecto personal que al contrario que el resto de sus películas, no buscaría tanto el reconocimiento de la crítica y el público como simple y llanamente hacer dinero y de paso, tantear al público y calibrar *in situ* la simpatía/rechazo que generaba su nombre. Así nació *The Night Chronicles*, una serie de largometrajes basados en ideas originales de M. Night Shyamalan. El primero de ellos fue la citada *La trampa del mal*, una película que suponía lo opuesto de *Airbender* entre otras razones por regresar a los orígenes terroríficos con los que Shyamala se dio a conocer en todo el mundo. *La trampa del mal* narraba la historia de un grupo de personajes que se quedaban atrapados en un ascensor en compañía del mismísimo Diablo. La propuesta se puso en marcha con mucha precaución, una inversión reducida y controlada de 10 millones de dólares y una propuesta intrigante. En su primer fin de semana *La trampa del mal* recaudó más de doce millones con lo que la inversión ya estaba recuperada y sólo en dos días de exhibición, de modo que todos contentos. Además la crítica no la trató del todo mal y no sin sorna hubo quien afirmó que Shyamalan no tenía malas ideas el único problema es que las estropeaba cuando las dirigía.

Sin embargo, esto no alteró la delicada situación del Shyamalan director. Su fiabilidad como hacedor de buenas películas seguía tambaleándose. *Airbender. El último guerrero* no funcionó mal en taquilla pero la crítica se cebó con ella y la guinda la pusieron los premios *Razzies* que de nuevo colocaron a Night en el centro de sus infames galardones. La película del director indio recibió los *premios* a la peor película, peor director, peor guión, peor actor de reparto para Jackson Rathbone (Sokka) y peor uso del 3D. De modo que un Shyamalan vapuleado por la crítica y con un respaldo bajo mínimos del público, anunció a mediados del 2010 una nueva aventura de encargo, un proyecto salido de la productora de Will Smith, Overbrook Enterteinment, titulado *One Thousand A.E.* Se trataba de un proyecto ajeno en el que Shyamalan, por primera vez en su carrera no escribiría el guión de un film pensado para el lucimiento del hijo de Smith, Jaden. La industria parecía presionar al director de *El sexto sentido* para que se alejara lo más posible de sus intereses personales y se zambullera de lleno en la impersonal maquinaria *hollywoodiense*.

TENDENCIAS

1. En un excelente artículo de Gonzalo de Lucas acerca del cine de los hermanos Coen[5], el ensayista y crítico cinematográfico llamaba la atención sobre esa nueva generación de cineastas en la que no parece haber resquicio para la improvisación y por extensión, según sugería De Lucas, para la ambigüedad, para el misterio, para la magia. De Lucas sacaba a colación las atinadas palabras del crítico Vicenzo Bucchero, para terminar afirmando que los propios Coen rodaban como «críticos y ensayistas cinematográficos»[6]. O dicho de otro modo, películas que como el propio De Lucas expresaba, resultaban *muy dirigidas*, donde todo está cuidado al detalle, donde el más mínimo haz de luz, sombra, objeto, encuadre o acorde sonoro ha sido supervisado, cuando no escogido y moldeado, al gusto de un director obsesionado por el control del más mínimo detalle. De Lucas terminaba su estudio sobre los Coen con una interesante reflexión de Sergei M. Eisenstein, que aludiendo a su vez a unas palabras de Pierre-Auguste Renoir, afirmaba: «La naturaleza aborrece el vacío y la regularidad. Por la misma razón, ninguna obra de arte puede ser calificada como tal si no ha sido creada por un artista que cree en la irregularidad y rechaza toda forma establecida. La regularidad,

[5] De Lucas, Gonzalo. «Joel y Ethan Coen. El lado irónico de los géneros cinematográficos» en *Dirigido por...*, n.º 294, p. 44-62,

[6] De Lucas, Gonzalo. p. 61.

el orden, el deseo de perfección (que siempre es una falsa perfección), destruyen el arte. La única posibilidad de mantener el gusto en el arte es hacer entender a los artistas y al público la importancia de la irregularidad. La irregularidad es la base de todo Arte»[7].

Se podrá compartir o no la cita de Eisenstein y el artículo de De Lucas en general (por otro lado, de lo más sobresaliente), pero no se puede negar, en mi opinión, que en efecto, existe una corriente de jóvenes directores, por lo general muy extendida, donde el término *improvisación* está exiliado de cualquier diario de rodaje que se precie. En este tipo de cine, no resulta demasiado complicado extraer, en un primer golpe de vista, determinados *tics*, tendencias muy concretas que parecen venir perfiladas con una escuadra y un cartabón que, con la minuciosidad de un cirujano con su bisturí, consigue a la perfección el efecto buscado por el director. Es también cierto que estas películas *muy dirigidas* parecen estar empapadas de una premeditada sensación de frialdad, de inescrutable hermetismo, no tanto por su complejidad interna (que a veces se da), sino por su absoluta negación hacia lo inesperado, porque aún lo más sorprendente, ha sido milimétricamente medido. Se podrá compartir la tesis o no, se podrá admitir la sospecha en mayor o menor medida, pero desde luego, a mi modo de ver, no cabe ninguna duda de que como mínimo, es una cuestión que invita a la reflexión.

Pues bien, para bien o para mal, M. Night Shyamalan pertenece a esa generación de *directores muy directores* que en mayor o menos medida vienen avalados por genios del cine como Stanley Kubrick, que hicieron del control absoluto una de sus más reconocibles marcas de fábrica. Night es un cineasta que aspira a controlar, y de hecho controla, o por lo menos, llegó a controlar, la práctica totalidad de los elementos que conformaban sus largometrajes. Shyamalan estudia al milímetro los planos, los encuadres y lo hace con

---

[7] Eisenstein, Sergei. *La forma del cine*. Madrid, Siglo veintiuno, 1998, p. 55 en op. cit, p. 62.

la mente puesta en el montaje, un proceso que nunca ha permitido, o que por lo menos lo ha intentado, sea controlado por otros. Pero existe además otra peculiaridad, esta más cultural, que es la propia consideración crítica que algunos nuevos cineastas adquieren nada más salir a la luz pública. Los propios hermanos Coen serían un excelente ejemplo, pero hay muchos nombres; Tim Burton, David Fincher, Christopher Nolan, Quentin Tarantino, Guillermo del Toro o Brad Anderson comparten o han compartido en un pasado no muy lejano algo en común: la posesión legítima de una *obra* cinematográfica con apenas dos o tres películas a sus espaldas, previa coronación a la cima de los *autores* del nuevo cine por gentileza de la crítica especializada. Una cuestión que por cierto, no ha tardado demasiado en dar al salto a nuestro país, con directores como Alex de la Iglesia, Jaume Balagueró o Alejandro Amenábar. Desde luego, ninguno de los cineastas aquí nombrados tienen la culpa de nada, porque esto apunta, creo yo, a una cuestión más cultural/crítica que estrictamente creadora.

M. Night Shyamalan también consiguió «el título» de *autor* con sobrada prontitud. Después de *El sexto sentido*, sus anteriores y desconocidas películas, *Prayer with Anger* y *Los primeros amigos* pasaron a convertirse en pequeñas piezas de culto. Películas menores que en todo caso esbozaban los rasgos de un creador que por lo visto se daría a conocer con su tercer largometraje. *El protegido* hizo el resto. Puede que la película no funcionara en taquilla tan bien como *El sexto sentido*, pero parecía un film hecho por y para continuar con la leyenda *del director de El sexto sentido*. Una película con un cierto nivel de hermetismo que estaba llamada a convertirse en un film de culto casi desde el mismo día de su estreno.

Quizá estas cuestiones puedan resultar, como mínimo, chocantes en un libro como éste, que pretende destacar la figura de un *autor* precoz definiéndolo así de entrada, como un *director muy director*, hermético y cerrado a la libertad artística que supone la espontaneidad en un *set* de rodaje. Pero francamente creo que se trata de una cuestión de simple y llana honestidad, y además es una aproximación sumamente interesante que permite una visión distinta de un realizador ciertamente notable, pero también esclavo de su pronta ascensión a la cumbre de los autores, una particularidad que ya veremos, podrá o no, indicarnos el camino más adecuado para desentrañar las claves del cine y del propio fenómeno cultural que supone M. Night Shyamalan.

En cualquier caso, la verdad sea dicha, no creo estar echando tierra sobre mi propio tejado. Creo más bien que se trata de consideraciones que convendría tener en cuenta, tanto para aceptarlas como para rechazarlas, pero en todos los sentidos para reflexionar sobre ellas. Pienso que son afirmaciones que nos pueden ayudar a perfilar mejor a nuestro director, a concretar más sus características y en última instancia a situarlo o no dentro de este o aquel bloque de cineastas.

2. Forjado por el amor al cine y a los modernos clásicos sin obviar vacas sagradas del séptimo arte como Alfred Hitchcock, Shyamalan es un cineasta típicamente posmoderno, como apuntaba muy acertadamente Ángel Salas, «un cazador de referencias que no niega las fuentes de sus ideas»[8]. Pero también estamos ante un realizador que como Steven Spielberg, George Lucas, Joe Dante o John Landis ha visto mucha televisión. Series como *Alfred Hitchcock Presenta* (*Alfred Hitchcock Present*; Alfred Hitchcock, 1955-1962), la mítica *La dimensión desconocida* (*The Twilight Zone*; Rod Serling, 1959-1964) o los más reciente —e irregular— *Cuentos asombrosos* (*Amazing Stories*; 1985-1987) de Spielberg, forman parte asumida de la materia prima de un director que bebe de lo que ha visto y desarrolla lo que le han sugerido otros directores. Un realizador hijo de la generación de Spielberg, Lucas, Scorsese, Coppola o De Palma

[8] Salas, Ángel. «M. Night Shyamalan. El protegido de Hollywood» en *Imágenes de Actualidad*, n.º 239, p. 78.

que se ha beneficiado del prestigio de éstos al legitimar la necesidad de utilizar el propio cine como fuente de inspiración en detrimento —al menos inicial— de la pintura, la literatura o el teatro. No en vano, el cine de M. Night Shyamalan ha sido criticado precisamente por ser, según algunos, episodios alargados de series de terror y de misterio cuyas tramas podrían haberse planteado en unos escasos treinta minutos aunque para ello se hubiera sacrificado los añadidos propios del cine del director indio: personajes con entidad, su habitual *tempo*, el uso del espacio y del tiempo, la atmósfera... En definitiva un director más, que como otros tantos fagocitadores de cine y televisión, ha conseguido pese a todo, construirse una pequeña e insólita isla creativa en medio de Hollywood, con unos puntos de interés muy particulares.

En muchos sentidos M. Night Shyamalan es el hijo perfecto de la generación del denominado Nuevo Hollywood de los años 70 y 80. Un cineasta que se nutre del propio cine, que no pierde de vista nunca al público y que además, considera su obra como una expresión artística. Como en su día lo hicieran Spielberg, Coppola o Scorsese, el cine de Night mantiene constantemente la mirada puesta en el pasado, en obras pretéritas como particular fuente inspiradora. Y además lo hace con conciencia y con mucho cuidado, tratando no de copiar o imitar sino de extraer de las enseñanzas pasadas la chispa que prenda su particular creación cinematográfica. Y todo con una perspectiva hacia su trabajo propio de un artista. Vertiendo sobre sus películas todos sus conocimientos sobre cine, planificación, montaje, guión, sin dejar fuera el cine europeo o asiático, construyendo en suma su particular universo creativo a partir de los pedazos de otros, que él moldea, adapta o explota en otras direcciones. O dicho de otro modo, un cine que el propio cineasta considera arte, una expresión artística con un valor cultural irrefutable.

Pero lo cierto es que a día de hoy las cosas han cambiado sustancialmente con respeto a aquellos agitados años 70. Hoy resulta muy complicado no ser criado por la televisión, que los McDonalds no forjen nuestra personalidad o que la MTV no nos diga cómo tenemos que vestir y cómo tenemos que comportarnos. Da igual que uno viva en Estados Unidos, Francia, Japón, Bélgica, Suecia, la República Checa, Marruecos o Arabia Saudí porque la generación de la Coca-Cola ya estaba allí antes de que tú fueras consciente de tu existencia, sobre todo, si rondas los treinta y pocos. Ésta es la generación de M. Night Shyamalan, una generación que tiene a sus espaldas un dramático deber como artistas, rescatar de la banalidad mediática sus posibilidades creadoras para poder llegar a ofrecer, sino vanguardia, si al menos propuestas novedosas, o mejor aún, una vuelta a los orígenes clásicos, puros, del entretenimiento. En realidad, directores como Fincher, Burton o el propio Shyamalan, no hacen más que eso, reciclar lo que han visto cada día de sus vidas. Se trata al fin y al cabo de una particularidad, y no necesariamente de un defecto. Las cosas están así.

Ahora bien, hay algo que distingue a Night de otros directores de su generación, también hijos del Nuevo Hollywood. A Shyamalan le gusta hacer del cine un soporte para hablar del hombre y de su naturaleza vital. Al contrario que otros ilustres cineastas posmodernos como los recurridos hermanos Coen, Shyamalan no hace un cine que antes de nada y sobre todas las cosas habla del propio cine. Es cierto que existe una lectura meta-cinematográfica en algunas de sus películas con mayor o menor intensidad pero ésta no suele ser la finalidad del film, más bien supone un añadido que otorga otro valor al largometraje pero que nunca juega en detrimento de su mensaje. Shyamalan parecer concebir el cine más como el soporte perfecto para hablar del ser humano y de aquello que *desde lo más alto* dota de sentido a nuestra realidad. El cine de Shyamalan sostiene unas aspiraciones profundamente espirituales, trascendentales si se prefiere, más allá de la simple evidencia de una imagen, de modo que sus propuestas aspiran a alcanzar unas cotas profundamente emocionales a través de lo extraterreno. El cine de Shyamalan habla en suma de nosotros, del quehacer de todos los días y lo que es más importante, nos plantea inquietantes cuestiones cuya respuesta siempre suelen situarse en el universo de lo extraordinario, lo que no implica ni de lejos, que se sitúen a niveles inalcanzables para el hombre. Al contrario, Shyamalan parece querer decirnos con sus películas que esa realidad asombrosa, si lo meditamos un poco, no está *al otro lado*, sino en nuestro día a día.

Y es que la principal diferencia entre los cineastas denominados posmodernos y M. Night Shyamalan viene dada por el hecho de que el director de *El sexto sentido* no habla de obsesiones o preocupaciones del hombre del siglo XXI, sino que aspira a hablar de cuestiones más universales que siempre han estado en la mente del hombre, en definitiva, de mitos, quizá consciente de que como aseguraba el filósofo José Ortega y Gasset, «el mito no encuentra en el mundo externo - en la realidad cotidiana - su objeto adecuado. Pero en cambio, suscita en nosotros las corrientes inducidas de los sentimientos que nutre el pulso vital, mantiene a flote nuestro afán de vivir y aumenta la tensión de los más profundos resortes biológicos»[9]. En *Prayer with Anger* fue el reencuentro con la tierra natal, en *Los primeros amigos* la búsqueda literal de Dios, en *El sexto sentido* los fantasmas, en *El protegido* la mitología del cómic, en *Señales* los OVNIS, en *El bosque* el entorno romántico como soporte de lo tenebroso y lo oscuro, en *La joven del agua* una *ninfa* en una piscina o la representación de una compleja mitología de origen asiático desde un punto de vista casi costumbrista, en *El incidente* la naturaleza y en *Airbender. El último guerrero*, la propia mitología que envuelve el film desde el principio. En suma, los elementos empleados por Shyamalan para articular sus películas aluden de forma clara a la metáfora a través de búsquedas físicas, palpables, que por lo general, concluyen en descubrimientos extraordinarios, es decir, y por extensión, espirituales (los peces-dioses de *Airbender* sería quizá, el mejor ejemplo).

[9] Ortega y Gasset, José. *Misión de la universidad,* Madrid, Alianza, 1999 pp. 124-125.

De este modo, aunque las películas de Shyamalan puedan partir de entornos aparentemente posmodernos, familias rotas, tristeza existencial, etc..., lo que ha marcado la radical diferencia entre Night y otros realizadores contemporáneos abiertamente posmodernos ha sido su particular forma de abordar las propuestas y sobre todo, de resolverlas. Se trata en suma de marcar las distancias entre un cine estigmatizado por el pesimismo y la ausencia de fe en el individuo -*El club de la lucha* (*Fight Club*; David Fincher, 1999), *Réquiem por un sueño* (*Requiem for a Dream*; Darren Aronofski, 2000), *Matrix* (*The Matrix*; Andy y Larry Wachowsky, 1999), *Origen* (Christopher Nolan, 2010)- y un cine que cree que en el ser humano reside la semilla del bien, como también habita la del mal. Pero en suma, lo que Shyamalan ha hecho siempre ha sido subrayar esa idea cada vez más olvidada en la sociedad moderna de que el hombre puede ser muy malo, y de hecho lo ha sido, pero no lo olvidemos, también puede ser bueno, y ahí radica el mensaje de Night, en la esperanza de que también tenemos los ingredientes adecuados para hacer el bien.

Todo esto no quiere decir, obviamente, que el cine de Night no se desentienda de las preocupaciones propias de nuestro tiempo, lo que ocurre es que el director de *Señales* sí que cree en que exista un sentido para todo lo que nos rodea. Sus películas no apuntan hacía el infierno, como muchos de los contemporáneos del director de origen indio; Night se inclina más por una tendencia mucho más espiritual, que no necesariamente religiosa. No se trata pues, y que esto quede muy claro, de un cine religioso, católico, ortodoxo, protestante o budista, más bien se trata de un cine *creyente*, o si el término no resultara tan peligroso de utilizar a día de hoy, de un cine eminentemente *trascendente*. Sus películas son algo más que simples historias, o al menos, aspiran a eso.

De este modo, para configurar esos universos de pesimismo con un halo de esperanza, los personajes de M. Night Shyamalan suelen ser hombres rotos, que buscan dotar de sentido al mundo que les rodea para de este modo configurarse ellos mismos, como individuos espiritualmente completos. Tal vez, uno de los casos más paradigmáticos lo encontremos precisamente en *El sexto sentido*, donde un hombre gris, con una existencia gris, trata de reestablecer su vida dándole un nuevo soplo de aire fresco en forma de triunfo médico. El Dr. Malcom sólo espera poder enmendar un error con su nuevo paciente, Cole, y de este modo, sanear su vida, sentirse cómodo con su entorno. Lo que suele suceder en las películas de Shyamalan es que sus personajes suelen orientar su búsqueda hacía horizontes de entrada, erróneos. De modo que de igual forma que Malcom enfoca los problemas de Cole desde una perspectiva eminentemente médica, racionalista y por tanto errónea, el personaje interpretado por Bruce Willis cree que su problema se puede solucionar con hechos *terrenales*, lo que le conducirá como suele ser habitual en Shyamalan a descubrirse a sí mismo, de forma que la realidad que lo rodea, tome un nuevo sentido y ahora sí, se sienta espiritualmente completo.

Matiz arriba, matiz abajo, esto es lo que suele suceder en todos los film de M. Night Shyamalan: el Dev Raman de *Prayer with Anger* trata de encontrar sus raíces en su tierra natal, la India, lo que le conducirá a reencontrarse consigo mismo, a redescubrirse. El caso de Joseph Cross es muy similar al anterior, de manera que en *Los primeros amigos*, Joseph tratará de encontrar directamente a Dios, pero esa búsqueda imposible, le llevará a reencontrarse consigo mismo y con la realidad que le rodea. Lo que ocurre en *El sexto sentido* es probablemente una culminación de este discurso y de esta estructura: en *El protegido* se produce un cambio sustancial y David Dunn es como el Dr. Malcom un hombre gris, que arrastra su infeliz existencia hasta que alguien, Elijah Price, le anima a descubrir quien es él de manera que una vez más, se redescubra a sí mismo, de forma que todo adquiera un nuevo sentido. En *Señales* se produce el caso más evidente dentro de este entramado de metáforas, como bien claro queda en el film: Graham Hess es un hombre que ha perdido la fe en Dios, pero la invasión extraterrestre le llevará a reconocer la existencia de un Dios capaz de reinventar el mundo que les rodea, la cotidianidad. En *El bosque* se produce una nueva alteración en esa tendencia típicamente *shyamalaniana*, ya que como todos los protagonistas de Night, Edward Walker ha decido esta vez crearse su propio entorno, su propia realidad, obviando la espiritualidad, Edward opta por jugar a ser Dios y componer su propio contexto, sus propias reglas y su propio régimen moral. Edward no busca otra cosa que la paz espiritual y eso, sólo se lo puede proporcionar un basto decorado de cartón piedra. En *La joven del agua* en la que un hombre también gris con un pasado traumático encontrará en el personaje de un cuento de niños una razón extraordinaria por la que sentirse vivo, es más, la *ninfa* tendrá un poder de, de algún modo, *estimular* los objetivos vitales de los personajes; en *El incidente*, Elliot Moore deberá redescubrirse a sí mismo y a su mujer, si quiere sacar a flote su maltrecho matrimonio. En este sentido, *Airbender. El último guerrero* será la más explícita de sus historias, Aang (Noah Ringer) deberá asimilar todo su entorno, los cuatro elementos que componen la base de la vida, para así poder reconfigurarse como el Avatar que está destinado a ser.

3. Una de las particularidades más atractivas del cine de M. Night Shyamalan es que aunque el director de *El bosque* nos pueda estar hablando de existencialismo o de trascendencia, Shyamalan hace una cosa muy interesante y hábil, echa mano de los géneros clásicos y los mima a través de una cuidadísima atmósfera, tal vez, su mejor carta de presentación película tras película.

A Shyamalan se le bautizó como el nuevo mago del suspense, verdadero hijo pródigo de Alfred Hitchcock, sin cuya obra no se puede pretender aspirar a dominar el cine denominado *de género*. M. Night Shyamalan sabe cómo generar suspense, de eso no cabe ninguna duda. Pero lo que resulta verdaderamente encomiable en la obra del director de origen indio es *cómo* consigue la creación de ese suspense.

Es decir, lo que entendemos por *atmósfera*. O dicho de otro modo, ese cúmulo de elementos que entrelazados en la pantalla provocan una determinada sensación de inquietud, o de ternura. La música, la planificación, el *tempo* de los diálogos y de los movimientos de cámara, cómo se mueven los personajes, la luz y por supuesto el montaje, configuran un mosaico que Shyamalan ha llegado a dominar extremadamente bien y que, como si de un delicado equilibrio cósmico se tratase, si uno de esos elementos no encaja como un guante, se notará en una escena y probablemente la eche a perder. Por ejemplo, durante el rodaje de *El bosque*, Night se encontraba rodando una escena, todo estaba saliendo según lo planeado y sin embargo, algo no terminaba de cuajar en el conjunto. Se repitió la escena una y otra vez, pero seguía habiendo algo que no terminaba de funcionar. Llegado cierto momento Shyamalan se percató de que Sigourney Weaver, siguiendo sus instrucciones, daba un paso en un momento concreto de la escena. Night le pidió a la actriz que diera ese paso un poco más tarde, que tal vez era ese paso el que estaba desquilibrando la escena. Y así fue.

Por esto, el cine de Shyamalan es un cine con los nervios templados que puede mostrarnos verdaderas aberraciones escénicas (un niño con un boquete en la cabeza, un tipo corriente y moliente que resulta ser algo muy parecido a Superman, unos *aliens* capaces de alterar el color de su piel cual inexplicable camaleón, unos monstruos con rostro de jabalí de origen desconocido, una *ninfa* en mitad de una simple piscina en medio de una mediocre comunidad de vecinos o una venganza, casi bíblica de la madre naturaleza), pero que lo hace con mesura, con detenimiento, en suma, con perspectiva. De esta forma Shyamalan se puede permitir el lujo de no perder el norte, saber qué le quiere ofrecer al público y sobre todo, cómo se lo quiere ofrecer para que además, la creación no desentone con el sentido último del largometraje. Y probablemente, entre las herramientas más útiles empleadas por Night para generar esa atmósfera se encuentre el *tempo*. Una particular forma de tratar el tiempo (y de paso, el espacio) que favorece con sus planos, su montaje, diálogos y movimientos de cámara, esa creación, primero de la atmósfera y después del suspense. Porque para la creación del suspense, antes resulta una condición *sine qua non* la creación de una buena atmósfera. Y por esto, M. Night Shyamalan es a mi juicio, antes que un *director de suspense*, un *cineasta de atmósferas*.

No cabe duda que Shyamalan conoce el medio cinematográfico y que sabe cómo usar todos y cada uno de sus elementos, desde la propia planificación del film hasta la dirección de los actores. Basta recordar las notables interpretaciones que Night ha extraído de algunos de los actores que han trabajado con él y lo bien que se ha movido con curtidos intérpretes del calibre de Paul Giamatti, tal vez, y según palabras del propio realizador, el más versátil de los actores con los que ha trabajado.

Por lo general, los intérpretes de las películas de Shyamalan suelen ser personajes que actúan al ritmo de su puesta en escena y que por lo tanto, ayudan a la confección de esa atmósfera. Nunca veremos en un film de Shyamalan —y si lo vemos será de forma excepcional— diálogos atropellados o barullos dialécticos al estilo de Woody Allen o Quentin Tarantino. Sus personajes se mueven y hablan al ritmo de la narración. A esto hay que sumarle la fotografía, la luz y en suma el color de sus películas[10], siempre —o casi siempre— de tonos oscuros con fugaces y determinantes momentos de luminosidad, el decisivo uso del montaje, siempre tan preciso y jamás brusco o arbitrario, por no hablar de la habitual y modélica banda sonora de sus películas, obra del único colaborador que desde *El sexto sentido*, ha trabajado ininterrumpidamente en todos y cada uno de los trabajos de Night, el compositor James Newton Howard. Resulta significativo en este sentido que Shyamalan, no se

---

[10] Shyamalan afirmó en cierta ocasión que por lo general, el proceso de creación de sus películas suele empezar con un color que posteriormente origina una historia. (Lerman, Gabriel. «M. Night Shyamalan» en *Imágenes*, n.º 239, p. 76).

haya procurado ya, a estas alturas, de un grupo fijo de colaboradores habituales máxime, al tratarse de un cineasta tan cuidadoso con la construcción de su obra y de los detalles que la componen. Este es un caso curiosos porque todo director que trabaja en Hollywood y que aspira a asemejarse lo más posible a un autor, suele rodearse de un equipo de colaboradores prácticamente idéntico en todas sus películas. Hay quien asegura que Shyamalan no tiene un equipo fijo a su alrededor por su constante interés por renovarse y experimentar. Sólo cuando prefiere apuntar sobre seguro en determinadas cuestiones o cuando sabe sobradamente que éste o aquel técnico le va a ofrecer lo que él quiere exactamente, recurre a antiguos colaboradores como es el caso del diseñador de producción Larry Fulton o el director de fotografía Tak Fujimoto.

En cualquier caso, el cine de M. Night Shyamalan, como el de su maestro Alfred Hitchcock, parece abocado al estudio de los seres humanos en entornos hostiles, y en su caso concreto, entornos mayoritariamente fantásticos e insólitos y no por contraste, sino por complementación. Un cine con fe en lo que cuenta y abierto a la esperanza, no como una imposición propia de Hollywood, sino como una declaración de principios.

4. Quizá fue el colosal Carl Theodor Dreyer el que mejor distinguió cuál es la diferencia entre *formas* y *maneras* a la hora de hablar del estilo de un director. Dreyer compartía con Chesterfield esa concepción del estilo, entendido como un *vestido de los pensamientos*, «eso está bien siempre y cuando el vestido no sea demasiado llamativo», puntualizó Dreyer, «ya que lo que caracteriza un buen estilo es su correspondencia con el contenido, al que debe unirse en íntima síntesis. Si salta a la vista y llama la atención, deja de ser estilo para ser manera (...) Reconocemos el estilo de un artista en ciertos rasgos característicos que reflejan su mundo interior y su personalidad»[11]. Desde luego, ante un director como, pongamos por caso, Brian De Palma, el ascético Dreyer es muy probable que sufriera, como mínimo, una taquicardia aguda. Sin embargo, ante la obra de un cineasta como M. Night Shyamalan, la cosa no está tan clara, al menos de entrada.

José María Latorre, por ejemplo, no dudó en afirmar que en *Señales* los movimientos de cámara resultaban «tan integrados en el relato, o tan lógicos, que en ocasiones resultan casi imperceptibles»[12]. Desde luego, de ser cierto lo que afirma Latorre, y desde aquí, sospecho que en efecto así es, esas *ocasiones* de incontestable *impercepción* escénica bien podrían entenderse sin ánimo de adulterar las palabra de Dreyer y claro está, sin escarbar en las intenciones de cada cineasta, en lo que el propio cineasta danés denominaba *estilo*. Es decir, una forma de *cubrir* con una fina capa de seda transparente un contenido, una materia prima.

Aunque Night ha admitido públicamente que se considera antes un guionista que un director, lo cierto es que la particular forma de filmar del director de *El sexto sentido* ha conseguido lograr algo muy complicado en estos tiempos de extremada funcionalidad; que con ver uno o dos planos de una de sus películas, uno pueda afirmar bajo un escaso margen de error que está ante una película de M. Night Shyamalan. Y digo uno o dos planos, porque en realidad, aunque el emplazamiento de la cámara es fundamental en el cine del director de *El protegido*, tal vez lo sea incluso más el montaje, la propia duración de los planos y cómo están ensamblados (sin obviar claro está, la profundidad de campo, una forma de montaje interno que no siempre se tiene lo suficientemente presente y que es magníficamente bien empleada por Shyamalan).

---

[11] *Imaginación y color.* Conferencia pronunciada en el Festival de Cine de Edimburgo, en «Politiken», el 30 de agosto de 1955 en Vidal Estévez, Manuel. *Carl Theodor Dreyer.* Cátedra, Madrid, 1997, p. 57.

[12] Latorre, José María. «Una invasión extraterrestre» en *Dirigido por...* n.º 335, p. 77.

Lo curioso de todo esto y lo que convierte a M. Night Shyamalan en un director particularmente interesante es que pese a su obsesiva atención por el apartado técnico, el director de *La joven del agua* se lleva buen cuidado de que la parafernalia técnica no eclipse los motivos dramáticos de sus películas (en este sentido *Airbender. El último guerrero* necesitaría un buen número de matizaciones que se expondrán más adelante) . Y posiblemente la mejor muestra de esa perfecta comunión entre técnica y drama sea precisamente la mencionada atmósfera de sus películas. Estaremos de acuerdo, supongo, en que resulta muy complicado medir algo tan abstracto como la atmósfera de una película pero creo que también resulta bastante evidente que hay pocos directores hoy día que consigan crear, explotar, dominar y desarrollar la atmósfera como lo hace M. Night Shyamalan. El gran logro de Night en este sentido es el de amoldar con toda la delicadeza posible los aspectos más fríos de la creación cinematográfica —la técnica— a las intenciones más humanas de sus películas. Podríamos, tal vez, hacer como Descartes y descomponer una escena de una película de Shyamalan y analizar detalle por detalle todos y cada uno de sus componentes, pero además de resultar un proceso farragoso, sospecho que al final, poco o nada añadiría al conjunto. No obstante, existen determinados modelos presentes en la mayoría de sus escenas y más aún, en la mayoría de sus películas, porque, y esto es importante, la atmósfera no se crea a partir de una escena, sino en torno a una historia y a un modelo narrativo.

5. Es bien sabido que existen cuestiones que no podemos medir o contemplar. El interés o el aburrimiento de usted mismo que ahora lee estas páginas, es una realidad que nadie a su alrededor podría verificar con un simple golpe de vista, que nadie podría medir, pero usted sabe tan bien como yo, que está ahí. Por cosas como estas y otras tantas que pueblan nuestra existencia, parece lógico pensar que eso que llamamos *mundo real* no puede ni debe estar compuesto únicamente de aquello que podemos ver y tocar. Sin embargo, no todo el mundo es consciente de que bajo sus actos cotidianos se esconde una profunda realidad como si de una sombra se tratase. Hace falta por tanto un *sexto sentido* para acceder a esta realidad intangible e inconmensurable. Existe una dualidad en el mundo real entre lo que podemos y no podemos ver. Entre lo que podemos y no podemos medir. Entre lo que podemos y lo que no podemos constatar físicamente. Si admitimos que existen dos realidades, hemos de asumir necesariamente la instauración de un equilibrio que sostenga ambos polos, sin excesos ni abusos de unos sobre otros. El cine de Shyamalan nos habla de ese equilibrio inmaterial. De cómo las cosas visibles y no visibles se sostienen o se desequilibran en el entorno de lo cotidiano. No hay nada más apetecible para Shyamalan que partir de aquello que vemos y sentimos todos los días.

Para articular este trascendental discurso Shyamalan utilizará, sobre todo a partir de su tercer largometraje, los códigos propios del cine fantástico. El ensayista francés Gerard Lennè afirmaba en su libro *El cine fantástico y sus mitologías*[13] que un tópico era un signo vaciado de su significado y esto Shyamalan parece haberlo aprendido muy bien. ¿Cómo se vacía un signo? Pues muy sencillo, al menos en el cine, a través de la saturación. Cuando un icono, una imagen, se repite con la misma finalidad en exceso, el mensaje, aunque no deje de ser comprendido por el público, se vuelve paralítico, anquilosado en su pasado, desprovisto de frescura, de vitalidad, en suma, de significado. Shyamalan hará uso de esos mismos iconos saturados pero de una forma, de entrada, mucho más elegante, menos burda, para que de este modo el público entre en el juego con frescura. La jugada de Night reside en realidad en el hecho de que esos signos, al contrario de lo que se podría imaginar en un primer momento, esconden un significado particular y en algunos casos,

[13] Lennè, Gerard. *El cine fantástico y sus mitologías.* Anagrama, 1974. Barcelona [235].

incluso único. De este modo, el tópico en manos de Shyamalan se torna personal y termina desembocando, por lo general, en un mensaje inesperado. Ahí reside la verdadera sorpresa del cine del director de origen indio. Éste es el particular punto de partida de las *formas cinematográficas* de Shyamalan, la *trascendencia* de sus herramientas cinematográficas.

El hombre está condenado a la simplificación. Necesita que las cosas tengan un orden y una jerarquía. El universo no puede ser aleatorio, es crucial un patrón que origine un mapa, que dé un sentido al caos. Esta necesidad imperante por parte del hombre, del investigador, de *ordenar*, implica necesariamente una *simplificación* de la realidad que en ocasiones, corre el peligro de desembocar en los tópicos y en los prejuicios. Sin embargo un artista, por el simple hecho de proponer una expresión generada por una mente humana, agazapa bajo sus conexiones internas, bajo su coherencia interna, una lógica subyacente. Como me comentó José Luis Sánchez Noriega, bajo la óptica de un creador ha de existir, necesariamente, una mirada concreta del mundo, y esa mirada, es la visión de un autor.

El mundo, para Shyamalan es un universo desconocido y por extensión, fascinante y misterioso. No se trata tanto de hablar de divinidades como de convivencia entre lo extraordinario y lo cotidiano, más aún de fusión, de dependencia incluso. Una visión del mundo que, como me sugirió Marcelo López Cambronero, «tiene algo de griego», que sería lo mismo que decir que la películas de Night tienen algo de universal o que al menos, se deja sentir esa preocupación. Y lo cierto es que bien mirado, en la Grecia clásica los dioses no vivían en el Olimpo desentendiéndose por completo de las preocupaciones humanas, al contrario, eran dioses que tenían una relación muy fluida con los quehaceres del hombre mortal, que se encontraban a cierta distancia del ser humano y no alejados en otras dimensiones inalcanzables al menos, en esta vida. De ahí el temor a enfadarlos. Los relatos en torno a supuestas luchas entre seres humanos y dioses, grutas que se suponen sirven de descansos para los habitantes del Olimpo y los propios lugares donde se creía que éstos vivían, el cielo, el mar, una montaña, un volcán, un bosque o un lago. Cosas a la vista de todos, incluso susceptibles de ser visitadas por el hombre como de hecho veremos ya con suma claridad en *Airbender. El último guerrero*.

Esta misma convivencia entre vida terrenal y espiritual propia de las civilizaciones antiguas, es la base, de esa visión del mundo que sostiene Shyamalan en la que lo físico y lo inmaterial no están aislados en una *planta de arriba* como sí sucedía por ejemplo en esa fantástica película que es *Frágiles* (2005) de Jaume Balagueró. Es por está razón, por la que el resto de las herramientas utilizadas por M. Night Shyamalan estarán enfocadas a focalizar esta visión *universal* de la realidad.

En *Los primeros amigos* un joven iba en busca de Dios, de lo extraordinario, para al final descubrir que lo que estaba buscando, insisto, lo extraordinario, estaba en la realidad que le rodea todos los días. En *El sexto sentido* todo gira en torno a ese equilibrio entre lo físico y lo inmaterial de hecho; el proceso fundamental que rige el film es la aceptación por parte de sus protagonistas de que cotidianidad y trascendencia son conceptos inseparables. En *El protegido*, David Dunn es un hombre extraordinario que había decidido quedarse en normal y finalmente terminó por resultar mediocre: su búsqueda de lo extraordinario se dirigirá a su interior, hacia sí mismo. En *Señales* las cosas cotidianas, los vasos de agua, un campo de maíz o un bate de *baseball* serán portadores de un nivel importante de conocimiento, de *sabiduría*, que adecuadamente aprehendida podría conducir al hombre hacia la felicidad. En *El bosque* lo extraordinario cohabita en la villa que centra la atención del film. En *La joven del agua* lo extraordinario hará acto de presencia nada menos que en una piscina, en mitad de un bloque de apartamentos, rodeado de vidas grises cuando no directamente sin sentido. En *El incidente*, como en cierto modo también sucedía en *Señales*, lo insólito se impondrá de forma violenta a la existencia del hombre; e incluso en una película tan abiertamente fantástica como *Airbender. El último guerrero*, la lucha personal de Aang consistirá precisamente en redescubrir sus extraordinarias facultades como avatar de los cuatro elementos.

Cuando al principios del siglo XX estalló el expresionismo alemán la realidad fue *adulterada*, en tanto que su esencial relación con la cotidianidad permanecía intacta, pero algo en su interior había cambiado. Una puerta, una silla o una cama, adquirían formas irregulares que sugerían desequilibrio en su propia naturaleza. Era una puerta, una silla o una cama lo que veíamos allí, no había duda, pero había algo extraño en su interior, algo que no podíamos tocar ni medir, que las había adulterado. Esta variación interna de las cosas, condicionaba también la relación de esa humilde *cosa* con el cosmos. Los elementos cotidianos presentaban en el cine expresionista alemán una presencia que sugería que había algo más, más allá del mero objeto, por lo general algo oscuro y tenebroso. Se trata de comprobar, que en definitiva, no estamos solos, una vieja aspiración de la naturaleza del hombre que desemboca en otra constante fundamental del ser humano y del cine de Shyamalan, la esperanza.

Ya lo hemos dicho, frente a las actuales tendencias posmodernas, una idea como la *esperanza* debe sonar como mínimo, extraña. El postmodernismo y los simulacros de Baudrillard se han encargado de enturbiar el cine incubando una serie de discursos de un marcado carácter crepuscular. Para buena parte de los nuevos cineastas ya no existen los valores y el hombre está abocado por su propia estupidez a la autodestrucción. Películas como *El club de la lucha*, *Réquiem por un sueño* o *El maquinista* (Brad Anderson; 2004) son un buen ejemplo del perfil, más o menos extendido, que parece empapar el cine moderno y, al primer golpe de vista, el que está por venir. No parece existir una luz al final de ese túnel que llamamos vida y en cierto sentido, así conviene que siga siendo, al menos para cierto tipo de cineastas muy extendido hoy día.

M. Night Shyamalan, sin embargo, no es que crea que haya una luz al final de túnel, es que el director de *La joven del agua* está convencido de que si sabemos mirar bien, no hace falta llegar al final del túnel para encontrar la luz porque ésta cohabita con nosotros. De igual forma que la vista se adapta poco a poco a un lugar con escasa luz, pasando de no ver nada a distinguir formas y hasta a diferenciar matices, Shyamalan nos propone algo muy osado para estos tiempos tormentosos en los que nos ha tocado vivir, nos invita a que observemos las cosas que nos rodean, aquellas que no nos dicen absolutamente nada y a comprobar, en función de la esperanza de cada uno, que las cosas no son tan grises como podría pensarse en un primer momento, y que como la vista se adapta en un lugar oscuro, poco a poco, las cosas cotidianas, bien miradas, pueden revelar una luz interior.

6. Como hemos apuntado, M. Night Shyamalan nació en la India pero fue criado en un colegio católico de Estados Unidos. Resulta curioso que un hombre que ha declarado no ser una persona particularmente religiosa se haya educado entre dos religiones y haga un cine tan atento a la espiritualidad del ser humano. La sensación que ofrecen sus películas es, desde luego, la de un hombre que no ha hecho oídos sordos a las enseñanzas religiosas que lo han acunado. Puede que Night, como individuo, no se sienta dentro de ninguna de las dos religiones, pero parece obvio que al menos, ha cogido algo de aquí y de allá para configurar su particular visión del mundo. De entrada, lo que mejor parece caracterizar el cine de Shyamalan es algo presente tanto en el hinduismo como en el catolicismo, la búsqueda de una entidad superior, la creencia de que hay algo, no sabemos exactamente el qué, que desde una posición privilegiada nos observa y puede que también nos guíe y cuya evidencia de su existencia está entre nosotros. Una convivencia entre vida terrena y otra experiencia, que no está totalmente desligada de ésta, la vida espiritual. Esta es la creencia medular que configura el cine de Shyamalan.

De este modo, cuando los muros de la realidad parecen infranqueables y las evidencias se ciernen sobre nuestra existencia, existe una fuga de luz, un lugar para la esperanza que nos puede llegar a conducir a una visión *diferente* de la realidad. No se trata, no obstante de contemplar una realidad plagada de lucecitas que nos guíen y adornen nuestro devenir diario, sino de una cuestión mucho más compleja.

José Ortega y Gasset hablaba de «ojos de extrañeza», de esa mirada propia de los niños que son capaces de sorprenderse todos los días ante el objeto más banal. Una asombrosa capacidad de *redescubir* las cosas vertiendo sobre ellas una luz nueva, regeneradora. Se trata por tanto de una visión *iluminadora* que baña la realidad proporcionando una experiencia nueva en lo que generalmente parece aburrido y banal. Esto es, en suma, lo que le sucede al protagonista de *Los primeros amigos*; el don que en un primer momento se presenta como una maldición para Cole en *El sexto sentido*; las habilidades extraordinarias que un hombre gris esconde en su interior en *El protegido*; las *cosas* que salpican estratégicamente el hogar de los Hess en *Señales*, como en la casa de casi cualquiera de nosotros; la luz con la que Ivy diferencia la esencia de las persona que tiene delante en *El bosque*, la llegada de una *Narf* a un simplón bloque de apartamentos que dará luz y esperanzas a todos sus habitantes en *La joven del agua* y la extraña toxina que el viento transporta para acabar con le especie humana en *El incidente*; e incluso para, simple y llanamente disfrutar de un universo como el que nos propone *Airbender. El último guerrero* hay que tener muy entrenados esos *ojos de extrañeza* para de este modo, entrar en su juegos, sus ingenuidades y sus retos dramáticos.

Y para interactuar en el universo *shyamalaniano* esbozado en estas páginas es condición *sine qua non*, insisto, esos *ojos de extrañeza* a los que aludía Ortega y Gasset. Tanto sus personajes, como en la predisposición propia de su público, una de las razones principales por las que en mi opinión, una película como *La joven del agua* no funcionó en taquilla.

El uso de la mirada de los niños dentro del cine de Shyamalan resulta bastante obvio. Sólo a un niño se le puede ocurrir ir en busca de Dios para comprobar si su abuelo, recientemente muerto, se encuentra bien en *Los primeros amigos*; será un niño, claro está, el que pueda ver fantasmas en un mundo gris en el que los adultos están demasiado ocupados encontrando la fórmula para sobrevivir al día a día en *El sexto sentido*; también será un niño el que no dude ni por un segundo que su padre pueda ser un émulo del mismísimo Superman en *El protegido*; en *Señales* no sólo será el niño de la familia el primero en detectar que los extraterrestres han llegado a la Tierra con intenciones hostiles, sino que además predecirá casi todos los movimientos de los *aliens* con una precisión inaudita; en *El bosque* se produce un paso importante dado que no hay niños, aunque sus personajes sigan comportándose como niños, máxime en una película como esta, cuyo tema nuclear gira en torno, precisamente, a la inocencia y a la ingenuidad; *La joven del agua* supone la apuesta más arriesgada de Shyamalan (en este y en muchos sentidos) en tanto que cuenta una fábula sin los preámbulos esperados, pidiéndole al espectador que se zambulla en una historia, que casi parece contada por un niño, aunque esté pensada para los adultos y en *El incidente* será un adulto, Elliot Moore, el que se comporte como un niño desde el principio, razón por la cual su matrimonio no termina de levantar cabeza; y sólo uno niño, podía y debía ser el protagonista de una historia como *Airbender. El último guerrero*.

LOS PRIMEROS AMIGOS

«Es curioso, cuando se te ocurre una idea por primera vez, a veces se te ocurre cuando has visto algo que has mirado cien mil veces»

1. Como es sabido, M. Night Shyamalan rodó su primera película de una forma casi subterránea. Fue financiada por sus padres y contó con la colaboración de una productora tailandesa. El film fue rodado en una de las ciudades más pobladas de la India, en Chenai, aprovechando un viaje de sus padres y la película pretendía ser un relato autobiográfico sobre la experiencia del propio Night que había sido educado en un colegio católico de Estados Unidos pese a ver nacido en aquel país asiático. En tales circunstancias no debe resultar complicado entender que encontrar una película como *Prayer Witch Anger* es una empresa casi imposible, lo que no deja de resultar paradójico en una sociedad de la información globalizada como la actual. Puede que no haya sabido buscar bien, es una posibilidad, pero por poco que uno se preocupe en encontrar esta película descubrirá que son muy pocos los que han tenido el privilegio de verla. Es más, según he podido averiguar, la película únicamente ha sido pasada por la televisión canadiense. De hecho, yo sostengo la teoría de que si a estas alturas no se ha publicado aún ningún libro sobre la obra de M. Night Shyamalan, al menos en castellano, debe ser porque su primera película no la ha visto casi nadie. Si Alejandro Amenábar o Quentin Tarantino ya gozaron de sendos libros con tan sólo dos películas en su haber, me extraña muchísimo que un director tan goloso como Shyamalan no tuviera ya a sus espaldas un buen número de volúmenes.

Sólo hay un libro publicado en Estados Unidos sobre el cineasta de origen indio, *The Man Who Heard Voices* de Michael Bamberger, que en realidad es una especie de diario de rodaje de *La joven del agua*. Eso sí, en enero de 2008 apareció otro libro, esta vez de Chris Broodryck, titulado *Shyamalan's «Everyday Hero»* a un precio de 89 dólares que, tengo que admitir, aún no he tenido el gusto de leer. Pero en cualquier caso, de lo que creo que no cabe duda, es de que un director tan exitoso como polémico como Shyamalan no goza, digamos, de una bibliografía particularmente extensa y esto no se debe, estoy seguro, a una escasez de interés sino, creo yo, a la compleja dificultad que implica encontrar su primer título. Hace unos años, José Antonio Navarro publicó un –fantástico- estudio sobre M. Night Shyamalan en la revista de cine *Dirigido por...* en el cual no se incluía *Prayer With Anger* y no por eso el trabajo desmerecía en absoluto, porque lo cierto y verdad es que con frecuencia, las óperas primas de los directores de éxito suelen ser en la mayoría de los casos productos más bien anecdóticos, donde el analista pueda permitirse el lujo de escarbar las huellas de lo que vendría después.

Estas señales, son a día de hoy, casi imposibles de encontrar. Hay un vídeo en YouTube.com que ofrece los primeros cinco minutos de *Prayer With Anger*. Ahí pode mos contemplar a un Shyamalan cuidadoso con su planificación, con sus imágenes y con sus movimientos de cámara, pero resulta inútil calibrar el alcance real del largometraje con apenas unos minutos. Se nota ya desde su primera película que M. Night Shyamalan era un director que filmaba con un ojo puesto en el montaje, pero poco más podemos atestiguar.

2. En cualquier caso lo cierto es que M. Night Shyamalan ya estaba contento, había hecho su primera película. La repercusión fue mínima, fue destacada en algún que otro festival, pero nadie lo llamó para que trabajara en Hollywood. De modo que Night decidió entrar por la puerta de atrás y accedió a trabajar en Miramax Films, fundamentalmente corrigiendo guiones ajenos, una etapa de la que el director de *El sexto sentido* no se encontraba particularmente satisfecho. Además, Shyamalan no se convirtió precisamente en el ojo derecho de su principal responsable, el titánico y tiránico Harvey Weinstein. De hecho, antes incluso de que Night dirigiera su segunda película, precisamente para estos estudios, Shyamalan ya tuvo el dudoso gusto de experimentar lo que era enfrentarse a Weinstein, algo que por otro lado, según cuentan, no era especialmente difícil.

Miramax era y es una de las productoras de cine más importantes del Hollyood actual. Peter Biskind relataba en su imprescindible *Sexo, mentiras y Hollywood*[14] cómo Miramax cambió la forma de hacer y de concebir el cine independiente en Hollywood y cómo su presencia en la primera línea de este tipo de producciones alteró radicalmente la naturaleza de un cine, inicialmente considerado con mayor libertad creativa y presupuestos menos abultados. Cuando Miramax hizo acto de presencia en Hollywood desde sus oficinas de Nueva York como distribuidora de conciertos y algunas películas de tercera que iban directas al mercado del videoclub, nadie llegó a predecir que aquella pequeña empresa propiedad de Harvey y Bob Weinstein terminaría convirtiéndose en una mole de quinientos empleados con un gasto anual de unos setecientos millones de dólares que llegaría a poner firme a la mismísima Disney.

Pero cuando a finales de los ochenta Miramax empezó a comprar películas europeas para distribuirlas en Estados Unidos, y lo que si cabe es más importante, empezó a ganar oscars, fue en ese momento cuando Miramax tomó carrerilla. El problema era que Miramax, no sólo compraba los derechos de distribución de aquellas películas en suelo norteamericano, el verdadero problema era además que, una vez bajo su yugo, remontaba, cortaba y mutilaba las películas para,

---

[14] Biskind, Peter. *Sexo, mentiras y Hollywood.* Anagrama. Barcelona, 2006. [684].

por decirlo de algún modo, *suavizar* las obsesiones del Viejo Continente y hacerlas más digeribles para el gran público estadounidense. Los enfrentamientos entre los Weinstein, fundamentalmente Harvey y algunos directores europeos como Giusseppe Tornatore o Bernardo Bertolucci fueron antológicos. Harvey amasó millones de dólares, sí, pero se creó muchos enemigos en aquellos años, ni la mitad por otro lado de los que estaba por crearse. Pero el caso es que viendo los Weinstein que eso de distribuir películas europeas era un negocio, parecía lógico pensar que distribuir las películas hechas por uno mismo serían un negocio aún mayor. Dicho y hecho, Miramax Films se lanzó a la distribución de sus propias películas. Primero fueron largometrajes pequeños, casi primitivos como *Ciudadano Bob Roberts* (Bob Roberts; 1992) o *Clerks* (Kevin Smith, 1994), pero poco a poco los Weinstein fueron inflando sus presupuestos dejando a un lado, por ejemplo, los quince millones de dólares de *El cuervo (The Crow;* Alex Proyas, 1994), para pasar a los veinticinco de *Shakespeare in Love* (John Madden, 1998), los cuarenta y ocho de *Kate & Leopold* (James Mangold, 2001), y los cien millones de dólares de *Gangs of New York* (Martin Scorsese, 2002).

Pero sin duda, lo peor de aquella empresa era Harvey Weinstein, un hombre con un ojo clínico para el éxito pero, según han asegurado numerosos testigos y ex trabajadores de Miramax, un verdadero déspota, un tirano, un volcán de imprevisible erupción capaz de lanzar una mesa a la cabeza de Martin Scorsese o de llamar «puta» a la rutilante estrella del momento. Cuando Shyamalan llegó a Miramax, lo hizo, como hemos dicho, para corregir guiones, pulir escenas y en suma, añadir o restar sobre trabajos ajenos. Según relata Biskind con asombroso detalle[15], Shyamalan llegó a Miramax y pronto cayó mal. Al parecer, el futuro director de *El sexto sentido* miraba por encima del hombro a sus compañeros de trabajo y

---

[15] Op. cit. Biskind. p. 427.

por lo visto destilaba ciertos aires de superioridad que pronto dejaron huella entre las paredes de los estudios Weinstein. Tan es así que Harvey no se anduvo con chiquitas y según declaraciones de los propios trabajadores de Miramax, Weinstein trató a Shyamalan «como un trapo».

Los problemas con Harvey comenzaron desde el primer día de rodaje de *Los primeros amigos.* Shyamalan presentó a su mujer Bhavna Vaswani, según cuentan, una delicadísima belleza india de modales exquisitos con la que se casó en 1993. Acto seguido Night continuó con el rodaje hasta que llegó Harvey Weinstein y simple y llanamente, se hizo con las riendas de todo. Cuando Harvey estaba en el set de rodaje, el criterio de Shyamalan no valía nada. Cuenta Michael Bambergen que un día Night se acercó al ayudante de Harvey y le preguntó por qué Weinstein estaba actuando así con su película y el ayudante le respondió, «porque no eres un director de la lista A». Shyamalan respondió, «pero podría serlo» y entonces Harvey gritó desde el otro extremo del decorado inmerso en un silencio sepulcral «¡Ni lo eres, ni lo serás!»[16].

De todos modos aquello no había sido más que un aperitivo de lo que estaba por venir. Cuando Harvey Weinstein contempló el primer montaje de *Los primeros amigos* se puso hecho una furia, no veía estrategia posible para salvar la película, atacó a Shyamalan con todas sus fuerzas y según relata Biskind, hasta lo hizo llorar. Weinstein, como con otros directores a los que desollaría con sus implacables ataques, se empleó a fondo con Night. Lo torturó, le limitó el presupuesto más allá de lo aconsejable, lo puso a parir por haberlo rebasado y una vez vista la película, montó y remontó el largometraje, se rodaron nuevas escenas, se incluyeron y se quitaron diálogos, se compuso más banda sonora, y buena parte de esto, a espaldas del director. Un ejemplo: Harvey Weinstein

---

[16] Bamberger, Michael. *The Man Who Heard Voices.* Gotham Books, New York. 2006. p. 20.

quería un ángel al final de la película, Shyamalan no. Al final el ángel está ahí.

Shyamalan pasó un verdadero infierno por aquélla época. *Los primeros amigos* estuvo esperando un estreno durante años y Night no sabía qué hacer, ni cómo hacerlo, para sacar adelante su película tal y como él la había concebido sin incendiar aún más la caldera Weinstein. De modo que harto de la situación telefoneó a Rosie O'Donell, lo más parecido a una estrella que había en aquel largometraje. O'Donell, que simpatizaba con Shyamalan, llamó a Weinstein para que dejara trabajar a Night con libertad. Según relata Biskind, aunque Harvey lo niega, éste llamó a la actriz vaca y puta. Se encolerizó en extremo. No, *Los primeros amigos* necesitaba más de Weinstein que de Night, por una razón muy sencilla, Harvey tenía el dinero y sin dinero esa película podía desaparecer para siempre y jamás ver la luz de un estreno por pequeño que fuera.

Al final *Los primeros amigos* terminó costando unos siete millones de dólares, muy poco, y se estrenó en Estados Unidos el 20 de marzo de 1998, con menos de treinta copias, un suicidio comercial para cualquier película. En su primer fin de semana, el film no llegó a los noventa y seis mil dólares de recaudación. En total recaudó en Estados Unidos 282.000 dólares. Un completo fracaso. La presencia de Rosie O'Donnel en el reparto animó a Miramax a estrenar la película en salas comerciales por toda Europa, pero nada se pudo hacer por un largometraje que ya estaba enterrado antes de haber sido estrenado. La única buena noticia —parcial— que generó *Los primeros amigos* fueron sus dos nominaciones a los Young Artist Adwards en los apartados de mejor actor infantil para Joseph Cross y mejor película dramática. No ganó ningún galardón. Pero lo cierto es que aún hoy muchos de los que por aquella época trabajaban en Miramax se siguen preguntando cómo es posible que una empresa como la de los hermanos Weinstein, muy preocupada por los beneficios rápidos, diera luz verde a una película como *Los primeros amigos*. Según algunos ex trabajadores de Miramax, el guión de

Shyamalan tocó la parte más sensible de Harvey que según parece la tenía. Pero lo cierto es que nadie o casi nadie en Miramax entendía como Weinstein pudo aprobar un guión que todos por allí consideraban muy malo.

3. Ante semejante compendio de imponderables de producción, no creo que haga falta insistir demasiado en lo difícil que puede llegar a resultar tratar de averiguar qué hay de Shyamalan aquí y allá, y por extensión, tratar de rescatar del conjunto un perfil lo más aproximado posible de qué había de Night en esta película. Lo que sí podemos deducir, al menos de entrada, es que M. Night Shyamalan estaba apuntando al lugar equivocado con la mira cambiada. Como el propio cineasta admitiría años después, *Los primeros amigos* no era el tipo de largometraje que él hubiera aplaudido en sus años de estudiante cuando comenzó a enamorarse del cine. Probablemente, si por aquellos años de juventud Shyamalan hubiera visto un film como *Los primeros amigos*, lo más fácil es que no le hubiera llamado la atención demasiado. Pese a todo, hay algo ineludiblemente shyamalaniano en la trama del film y es su tema. Como hemos apuntado y apuntaremos, una de las tendencias más esenciales del cine de Night es la búsqueda de lo extraordinario dentro de los límites de la realidad. Y el propósito del personaje central de *Los primeros amigos*, Joshua (Joseph Cross) no es otro que el de encontrar a Dios y lo consigue, vaya que si lo consigue. Lo encuentra en todo lo que le rodea, en lo que meses atrás le resultaba banal y aburrido. Joshua encuentra la evidencia de que Dios está ahí y lo que es más, que muy de vez en cuando y de forma aparentemente casual, puede llegar a intervenir.

De hecho *Los primeros amigos* está dividida en tres partes bien diferenciadas abanderadas por tres explícitos rótulos, *the questions* (las preguntas), *the sings* (las señales) y *the answer* (las respuestas). Lo primero que se desprende de esta separación por partes del film es como mínimo, la de dejar con incuestionable clarividencia las intenciones del largometraje y sobre todo, dar a conocer con la mayor claridad posible qué es lo que está ocurriendo en cada momento y por qué. Y todo aunque en realidad, siendo francos, estos rótulos no habrían hecho falta a tenor de la insistencia que se hace en la película acerca de las preguntas, las señales y las cuestiones que Joshua se hace a lo largo de todo el film.

El tono final que una película como *Los primeros amigos* ofrece tras las mil y una desavenencias de producción es el de una pretendida comedia dramática. O una comedia trascendental. Tiene todos los ingredientes para ello. Un enternecedor niño protagonista, una monja simpática que explica religión utilizando el baseball como metáfora, una familia unida y ejemplar, y una vida en el colegio salpicada de compañeros acomplejados, algún gamberro, amigos y la lógica chispa iniciática del amor.

Como ya sucedería en *El sexto sentido* (en donde unos dibujos revelarán la atormentada alma de Cole) y en *La joven del agua* (donde unos dibujos nos relatarán el prologo del relato), Shyamalan filma nada más arrancar el film unos dibujos de Joshua que pretenden definir la especial relación que el niño tenía con su abuelo Beal (Robert Loggia) quien, como poco después sabremos, ha fallecido recientemente. Joshua no comprende por qué su abuelo, una persona que en esencia, no le había hecho ningún mal a nadie y lo que es más, era su particular apoyo emocional, ha tenido que morir. Una cuestión con bastante fundamento y más aún en un niño que estudia en un colegio religioso y que se pasa el día rodeado de sacerdotes y monjas con un rosario entre las manos. Ya en *Los primeros amigos,* Night comenzó a demostrar su particular sensibilidad a la hora de exponer sentimientos sin una sola línea de diálogo, como cuando vemos a Joshua ponerse la bata de su abuelo, sentarse en su silla y coger su pipa. No lo dice, pero por lo que hace sabemos que lo echa de menos. Acto seguido tiene lugar el primer *flash-back* de la película en donde vemos un episodio bastante superfluo, Joshua enfermo se despierta de una pesadilla en la cual no podía encontrar a su abuelo, una especie de premonición de lo que vendrá a ser su muerte.

Se ha dicho en alguna ocasión que *Los primeros amigos* es un film bastante autobiográfico en el sentido de que como Shyamalan, Joshua es un niño hijo de padres médicos que estudia en un colegio católico en Filadelfia, de modo que no sería de extrañar que algún que otro detalle y hasta puede que algún episodio concreto venga directamente inspirado por la propia experiencia de Night durante aquellos años. El colegio que Shyamalan nos presenta en *Los primeros amigos* resulta ser el típico centro de familias adineradas con jovencitos uniformados y donde niños y niñas estudian separados por una recatada verja. Desde el primer momento, Shyamalan deja caer que Joshua es un niño particularmente inquieto, un chaval que no tiene inconveniente en levantar la mano para preguntar cada vez que le surge una duda, un comportamiento que le ha generado alguna que otra enemistad entre determinados compañeros del clase.

Pero el primer signo de esa vinculación de cohabitación entre lo cotidiano y lo extraordinario tiene lugar precisamente en el colegio. Joshua anda por uno de sus pasillos cuando de pronto, se queda mirando un rayo de luz que penetra por una de sus ventanas. En ese momento Joshua dice en *off*[17] «es curioso cuando se te ocurre una idea por primera vez, a veces se te ocurre cuando has visto algo que has mirado cien mil veces». Mayor o menor acierto el de la inclusión de voces en *off* en el relato, al menos ésta en concreto pone en evidencia una idea que Shyamalan seguirá explotando en la práctica totalidad de su carrera y a la que ya hemos hecho mención. Sobre cómo en la banalidad, en las cosas que vemos todos los días, a veces

---

[17] Por lo que veremos en la obra de M. Night Shyamalan, el director nunca ha sido demasiado amigo de las voces en *off*, de modo que no sería en absoluto de extrañar que la profusión de voz en *off* de *Los primeros amigos* fuera una imposición de Harvey Weinstein, un hombre muy preocupado por ser lo más claro posible y dejar las ambigüedades para otras ocasiones.

podemos encontrar señales de lo extraordinario. Sobre esos ojos de extrañeza que en ocasiones son necesarios para *trascender* lo que a un primer golpe de vista no reclamaría nuestra atención. Otro elemento profundamente inherente al cine de Shyamalan, los ojos de extrañeza por antonomasia, los ojos de un niño. Ya lo veremos en repetidas ocasiones, Night ha confiado a los niños la mirada más privilegiada de sus historias, quizá la única mirada en el mundo real capaz de atisbar magia donde los demás sólo ven banalidad.

Por tanto, la propuesta del director de *El sexto sentido* es la de ejercitar el músculo de la trascendencia, escudriñando la capacidad receptiva del ojo humano, limitado y a la vez, anatómicamente perfecto, pero en todo caso obstinado en no leer entrelíneas, si detrás no hay una intención del individuo. Es decir, para ver *más allá* hay que «querer» ver *más allá,* y eso es precisamente lo que le sucede a Joshua, que él quiere ver *más allá* por esto, cuando su necesidad de trascender está asimilada por su consciente y por su inconsciente, es entonces cuando el peso cede y el resorte activa la maquinaria de lo extraordinario.

4. La verdad sea dicha, *Los primeros amigos* es un film delicado, porque conviven en él la estimulante personalidad de un prometedor cineasta que lucha primero por encontrar su estilo y segundo por que le dejen buscarlo, frente a las imposiciones de una productora que desde el principio no entendió o no quiso entender los objetivos de la película de Shyamalan. Por ejemplo, los personajes de *Los primeros amigos* resultan demasiado esquemáticos pero a la vez tocan la complejidad aunque sólo sea de pasada al resultar contradictorios y estar inmersos en un mar de dudas. Joshua es, desde luego, el personaje más trabajado, pero su abuelo también denota dudas, cree en Dios, pero tiene miedo a morir. Si embargo, esa simplicidad en la caracterización de los personajes, lo cierto es que aligera un metraje que de otro modo, hubiera resultado tal vez, excesivamente sombrío, triste. De hecho, Shyamalan aprendió muy bien la lección de *Los primeros amigos,* según la cual mostrar a un niño triste durante todo un largometraje puede significar exigirle demasiado al gran público. Debido a esto, cuando Night ruede *El sexto sentido,* para evitar que todo lo que supurara Cole fuera tristeza, el director le dio instrucciones muy precisas al joven Haley Joel Osment para que además de tristeza, en determinados momentos manifestara odio y rabia, por ejemplo, por descuidar su particular ritual de seguridad ante la insistente visita de los fantasmas. Pero volviendo a *Los primeros amigos,* lo curioso del tema y vistos los antecedentes de producción del film, la verdad es que resulta muy probable que esa tendencia a simplificar los dramas de la película sean un logro de Harvey Weinstein, experto en aligerar tramas narrativas y acercar sus películas a la mayor cantidad de público posible.

Lo cierto es que ese intento por parte de Night de empapar el relato de un verdadero drama existencial consigue, al menos, que *Los primeros amigos* no caiga en la intrascendencia más absoluta, aunque de igual modo, las —malas— artes de Weinstein es más que probable que lograran que el relato de *Los primeros amigos* se hiciera más accesible y llevadero. Por ejemplo, la película da muy pocas vueltas y va directa al grano, razón tal vez, por la que no es una película precisamente prolífica en complejidades dramáticas, pero aún así, mantiene cierta esencia moral en su fondo.

Lo bueno de todo esto es que M. Night Shyamalan, ni aún en sus primeras películas, fue ni es un director excesivamente obvio y esto se nota, quizá de forma especialmente clarividente en un film como el que nos ocupa, sobre todo por el contraste que los sutiles apuntes de Shyamalan provocan frente a determinadas imposiciones/obviedades de Miramax. Night prefiere mostrar ideas que se dejen sentir en el espectador de una forma más intuitiva que premeditada y esto se deja notar, aunque sea por contraste y en contadas ocasiones. Tiene ideas brillantes sobre cómo contar las cosas y en la mayoría de los casos, prefiere hacerlo a través de imágenes, de situaciones dramáticas. Un buen ejemplo es el segundo *flash-back* de la película en el que Joshua descubre que su abuelo está enfermo. Nieto y abuelo están en misa y entonces el sacerdote inicia el sacramento de la Comunión, para cuyo momento pide que sean los enfermos los primeros en tomar la hostia sagrada. Joshua mira a su alrededor y contempla cómo algunos feligreses acuden a recibir el sacramento, hasta que vuelve la mirada a su abuelo y ve que ya no está a su lado, está en la cola para recibir la comunión. También resulta significativo cómo Joshua anhela a su abuelo, poniéndose su bata, sentándose en su silla y manoseando su pipa. Shyamalan prefiere dejar que sean las imágenes las que hablen por sus personajes, como esos dibujos que abren el film, tal vez porque sabe que una imagen puede resultar mucho más elocuente que un diálogo.

5. Cuando Joshua decide emprender su monumental empresa para encontrar a Dios, lo primero que hace es enchufar la televisión. Parece lógico, algo tan importante como Dios debe salir por televisión en algún momento, y lo único que Joshua encuentra son imágenes de guerra y destrucción. No será la primera vez que Night utilizará la televisión como ventana hacia lo peor del ser humano, fundamentalmente a través de la guerra, como sucederá, como veremos en *La joven del agua* con la guerra de Irak.

Pero el caso es que la búsqueda de Dios llevará a Joshua a descubrir que la realidad no es tan sencilla y que además, es muy frágil. Hay en este sentido un momento en la película particularmente llamativo (de nuevo sin diálogos). Joshua sabe que un obispo va a ir a su colegio. Un obispo, según la deducción lógica de un niño de diez años, debe estar más cerca de Dios que cualquier otro mortal. De modo que Joshua se las ingenia para colarse en el sector del colegio sólo ocupado por niñas para poder preguntarle por Dios. El asunto se torna imprevisible cuando el obispo en cuestión se retira unos segundos al lavabo y Joshua, que lo ha seguido hasta ahí, lo contempla frágil y enfermo, un hombre que depende de sus pastillas, un ser imperfecto en suma que nada tiene de divino y sí mucho de humano por más que sea un obispo. Hay otro momento importante que apunta en esta misma dirección (este sí, con diálogos), cuando Joshua conversa con el padre Peters (Dan Lauria) y éste le confiesa que sí, que en ocasiones, tiene dudas de su propia fe hasta el extremo de que en alguna ocasión, se ha planteado tirar la toalla. Joshua cree que alguien como un sacerdote no puede tener dudas sobre Dios, eso no debería cuadrar en la mente de un niño de diez años.

En realidad, lo que le ocurre a Joshua es que está abandonando la niñez y está descubriendo que las cosas no son tan sencillas, tampoco el problema más enrevesado que haya existido jamás para el ser humano, la existencia de Dios. Pese a todo, no hay que confundirse, la figura de Dios en *Los primeros amigos* no juega más que un papel metafórico, ya que la película de Shyamalan no pretende tanto apoyar la tesis de la existencia del Todopoderoso como utilizar su concepto como metáfora para un relato de ribetes más propios de una fábula de la búsqueda de uno mismo, de su propio proceso de madurez. El sacerdote de su iglesia a veces tiene dudas de que Dios exista, el obispo que visita el colegio es un hombre enfermo que casi no puede tenerse en pie si no es gracias a sus medicamentos, los padres de Joshua están desorientados y no saben cómo paliar la tristeza de su hijo, y su mejor amigo es epiléptico, una terrible experiencia que el mismo Joshua contemplará con sus propios ojos. Sin embargo, y aquí residirá su sorpresa, esas mismas fisuras dentro de un mundo idílico propio de un niño serán las que le ofrezcan un sentido más ajustado de la realidad y lo que es más, las que le pongan sobre la mesa la verdadera esencia del mundo que nos rodea, que en su imperfección, reside su magia. Como se dice en la película, «las dudas forman parte del viaje de cada uno».

Hay un momento particularmente interesante en este sentido, cuando Joshua visita una tienda de juguetes. El pequeño pasea por entre las estanterías y con un juguete entre las manos le confiesa a su madre que antes, cuando iba a una tienda de juguetes, veía magia entre los coches de carreras y los múltiples muñecos de acción, pero que ahora, sólo ve plástico y pintura. Joshua se está haciendo mayor y está perdiendo esa privilegiada ingenuidad de los niños, esa forma de ver las cosas que le permiten encontrar a Dios en un su propio barrio si eso fuera necesario. Y en esta película lo es. En muchos sentidos, el verdadero drama de *Los primeros amigos* reside en este punto, en cómo un niño contempla impotente cómo las cosas a su alrededor están cambiando, pero porque ya no las contempla del mismo modo. Este es en realidad, el verdadero trauma que inquieta a Joshua.

Ya lo hemos dicho en alguna ocasión y lo volveremos a repetir, el cine de M. Night Shyamalan es un cine, en general y salvo contadas excepciones, optimista. Sus historias, aunque impregnadas de un profundo dramatismo, suelen desembocar en esperanzadoras revelaciones enfocadas fundamentalmente a esa presencia de lo extraordinario en lo cotidiano. La mirada de Joshua, en el caso de *Los primeros amigos,* ha de centrarse en su entorno, para de este modo configurarse a él mismo, es como unir una hilera de puntos que hay a nuestro alrededor para una vez vistos en perspectiva, descubrir que somos nosotros mismos a quienes hemos dibujado. Y eso es lo que hace Shyamalan a través de Joshua, seguir una hilera de puntos para construir, más que a un personaje, en esencia, bastante sencillo, un concepto, una posición concreta a través de la cual contemplar la vida, la realidad. Llegado cierto momento, uno de esos puntos es la nieve. En uno de los *flash-back* en los que el pequeño Joshua recuerda a su abuelo, éste le dice que la simple y blanca nieve es una prueba de que Dios/lo extraordinario existe, que sólo hace falta mirarla con los ojos adecuados. Pero Joshua le responde que sólo es vapor de agua (una respuesta prototípica de otro personaje de Shyamalan que se debatirá entre la ciencia y lo sobrehumano, Malcom en *El sexto sentido*). «Quizá, tendrás que sacar tus propias conclusiones» concluye el abuelo. Y en efecto, esto es así porque lo que Shyamalan nos quiere decir no es que Dios/lo extraordinario deba de encontrarse en objetos o situaciones concretas, sino que cada uno, a través de sus ojos de extrañeza, debería ver lo extraordinario a su alrededor, cada cual, en objetos o situaciones particulares, esas que sin darnos cuenta nos definen como individuos que sienten y viven.

Este tipo de cuestiones, así como otras tantas que el cine de Night tocará en sus siguientes películas entroncan con una cuestión, a veces espinosa, a veces cargada de prejuicios: la religión. Shyamalan se atrevió con rara insistencia en una película de Hollywood no sólo a hablar de Dios, sino a defender su existencia, dejando además poco margen de duda debido, sobre todo, al empeño por parte de Harvey Weinstein de colar un ángel al final del film. Pero de todos modos, aunque ese ángel, ciertamente sobre más que añada, pues le quita ambigüedad al relato y lo sitúa aparentemente y sin ambages a un lado muy concreto, lo cierto es que en esencia, la película continua encajando como un guante en las preocupaciones de Shyamalan. Quizá ya no quede demasiado espacio para elucubrar sobre la existencia de un Dios o no en *Los primeros amigos,* pero lo cierto es que si superamos el bache que supone un ángel, la segunda película de Night continua en la particular senda de su director. Lo ha dicho en alguna ocasión el propio Shyamalan, «no me considero una persona religiosa, más bien una personal espiritual». Y en efecto, porque en el caso de *Los primeros amigos* es explícitamente Dios, pero en *El sexto sentido* serán explícitamente los fantasmas, en *El protegido* los superpoderes, en *Señales* los extraterrestres, en *El bosque* la creencia en extrañas criaturas de ribetes mitológicos, en *La joven del agua* una ninfa, en *El incidente* una extraña toxina y en *Airbender. El último guerrero* la comunión con los cuatro elementos. Todos, conceptos más o menos fantásticos, más o menos extraordinarios, pero todos, herramientas para explotar una idea, la de redescubrir la realidad que es, en el fondo lo que significa el título original de *Los primeros amigos, Wide Awake, Despertar ampliamente,* es decir, abandonar la pasiva y adormecida existencia para despertar ampliamente —es decir, más allá del mero término, despertar— y descubrir los milagros (no necesariamente religiosos) que nos ofrece la realidad.

Este tipo de aproximaciones, obviamente, suele gustar mucho a los sectores más conservadores, especialmente a los católicos, entre cuyos dogmas de fe se haya la omnipresencia de Dios. O dicho de otro modo, Dios, su evidencia, se encuentra en todas partes. Términos como iluminación, despertar, extraordinario, suelen ser muy habituales en el diario colectivo del catolicismo. Nada que objetar, desde luego, pero no confundamos intenciones. Shyamalan, más que hablarnos de Dios, nos habla de *eso* extraordinario que convive con nosotros sin que nos percatemos de ello. Y en el caso de Joshua, eso se halla en frente de sus propias narices. Pero el caso es que si eliminamos el concepto Dios de la ecuación, la fórmula sigue funcionando y no es de extrañar, porque Shyamalan siempre ha querido contar historias *universales,* en el sentido de que sean historias que puedan llegar a calar al público de Estados Unidos, Europa, Asia o África. La historia de *Los primeros amigos* en este sentido cuadra a la perfección en estas intenciones porque aún con Dios, o mejor aún, con un ángel de cuerpo presente dentro del relato, su película sólo nos habla de la vida cotidiana de un niño de diez años que se hace demasiadas preguntas como todos nos hemos hecho más o menos a esa edad. ¿Y qué quiere decir todo esto? Pues simple y llanamente lo que el propio Shyamalan ha dicho en más de una ocasión, que su cine, que él mismo y que por extensión *Los primeros amigos* no es una película religiosa, sino una película espiritual. Night aboga con ésta y con la práctica totalidad de su filmografía por la espiritualidad, y no por un Dios concreto o un credo en particular, sino por un hecho extraordinario en nuestra cotidianidad.

Las cuantiosas alusiones a Dios, el ubicar la acción en un colegio católico de Filadelfia y la presencia de sacerdotes, monjas y obispos puede llevar a engaño, o como mínimo a la confusión. Si estamos de acuerdo en que *Los primeros amigos* no es exactamente una película sobre Dios, contemplaremos el film de Shyamalan desde una perspectiva diferente, aunque en última instancia, nos venga a decir lo mismo, que Dios, lo extraordinario, las pequeñas cosas que hacen que está vida merezca ser vivida están ahí mismo, delante de nosotros.

6. Como veremos con más claridad en los siguientes largometrajes de Shyamalan, el director de *El sexto sentido* siempre ha sido un realizador profundamente preocupado por la planificación de sus películas. Con un ojo puesto en el objetivo de la cámara y el otro en el montaje, Shyamalan nunca filmará un plano sin saber qué imagen le precede y que plano lo seguirá. A esto se le suele llamar rodar pensando en el montaje, en cómo se van a concatenar los planos que se están rodando. En *Los primeros amigos* resulta ciertamente complicado encontrar hallazgos visuales que demuestren lo que en todo caso se revelara como toda una evidencia en sus siguientes películas: que Night tiene mucho cuidado con lo que rueda y cómo lo monta. Sabiendo que el film que nos ocupa fue montado y vuelto a montar a las espaldas del director, lo más lógico sería pensar que poco o nada queda de ese cuidado escénico de Shyamalan. No obstante, algunas huellas todavía sobreviven.

Generalmente, rodar pensando en el montaje suele conllevar una generosa economía de medios, es decir, reducir a uno o dos planos lo que cualquiera rodaría con cinco o seis. Un ejemplo, a veces no hace falta un plano de un personaje mirando fuera de campo y un contraplano de lo que éste está mirando. A veces, con una imagen del personaje mirando al otro extremo y un plano lo suficientemente abierto como para ver qué está observando el personaje basta. Y esto lo hace Shyamalan en *Los primeros amigos* cuando Joshua sube las escaleras de su casa y ve el viejo casco de rugby de su abuelo. No hay plano contra plano. Un solo plano. Porque lo cierto es que aunque

Los primeros amigos fuera una película mutilada por su productor, también suele ser una regla no escrita que cuando un cineasta filma con un ojo puesto en el montaje, las formas y las maneras de montar sus películas suelen ser bastante limitadas. Esto era por ejemplo lo que irritaba a David O. Selznick cuando trabajó con Alfred Hitchcock. El productor de *Lo que el viento se llevó* (*Gone With the Wind;* Victor Fleming, 1939) tenía que estar de cuerpo presente en el plató si quería que Hitchcock rodara las escenas de una forma menos encorsetada que luego permitiera jugar con los planos en la sala de montaje. Según parece, en efecto Harvey Weinstein estuvo en más de una ocasión en el *set* de *Los primeros amigos.* Conociendo los polémicos métodos de trabajo del productor, yo casi lo garantizaría. Por lo menos, que Weinstein estuvo en buena parte de las escenas. Esto le permitía al polémico productor *sugerir* a Shyamalan cómo rodar una escena para de este modo, como pretendió Selznick con Hitchcock, poder jugar con ellas en el montaje.

Un buen ejemplo de esto será sin duda la moderada presencia de cierta grandilocuencia en la películas a través, sobre todo, de su banda sonora. M. Night Shyamalan demostrará con más evidencia en sus siguientes películas que no es un director excesivamente grandilocuente. Probablemente por esto llama tanto la atención la, por otro lado, excelente banda sonora de Edmund Choi (que ya había colaborado con Night en su primera película), omnipresente, repetitiva, muy insistente con su *leit-motiv,* abiertamente sensiblero, y claramente, más grandilocuente que sus propias escenas. Hay un momento particularmente llamativo en este sentido, cuando un amigo de Joshua se sube al cubo de una fregona para despistar a las profesoras y ayudar así a que su amigo se escape del colegio. La escena, bien rodada por lo demás, contiene en cambio una música demasiado estridente, o como dirían algunos, de esas que se escuchan demasiado, y donde resaltan sus notas al estilo de la música de James Bond, como si despistar a las monjas subido en una fregona fuera una operación de alto riesgo. Resulta significativo comprobar en escenas como estas cómo Weinstein, a través de sus poderosas armas de posproducción, trataba de imponer y hasta de solapar con su criterio, las intenciones de Shyamalan. Pese a todo Night dejó su sello; rara vez el director de *El bosque* filma momentos de acción —salvo en ocasiones muy concretas como ya veremos en el caso de *Airbender. El último guerrero*—. Tan es así, que en muchos sentidos M. Night Shyamalan es un director que cuenta muchas cosas en *off*, fuera de campo. De hecho, eso es lo que sucede con el momento culminante de la escena de la fregona: no vemos cómo termina. Shyamalan no rodó el clímax de aquel momento. A buen seguro Weinstein lo hubiera incluido, pero no disponía del material, de modo que la escena concluye con un plano del cubo de la fregona tirado por los suelos. Como hemos visto y veremos más adelante, Night nunca ha sido particularmente aparatoso, es más, si ha destacado en algo su cine ha sido precisamente en la economía de medios con la que el director de *El protegido* ha resuelto algunas escenas sobre el papel, ciertamente complejas. Night prefiere rodar una pelea con un solo plano que dejarse llevar por el montaje a veces demasiado peligroso y también engañoso. Pero en cambio, una escena como la descrita antes, tira por tierra todo esto. Por su montaje y sobre todo por su música, que como digo, impone un tono cómico casi paródico, que dudo mucho Shyamalan quisiera reflejar en aquella escena.

De este modo, cabe sospechar que Harvey Weinstein lo tuvo que tener francamente difícil a la hora de remontar *Los primeros amigos*, porque si el dueño de Miramax quería un film más ampulosos, topó desde luego con el realizador equivocado. Porque resultará complicado discernir qué es de Night y qué no lo es en *Los primeros amigos*, pero lo que sí resulta más fácil es encontrar qué no habría hecho nunca el director de *El incidente.* Por esta razón, en ocasiones da la sensación de que en *Los primeros amigos* faltan grúas, *travellings, steady-cams* para enfatizar determinados momentos que M. Night Shyamalan prefiere solventar con uno o dos planos. Cuando Joshua descubre que está nevando como respuesta a una de sus plegarias en la que le pedía a Dios una prueba de que está ahí, Night resuelve el momento con tres planos. La música de Choi parece que quiere ir más allá, que allí vendría bien una o dos grúas o algún *travelling* de la zona nevada, pero no, Shyamalan deja el asunto en tres planos.

Otro ejemplo de economía de medios que al menos, este sí, sobrevivió a las tijeras de Harvey Weinstein, es el plano final. Joshua habla con el ángel en cuestión hasta que se da la vuelta y se aleja de él, Shyamalan lo sigue en *travelling* hasta que Joshua se gira y le hace una última pregunta, ahí, Night retrocede su cámara lentamente hasta que vemos que el ángel ha desaparecido y termina encuadrando el pasillo vacío (de nuevo iluminado por varios haces de luz) hasta el fundido en negro. Un plano.

7. La pena es que *Los primeros amigos* esté salpicada de pequeños hallazgos sin demasiada importancia dramática o narrativa. Sus intentos por rodar la película como él quería fueron azotados por el temible Weinstein, tal vez con buen ojo o quizá por la inexperiencia de Shyamalan porque lo cierto es que cuentan que años después, tras el estreno de *El sexto sentido,* Harvey Weinstein le propuso a M. Night sacar a la luz *Los primeros amigos* tal y como él se la entregó en un primer momento. Cuenta Weinstein que Shyamalan se negó...

En cualquier caso, ya lo hemos visto, *Los primeros amigos,* aún siendo un film menor de la obra de su director, conecta sin problemas con los intereses e inquietudes del realizador norteamericano, aunque no estuvieran todo lo bien llevados que, poco después demostraría el director, era capaz. La variante reveladora de la banalidad como algo maravilloso se convierte en su segunda película en la piedra angular a través de la cual gira toda la cinta. Al final de *Los primeros amigos* veremos a los adultos imitando algunas de las acciones que hemos visto hacer a los niños de la película, porque a todos en el fondo, nos gustaría volver a ser niños y poder así, ver más allá de una simple fregona, un mero rayo de luz o una nevada cualquiera.

EL SEXTO SENTIDO

«En ocasiones veo muertos»

1. Cuando en 1999 M. Night Shyamalan decidió darle a su carrera un drástico giro, al joven director indio no se le ocurrió otra cosa que contar la historia de un fantasma que no sabía que estaba muerto. Cuando el guión de *El sexto sentido* estuvo terminado, el agente de Shyamalan, Jeremy Zimmer lo leyó y supo de inmediato que ahí había una bomba. Según relata Bamberger, acto seguido, Zimmer envió el guión por mensajero a los principales estudios de Hollywood con la única excepción del guión que le fue entregado a Harvey Weinstein, que le llegó días después por correo postal. A efectos prácticos, Shyamalan era propiedad de Miramax, pero como guionista, no como director. Esto le dio libertad para ofrecerse como director a otros estudios. Aunque eso sí, Shyamalan le dejó muy claro a Zimmer cuáles eran sus condiciones: una oferta mínima de un millón de dólares para su bolsillo, garantía absoluta de que si se aceptaba el guión, sería él y no cualquier otro, quien dirigiría la película y control sobre el rodaje y el *final-cut*. En realidad, M. Night Shyamalan sabía —o tenía la esperanza— que Harvey Weinstein no aceptaría jamás semejantes condiciones. De hecho, en aquel momento, esa era su única opción para salir del particular reino de la tiranía de Miramax.

Dreamworks y New Line Cinema fueron los estudios que antes manifestaron su interés por apadrinar el guión de Shyamalan. New

Line Cinema llegó a ofrecer dos millones de dólares por el libreto. Pero entonces Jeremy Zimmer convenció a David Vogel, en aquella época presidente de Disney Pictures, para que cancelara sus compromisos y leyera el guión de Night. Vogel accedió y le gustó la idea. Entonces Zimmer presionó a Vogel para que éste superara la oferta de New Line Cinema si quería hacerse con *El sexto sentido* y dicho y hecho, Disney ofreció tres millones de dólares por el guión y otros 500.000 para Shyamalan por dirigir la película[18].

Cuando Harvey Weinstein se enteró del acuerdo entre Shyamalan y Disney, encolerizado se empeñó en exigir un tanto por ciento de lo que la película recaudara en taquilla, al fin y al cabo, Shyamalan, el guionista, era de su propiedad. Disney, que nunca tuvo unas relaciones demasiado buenas con Miramax, se negó. Aún así, Harvey, que había sufrido en sus carnes lo que él consideraba una absoluta mediocridad titulada *Los primeros amigos*, no entendía cómo la Disney iba a acceder a las peticiones de Shyamalan en un proyecto tan goloso como *El sexto sentido* y según parece llegó a decirle a algún ejecutivo de la *major:* «¿De verdad vais a dejar que ese tipo la dirija? ¿Es que no os acordáis de lo que hizo con su anterior película?».

El cineasta ya tenía en mente a Bruce Willis mientras redactaba el guión del film, no en vano, uno de los póster colgados en su despacho era precisamente el de *Jungla de Cristal* (*Die Hard*; John McTiernan, 1988). Night Shyamalan conoció a Willis en mitad del rodaje de la película de Terry Gilliam *12 monos* (*Twelve Monkeys*; 1995), que se rodó en su adorada Filadelfia y como recuerdo de aquel decisivo encuentro, Shyamalan llamó al atormentado niño protagonista de *El sexto* sentido como el personaje de Willis en *12 monos*, Cole, papel que sería interpretado de forma magistral por un sorprendente Haley Joel Osment. El propio Shyamalan se reservó una

[18] Bamberger, Michael. Op. cit. pp. 19-20.

aparición estelar en el film como el Dr. Hill, el médico que *sugiere* a la madre de Cole, Lynn (Tony Colette), la posibilidad de que éste esté siendo víctima de malos tratos.

La película se estrenó en Estados Unidos el 6 de agosto de 1999, el mismo día que Shyamalan cumplía 30 años. El film, con un modesto presupuesto de 55 millones dólares se estrenó en 2161 salas y recaudó en su primer fin de semana más de 26 millones de dólares. No obstante, esta tibia cifra inicial no hizo presagiar el demoledor éxito que el film obtendría a partir de entonces. En efecto, *El sexto sentido* se benefició de la que sin duda es la campaña de publicidad más efectiva y barata que jamás se haya conocido: *el boca a boca*. El film terminó recaudando en los Estados Unidos cerca de 300 millones de dólares y su recaudación en el resto del mundo dobló esta cantidad hasta el punto de que la película terminó convirtiéndose en la décima cinta más taquillera de todos los tiempos. A día de hoy, sus responsables sigue recibiendo cheques con cargo a los beneficios de *El sexto sentido* por su comercialización en video, DVD y televisión.

Por lo general, la película fue muy bien recibida por la crítica de casi todo el mundo que alababa el regreso al terror sugerido tras años de hemoglobina *teenager* que, por gentileza de Wes Craven y su *Scream* (1996), se había apoderado de las salas de todo el planeta. No obstante, no faltaron las opiniones discordantes que tacharon el film de Shyamalan de hábil y hasta de elegante traca de feria, reprochándole un argumento que dependía en exceso de su final sorprendente; «hay tanto empeño en cuidar el efecto sorpresa, que el artificio acaba convirtiéndose en amo y señor de la forma del relato (...) una película que busca su única razón de ser en el efecto sorpresa»[19].

Pese a todo la película fue premiada en infinidad de festivales, además de ser nominada a seis Oscars de Hollywood, entre ellos el de mejor director, película y guión. Finalmente la película de

---

[19] Latorre, José María. «Vida de fantasma» en *Dirigido por...*, n° 307, p. 76.

Shyamalan no obtuvo ninguna estatuilla en benefició de la interesante aunque terriblemente sobrevalorada película de Sam Mender, *American Beauty* (Sam Mendes, 1999).

2. El futuro director de la que sería una de las películas más aplaudidas y populares de la historia del cine, andaba todavía entre los pasillos de Miramax Films, cayendo mal a los que le rodeaban y soportando las torturas de Harvey Weinstein, cuando comenzó a escribir el guión de una película de terror. «Quería hacer la típica historia de fantasmas» señaló el propio Night. Durante los tres primeros borradores del guión nada terminaba de encajar. «Era malísimo, todo muy típico» reconocería el propio director y guionista años después. Por lo visto, el desaguisado dramático era tal, que poco o nada se salvó de aquellos primeros dos borradores. Night no hacía más que estrujarse la cabeza para dar con lo que quería ofrecer, hasta que según cuenta, fue a un entierro con su mujer Bhavna en un cementerio. Entonces Shyamalan se fijó en la presencia de un niño que parecía hablar consigo mismo. Fue esa imagen la que caló en la mente del director de *Los primeros amigos*, hasta que llegó a su casa y escribió una frase; «en ocasiones veo muertos»[20]. Ese fue el punto de inflexión a partir del cual M. Night Shyamalan decidiría centrar la historia de *El sexto sentido* en torno a un niño compasivo que ve fantasmas. El esqueleto de lo que iba a ser *El sexto sentido* comenzó a tomar forma, pero le faltaba lo que terminaría convirtiéndose en la más sorprendente de las guindas: el final. Entonces Shyamalan se dio cuenta de algo muy curioso, que había escrito un relato personal pero de ficción. Es decir, no había escrito una historia semiautobiográfica como *Prayer With Anger* o *Los primeros amigos*, sino un film de fantasmas y además, personal. Único.

Cuando el guión de *El sexto sentido* le llegó a Bruce Willis éste se lo leyó en una noche y no dudó en aceptar de inmediato. Algo

[20] Cf. Bamberger, Michael. Op. cit. p. 10.

más complicado sería, en cambio, encontrar a un niño que interpretara al pequeño Cole, verdadera columna vertebral del relato. Shyamalan convocó un casting para encontrar al pequeño actor y entonces apareció un jovencísimo Haley Joel Osment. El pequeño, ya tenía cierta experiencia. Había protagonizado un *spot* de Pizza Hut y había intervenido en algunas películas, entre ellas *Forrest Gump* (Robert Zemeckis, 1994), como el hijo del protagonista. Además Haley Joel Osment había participado en series de televisión como *Walker, Texas Ranger* (Christopher Canaan, Leslie Greif y Paul Haggis, 1993-2001), *Ally McBea*l (David E. Kelley, 1997-2002) y *Murphy Brown* (Diane English, 1988-1998). Lo primero que llamó la atención de Shyamalan fue que Osment era el único niño en acudir al casting con corbata. Entonces Night le preguntó al pequeño Haley «oye chico, ¿te has leído el texto?» y Haley respondió, «sí, me lo he leído tres veces anoche», «Ah, así que leíste tu parte tres veces anoche» añadió Night, y Osment remató «no, me leí el guión tres veces». Allí había un potencial diamante en bruto, no es habitual que el mejor de los actores acuda a ningún casting con el guión leído al completo, lo habitual es que los actores se lean sus líneas, y nada más, y mucho menos común es leerse el guión al completo, tres veces. Haley interpretó sus líneas de diálogo y dejó a Shyamalan y a todos los presentes de de piedra. Tenían a su Cole.

Otro curioso fichaje que intervino en la película fue Donnie Wahlbergh quien saltó a la fama fuera de las pantallas de cine años atrás como uno de los componentes del grupo New Kids on the Block. Pero lo cierto es que una vez pasada aquella fiebre adolescente, Wahlberg, como su hermano Mark, comenzó a probar suerte en el cine. Debutó en la gran pantalla con la película *Bullet* (Julien Temple; 1996) junto a Mickey Rourke y Adrien Brody y entre sus primeras apariciones en cine, también pudo participar en el éxito de 1996 *Rescate* (Ransom; 1996) de Ron Howard con Mel Gibson al frente del reparto. Pero lo cierto es que ninguna de estas películas había preparado a Wahlberg para lo que se iba a enfrentar en *El sexto sentido.* Su intervención como Vincent Grey en el film de Shyamalan era muy breve, cinco minutos escasos, pero la relevancia era capital. Él era quien mataba al personaje de Bruce Willis.

Donnie Wahlberg se tomó muy en serio su trabajo en *El sexto sentido*. Su papel como un ex paciente desatendido por el doctor Malcom le exigía perder peso. Wahlberg siguió un severo régimen que en las primeras dos semanas le hizo perder ocho kilos, pero el actor se metió tanto en aquel abatido y solitario personaje que a tres semanas de empezar a rodar había llegado a perder hasta once kilos. El aspecto físico de Wahlberg impresionó poderosamente a todos y no sólo eso, anímicamente Donnie también estaba afectado, se había hecho a la idea de que su personaje y en cierto modo él mismo, era un hombre sólo en un mundo acosado por fantasmas, literalmente. Donnie estaba hundido. Cuando el equipo de la película se preparaba para rodar la escena en cuestión, Wahlberg le comentó a Bruce Willis que tal vez le vendría mejor a su personaje interpretar la escena completamente desnudo. Willis y Wahlberg se acercaron a Shyamalan y le comentaron la idea. A Night le pareció una propuesta interesante pero tal vez un poco excesiva. Se acordó entonces un término medio, Wahlberg aparecería en calzoncillos.

Pero antes de rodar un solo plano, M. Night Shyamalan y el dibujante Brick Mason se pasaron más de tres meses dibujando, plano por plano, la película en un extenso *story board*. Mason ya había trabajado con Shyamalan en la elaboración de los *story board* de *Los primeros amigos* y desde entonces, no ha dejado de trabajar con el director de *El incidente*. Mason es un nutrido ilustrador que ha trabajado en películas como *El príncipe de las mareas* (*The Prince of Tides*; Barbra Streisand, 1991), *Causa justa* (*Just Cause*; Arne Glimcher, 1995), *Streaptease* (Andrew Bergman, 1996), *Una mente maravillosa* (*A Beautiful Mind*; Ron Howard, 2001) o *La ventana secreta* (*Secret Window*; David Koepp, 2004) entre otros muchos títulos. Shyamalan y Mason, mientras dibujaban el guión de Night, lo que en suma no dejaba de ser una nueva reescritura del libreto de nuestro realizador, siguieron casi al pie de la letra las teorías del montaje de Walter Murch.

Murch es uno de los profesionales más respetados de la edición de Hollywood y en palabras de Francis Ford Coppola, «un estudioso, un filosofo y teórico de cine»[21]. Ha montado películas como *Apocalipse Now* (Francis Ford Copola, 1979), *El padrino.* Parte II (*The Godfather. Part II*; Francis Ford Coppola, 1974), *Ghost* (Jerry Zucker, 1990), *El paciente inglés* (*The English Patient;* Anthony Minghella;1996), *El talento de Mr. Ripley* (*The Talented Mr. Ripley;* Anthony Minghella, 1999), *K-19* (K-19. *The Widowmaker*; Kathryn Bigelow, 2006) o *Jarhead* (Sam Mendes, 2005) y ha sido requerido de nuevo por su viejo amigo Ford Coppola para sus dos últimas películas, *Youth Without Youth* (2007) y *Tetro* (2009). Murch también supervisó los montajes de *El Padrino* (*The Godfather*; Francis Ford Coppola, 1972) y *La conversación* (*The Conversation*; Francis Ford Coppola, 1974) y ha trabajado como editor de sonido en todos los títulos citados y alguno más como *THX 1138* (George Lucas, 1971), *American Graffiti* (George Lucas, 1973) o *El padrino. Parte II.* O dicho de otro modo, Walter Murch es uno de esos hijos de la generación del Nuevo Hollywood que no vendió su alma al Diablo y que ha continuado trabajando a lo largo de los años siguiendo los mismos parámetros que dieron sentido al cine de aquellos años. Es decir, un trabajo personal, con conciencia artística, coherente con las inquietudes del autor y no por ello ajeno a las necesidades inherentes de la industria. Pero además, Walter Murch se ha convertido con los años en un teórico de su propio oficio, un pensador del cine en general y del montaje en particular. Hace unos años, Murch fue requerido por la Australian Film Comisión para que impartiera una

[21] Coppola, Francis Ford. Prólogo de Murch, Walter. *En el momento del parpadeo. Un punto de vista sobre el montaje cinematográfico.* Ocho y Medio, Madrid, 2003 [180].

conferencia que al final terminó convirtiéndose en uno de los libros más apreciados y perseguidos por el aficionado, *En el momento del parpadeo*[22].

Pues bien, el camino seguido por M. Night Shyamalan y el dibujante Brick Mason a la hora de planificar *El sexto sentido* fue precisamente el alumbrado por Walter Murch en el citado libro. La idea es la de planificar una película como normalmente las personas contemplamos la realidad. Es decir, puede que no nos demos cuenta de ello pero cuando actuamos en nuestra vida cotidiana, nuestros quehaceres, nuestras banalidades están repletas de continuos *saltos de plano*. O dicho de un modo más gráfico, si observamos un objeto que tenemos encima de la mesa que hay junto a nosotros, de forma inconsciente lo que hacemos es desenfocar el fondo y centrar la mirada en el objeto, o si se prefiere, construir un primer plano de ese objeto. De igual modo, si seguidamente, queremos contemplar el cuadro que hay al final de la habitación, nuestros ojos y nuestro cerebro no ejecutará un *barrido* desde la mesa al cuadro sino que parpadearemos, es decir, se producirá un salto, un corte, y pasaremos a un plano entero del cuadro. La teoría de Murch es que los cortes, siendo un acto en esencia violento en el discurrir propio de una narración cinematográfica, funcionan porque imitan lo que hacemos todos los días con nuestros ojos de forma inconsciente, parpadear, esto es, cortar.

De este modo, el objetivo de Shyamalan y Mason era el de planificar *El sexto sentido* con la naturalidad propia de un ojo humano. Insertando los cortes lógicos en cada situación, y dejando que la cámara se moviese cuando el salto de un plano a otro no fuera necesario. Por ejemplo, la conversación que mantienen Lynn y Cole en la cocina, está rodada por Night de un solo plano, con suaves movimientos de cámara que van de uno a otro personaje,

---

[22] Murch, Walter. *En el momento del parpadeo. Un punto de vista sobre el montaje cinematográfico.* Ocho y Medio, Madrid, 2003 [180].

precisamente porque es esa separación que hay entre ambos la causante de que esa conversación no llegue a buen puerto. Planificar la escena con el habitual plano contra plano nos hubiera extirpado del lujo de experimentar como espectadores esa *distancia* que separa a madre e hijo en el film.

En cualquier caso, cosa extraña en una producción de Hollywood con una *major* como Disney, M. Night Shyamalan asegura que le dejaron hacer la película como él quería, siguiendo a rajatabla las ideas de Murch. De hecho, los productores Frank Marshall y Kathleen Kennedy andaban un poco preocupados ante el método de rodaje de Shyamalan. Resulta que Night tenía tan clara y tan medida cuál era la planificación que requería cada escena, que el director no filmaba un solo «plano de cobertura». Estos planos suelen ser muy habituales en casi cualquier película, sea de Hollywood o no. La utilidad de estos planos puede llegar a resultar fundamental a la hora de montar una escena si en la sala de montaje se descubre algún error. En ocasiones, por medido que esté un rodaje, cuando se visiona el material filmado en la sala de montaje se descubren errores, fallos o equivocaciones de casi cualquier tipo. Con un plano de cobertura, un plano alternativo, se puede salvar la escena en el mismo proceso de montaje sin necesidad de tener que volver a reunir al equipo para rodar de nuevo la escena con el gasto que esto supone. Pero Shyamalan sentía que no necesitaba planos de cobertura. Y no sólo eso, cuando la película fue terminada, durante el montaje, a Marshall y Kennedy les preocupaba que, editando la película como Night quería, se descubriera el aplaudido *twist* final. Hay de hecho un momento, cuando Cole le confiesa a Malcom que «en ocasiones veo muertos», Cole dice «ellos no saben que están muertos» y en ese momento Shyamalan quería insertar un primer plano de Malcom escuchando a Cole. Honestidad sí, pero a los productores les asustaba que el público descubriera el «truco».

En Hollywood son muy frecuentes los *screen test*. Se trata de proyecciones especiales para un público muy concreto que ve la película meses antes del estreno y que después rellena unos cuestionados para que los responsables del film se hagan una idea bastante aproximada de cuál puede ser la respuesta del público. Un método como este en una cinematografía como la española puede resulta ciertamente frívolo, pero lo cierto es que esta metodología ha salvado más de una película o simplemente ha adelantado que lo que se tenía entre manos era un fracaso sin remisión o un éxito absoluto.

El caso es que los responsables de *El sexto sentido* organizaron un *screen test* más que para averiguar si la película iba a gustar o no, pues estaban bastante seguros de que iba a entusiasmar, para comprobar si el público descubriría antes del final que el personaje de Bruce Willis estaba muerto durante casi toda la narración. En los *screen test* suele ser una buena señal que el público aplauda al final de la proyección, sin embargo, con *El sexto sentido* ocurrió algo muy curioso. Cuando la proyección terminó, la sala se quedó en silencio. Todo el mundo se puso muy nervioso, la película no había gustado o eso al menos indicaba el silencio sepulcral que durante los títulos de créditos finales inundó la sala. Después, en los cuestionarios, obtuvieron la respuesta. El público se había quedado petrificado en sus butacas. En efecto, *El sexto sentido* no había gustado, había entusiasmado.

3. Como casi todas las leyendas cinematográficas *El sexto sentido* le llegó a la cabeza del director casi por accidente, porque lo cierto es que hasta aquel momento las películas realizadas por Night no parecían indicar que el director indio fuera a terminar escribiendo y dirigiendo un film de terror como *El sexto sentido*. ¿Que ocurrió para que Shyamalan de la noche a la mañana decidiera dar un giro radical a su carrera? La respuesta nos la da él mismo: «Después de chocar contra una pared los primeros seis años de mi carrera me puse a pensar cuál era mi problema, y entonces me di cuenta de que no estaba siendo honesto conmigo mismo, porque a mí siempre me gustó lo sobrenatural, siempre me gustó el suspense, siempre me gustaron las emociones fuertes. Y luego me puse a revisar cuáles eran las películas que habían despertado en mí el deseo de hacer cine, *Tiburón*, *El exorcista*, *En busca del arca perdida*, y comprendí que no estaba haciendo ese tipo de cine. Me pregunté por qué. Y entendí que consideraba que ese tipo de cine solo lo podía hacer la gente que tiene un talento mágico. Pero esa fue la razón por la que yo me enamoré del cine. Y entonces me pregunté por qué estaba haciendo películas que no hubiera puesto en mi misma colección. Tengo una colección de películas que amo, y nunca habría puesto *Praying with Anger* o *Los primeros amigos* en esa colección porque no me entusiasmaban como espectador. Entonces me di cuenta de que tenía que hacer una película que sí pudiera pertenecer a mi colección. Y así llegó *El sexto sentido*»[23].

La película fue escrita, como ocurrió con sus dos anteriores largometrajes, con una seria intención por contar, ante todo un drama humano, tal es así que el realizador y guionista llegó a afirmar en su día que *El sexto sentido* es un cruce entre *El exorcista* y *Gente corriente* (*Ordinary People*; Robert Redford, 1980). Pero *El sexto sentido* es también fruto de muchas horas frente al televisor viendo series de terror y misterio y películas de la más diversa índole. De hecho, el propio Night admitió en su momento que el celebrado final de *El sexto sentido* le había sido sugerido al ver un episodio de la serie de televisión inédita en España *Are You Afraid of the Dark?* (1991) titulado *The Tale of the Dream Girl* en el cual una chica salía con un chico que no sabía que había muerto hasta que ésta leía en un periódico que en efecto, su novio falleció días atrás.

El sexto sentido se estrenó en el año 1999, una fecha fundamental para el devenir posterior del cine de terror contemporáneo. El género había resucitado de sus propias cenizas gracias a la mano más atinada que maestra de Francis Ford Coppola. *Drácula de Bram Stoker* (*Bram Stoker's Dracula*; 1992) podrá disgustar más o menos pero lo cierto es que resultó ser un éxito de taquilla que

[23] Lerman, Gabriel. «M. Night Shyamalan» en *Imágenes*, nº 217, p. 92.

puso de nuevo en el candelero al cine de terror. Hasta entonces, el horror había empezado a desinflarse a partir de películas periféricas como *El resplandor* (*The Shining*; Stanely Kubrick, 1980), *Un hombre lobo americano en Londres* (*An American Werewolf in London*; John Landis, 1981) o *Posesión infernal* (*Evil Dead*; Sam Raimi, 1981) hasta que se encontró en la disyuntiva de sobrevivir a través de producciones demasiado personales —*Inseparables* (*Dead Ringers*; David Cronenberg, 1988), *La cosa* (*The Thing*; John Carpenter, 1982)— a veces demasiado complejas —*Cabeza borradora* (*Eraserhead*; David Lynch, 1977), *En compañía de lobos* (*The Company of Wolves*; Neil Jordan, 1984)— y otras demasiado vulgares —todas las secuelas de *La noche de Halloween* (*Halloween*; John Carpenter, 1978), *Viernes 13* (*Friday the 13th*; Sean S. Cunninghan, 1980) y *Pesadilla en Elm Street* (*A Nightmare on Elm Street*; Wes Craven, 1984)—. Es cierto que aportaciones como *El silencio de los corderos* (*The Silence of the Lambs*; Jonathan Demme, 1991) dignificaban el género, pero la cuestión estaba cogida por los pelos, ya que la película de Jonathan Demme, como media filmografía de Lynch o Cronenberg eran películas de terror según la coyuntura y generalmente, porque interesaba para esta o aquella cuestión.

Pero a partir de *Drácula de Bram Stoker* las cosas cambiaron. De pronto Hollywood empezó a interesarse por los monstruos clásicos y las pantallas de todo el mundo se llenaron de adaptaciones más o menos dignas, más o menos recomendables, de casi todos los mitos del terror romántico con largometrajes como *Frankenstein de Mary Shelley* (*Mary Shelley's Frankenstein*; Kenneth Branagh, 1994) —coproducida por Coppola—, *Mary Reilly* (Stephen Frears, 1996) —interesante aunque desigual adaptación del mito de Jeckyll y Hyde—, *La momia* (*The Mummy*; Stephen Sommers, 1999) —versión descafeinada e intrascendente del mito egipcio—, *Lobo* (*Wolf*; Mike Nichols, 1994) —particular aunque fallida aproximación a la licantropía con Jack Nicholson y Michelle Pfeiffer al frente del reparto— o *Van Helsing* (Stephen

Sommers; 2004) —insufrible cóctel de monstruos—. Desde luego había películas para todos los estómagos, pero una cosa estaba clara, el terror volvía a interesar.

Esta fue la oportunidad de oro que un avispado guionista utilizó años después para sacar adelante un guión que, en otras circunstancias, se habría quedado durmiendo el sueño de los justos. Kevin Williamson consiguió venderle a Miramax, no por casualidad, un libreto titulado *Scary Movie*, que posteriormente pasaría a titularse *Scream* (1996) y lo que es más, un cineasta de cierto prestigio como Wes Craven se interesó por él. Nacía de este modo una nueva franquicia que a su vez originaria una larga serie de sucedáneos de la que aún no nos hemos librado del todo.

Fue en este momento, cuando el cine de terror se centró casi exclusivamente en la testosterona de los adolescentes más descerebrados que por lo visto habitaban los institutos de Estados Unidos cuando Hollywood, por algún extraño golpe del destino, pareció ponerse de acuerdo en algo que no sólo cambiaría el rumbo de las cosas, sino que daría un volantazo a mejor. En 1999 se estrenaron tres películas casi al unísono; *El proyecto de la bruja de Blair* (*The Blair Witch Project*; Daniel Myrick y Eduardo Sanchez, 1999), *El sexto sentido* y *The Haunting* (Jan De Bont; 1999) además de la notable *Sleepy Hollow* (Tim Burton; 1999) que añadió el toque digamos *post-clásico* al conjunto, algo así como una llamada a la cordura entre tanta idiotez estudiantil. Las cuatro películas antes citadas podrán gustar más o menos, pero de lo que no cabe duda es de que el éxito de todas ellas hizo que el cine de terror en Hollywood experimentara un considerable cambio de rumbo.

Con la excepción de *El proyecto de la bruja de Blair* —un film más cerca de la vanguardia con el espíritu de la década de los setenta— y películas como *La matanza de Texas* (*The Texas Chain Saw Massacre*; Tobe Hooper, 1974) —que también tuvo sus sucedáneos y secuelas—, tanto *El sexto sentido* como *The Haunting (La guarida)* y *Sleepy Hollow* compartían un denominador común, una aventurada mirada a diferentes clásicos del pasado. En el caso de las películas de Jan De Bon y Tim Burton, sus referencias estaban más concretadas, *La guarida* miraba al clásico de Robert Wise del mismo título que en España se tituló *La casa encantada* y el film de Burton se alimentaba en buena medida de la era del terror de la Hammer Films . Ahora bien, ¿en qué se diferencia *El sexto sentido* de estas dos películas?

A lo largo de toda la proyección de *El sexto sentido* el espectador tiene la sensación de estar asistiendo a una correcta historia de fantasmas donde todos los convencionalismos propios del género se dan cita, tanto los dramáticos —los fantasmas, como en las películas más populares del género, se manifiestan por la necesidad de esclarecer algo que les sucedió en vida— como narrativos —planos *atravesados* por misteriosas figuras en primer término, manos que súbitamente atrapan al protagonista—. Es decir, Shyamalan, como sus predecesores del Nuevo Hollywood de los 70 y 80, miraba hacía atrás y recuperaba las herramientas originales del cine de terror en estado puro. Sin embargo, una vez concluye el film, el sentido del mismo cambia diametralmente, lo que parecía ser una convencional historia de fantasmas se convierte en una búsqueda de cariz existencial.

El Dr. Malcom (Bruce Willis) es un hombre que está muerto y no lo sabe por una razón muy sencilla, por la carencia de comunicación, por la ausencia de relación con la propia realidad que lo rodea. Si Malcom nada más empezar el film se hubiera comportando de forma consciente con su naturaleza fantasmal, se hubiera comunicado coherentemente con la realidad que lo rodea, *El sexto sentido* hubiera durado cinco minutos. Paralelamente, Cole es un niño introvertido que parece tener un problema similar al de Malcom, la ausencia de comunicación con la que es su única familia, su madre (una espléndida Toni Collette). Ambos personajes, Malcom y Cole, confluirán por razones un tanto oscuras, en una relación que poco a poco se irá configurando como un encuentro, está vez sí, con comunicación, con relación interpersonal, coherente y consciente.

La finalidad última de esta relación será la de conseguir que Cole, se *comunique/relacione* con los fantasmas y de este modo deje de tenerles miedo, de manera que pueda empezar a *comunicarse/relacionarse* con la que es su única familia, su madre. Por su parte, Malcom, tras el fracaso de una *comunicación/relación* con un antiguo paciente, ve en Cole la posibilidad de enmendar ese error, a partir del cual se resquebrajó la *comunicación/relación* con sus esposa y tratar así de recuperar la *comunicación/relación* que ambos disfrutaban con anterioridad. Pese a todo al final descubriremos, que no se trataba tanto de poder *comunicarse/relacionarse* con su esposa, sino de hacer eso mismo con su propia realidad, con su entorno. El propio M. Night Shyamalan dijo en su día que *El sexto sentido* es ante todo una película sobre la comunicación, y entendida así, lo cierto es que el film no sólo resulta tremendamente coherente con el resto de su filmografía, sino que el largometraje adquiere un cariz distinto, o al menos peculiar, que lo diferencia del resto de las películas de terror del momento.

Quizá lo más sorprendente sea con qué coherencia y habilidad trasladó Shyamalan esta historia a la pantalla, cómo transformó estas ideas en imágenes. Pero sobre todo, cómo Night *envolvió* el relato a través de su cuidadísima puesta en escena, de sus escenarios, de sus personajes, de sus decorados, de su música... absolutamente todo en *El sexto sentido* está concebido para ofrecer una sensación muy concreta, la de la muerte. El film está plagado de calles desiertas cubiertas de hojas muertas sobre la acera y de un marcado tono grisáceo. Los colores vivos no abundan, con la única excepción del rojo y en suma todo el conjunto del film ofrece un paisaje que cómo afirmaba Antonio José Navarro[24] contiene la vaga fisonomía de un cementerio con el que Shyamalan consigue filtrar la constante presencia de la muerte.

Y en medio de este *cementerio visual* nos encontramos con Malcom, un personaje gris que representa a la perfección a ese hombre

[24] Navarro, Antonio José. «Entre fantasmas» en *Dirigido por…*, n.º 285, p. 38.

angustiado por la culpa de no querer ver lo que sucede a su alrededor, por no querer contemplar con conciencia la realidad, por más que se trate de un científico. Tal vez por está razón, el asunto no deja de tener algo de paradoja en lo que a la *ceguera* más o menos voluntaria de Malcom se refiere, y más aún tratándose de un personaje racionalista, un psicólogo, que en un primer momento atribuye los miedos de Cole a un desequilibrio mental y que por ello se aproxima al problema del chaval desorientado. Los ojos de Malcom están demasiado adiestrados a interpretar la realidad bajo un diagrama establecido, sobre un vértice de variables que nunca salen fuera de lo prefijado. Todo está controlado, o como diría Descartes, todo tiene solución, sólo es cuestión de deconstruir el enigma y meditar sobre el asunto para descubrir el misterio que nos aflige.

Cómo es bien sabido, la mentalidad empírica del por otro lado genial filósofo galo, se ha quedado un poco anticuada, sobre todo porque como han sugerido algunos filósofos parece un poco imprudente creer que todos los misterios del universo tienen solución, que sólo es cuestión de pararse a pensar para que todo quede resuelto Lo cierto es que no. Las cosas no son tan planificadas y menos aún cuando un personaje tan complejo y contradictorio como el hombre está en mitad del desaguisado. Hay algo más en las cosas, unos lo llaman *substancia*, otros *espíritu*. Llámese como quiera, pero lo que parece incuestionable es que *eso*, está ahí.

Pues de hecho, será precisamente esa óptica racionalista la que impedirá en primera instancia a Malcom ver cual es la verdadera esencia de su propia naturaleza. Es por todo esto que *El sexto sentido* sea un film poco característico, no sólo del cine de terror de los últimos veinte años, sino de la propia factoría de Hollywood. Shyamalan articula su película en torno a sentimientos, personajes, sensaciones, experiencias y angustias *reales* en contra de la tónica general que hoy día domina buena parte del cine de Hollywood en la que los personajes y sus entramados psicológicos quedan relegados a un segundo plano cuando no son tratados con verdadera superficialidad.

M. Night Shyamalan quiere, además de aterrorizarnos o de enternecernos, decirnos algo acerca del mundo, acerca del caos que nos controla, de las personas que nos rodean y de paso, sobre nosotros mismos. Y tal vez, uno de los ejemplos más patentes de ese discurso sobre el mundo de hoy en día sea la madre de Cole, Lynn, un personaje que parece no tener tiempo para vivir, para supurar algún sentimiento vital o existencial más allá de lo meramente material. Lynn nos es presentada como una madre soltera demasiado atareada con su trabajo y su hijo como para poder existir, hasta tal punto esto es así, que si nos fijamos el personaje nunca es llamado por su nombre a lo largo de todo el metraje. Un signo que puede parecer baladí pero que en realidad creo que esconde una profunda perversión de la existencia, de hecho, para muchas de las culturas más antiguas de la historia (la egipcia y también de forma muy especial en Roma), la carencia de un nombre era sinónimo de la ausencia de existencia. O dicho de otro modo, arrebatarle el nombre a un individuo venia a ser como desprenderle de su alma. En ese sentido, Lynn parece no tener un alma en *El sexto sentido*, su prioridad es su hijo y su trabajo, es decir, lo físico y lo material, por eso se siente impotente a la hora de tratar de ayudar a Cole ante un problema cargado de resonancias espirituales y por eso es incapaz de ofrecer un mínimo sentimiento de humanidad, de fragilidad, de sensibilidad. Ahora bien, cuando en mitad de un accidente de tráfico Cole le confiesa a Lynn *su secreto*, ésta no puede sino desnudar su, hasta el momento, vaga existencia y poner de manifiesto su angustia que yacía latente en su interior, camuflada bajo las exigencias de su delicada situación social.

Aunque pueda parecer extraño, así de entrada, pese a su tono mortecino, pese a tratarse de un film que nos habla de muertos y que tiene como protagonistas a personajes rotos y trágicos, lo cierto es que *El sexto sentido* es un film optimista. Una vez los círculos se han cerrado y sus tramas han quedado perfectamente ensambladas, las experiencias vitales de todos los personajes regresan a su camino original, a la senda que para cada uno de ellos representa *lo bueno*: Cole aprende a convivir con sus espectros y acepta su don con naturalidad y coherencia y por extensión el niño es aceptado por sus compañeros de clase; el Dr. Malcom por su parte descubre la verdad, una realidad que le obliga a dejar de ser un amago de existencia para convertirse en lo que realmente es, quizá un cadáver, de hecho una existencia psíquica y no física, razón por la cual la óptica racionalista de Malcom era incapaz de vislumbrarla. Tuvo que abrirle los ojos el pequeño Cole, para que finalmente Malcom pudiera contemplar quién era en realidad. Al final todo parece ceñirse a una cuestión de *sentidos*, de *percepciones* y por tanto de *ópticas*.

4. Quizá dos sean los aspectos que más llaman la atención en un película como *El sexto sentido* obviando su consabido final. Por un lado, la sorprendente carga emocional y espiritual que el relato arrastra consigo en unos tiempos poco dados a preocuparse por conceptos como existencia, espiritualidad y menos aún, a admitir una hipotética relación entre ambos. Y en segundo lugar, el sobrio y equilibrado uso que Shyamalan hace de la puesta en escena. Lo cuidado de sus planos y lo efectivo de un montaje, pausado, relajado, que permite respirar hondo y no atiborrarse ante un cúmulo de imágenes. En suma, *su tempo*. En 1999 estábamos demasiado acostumbrados al frenetismo visual de algunos de los *blockbuster* más exitosos (y ruidosos) del momento y de hecho, lo seguimos estando. Una película como *El sexto sentido* no pudo menos que destacar, también por su contenido ritmo, por lo comedido de su relato, por lo medido de sus escenas, etc. Este fue otro de los aspectos que hizo que el film de Night llamara la atención, aunque utilizara algunos soportes típicos de la dramaturgia del cine de Hollywood.

No obstante, que la cotidianidad ocupe un lugar tan importante en una película (y después veremos que en toda su filmografía) no es algo particularmente novedoso. Lo cotidiano le ha servido a un buen número de cineastas para construir sus particulares historias de amor, odio o humor. Directores como Spielberg, Hitchcock e incluso John Carpenter o David Fincher han partido en muchas ocasiones (no siempre) de supuestos perfectamente reconocibles para el hombre medio, de entornos en los que no resulta muy difícil situarse, de aquello que todos conocemos sobradamente, de eso que llamamos cotidianidad. Resulta en este sentido bastante evidente que en *El sexto sentido* la cotidianidad también ocupa un papel fundamental, más incluso que en el caso de Spielberg o Hitchcock hasta el extremo de que como veremos, se convertirá en la mismísima médula espinal de la película.

Pese a tratarse, a efectos prácticos, de una película de terror, *El sexto sentido* no transcurre en una mansión encantada, en un bosque maldito o en un cementerio. Sus decorados pueden ser contemplados por cualquiera que viaje a Filadelfia, e incluso no hace falta dar el salto al otro lado del *charco*, porque a nadie le resulta demasiado complicado identificar el entorno de Filadelfia como el de uno propio, probablemente por haber visto una y otra vez escenarios similares en el millar de películas de Hollywood que todos los días estamos tentados a ver, ya sea en el cine, el video-club o la televisión. Los personajes tampoco resultan particularmente misteriosos, no se trata de jinetes sin cabeza, ni de enmascarados asesinos en serie, objeto cortante en mano, no, en *El sexto sentido* tenemos a una madre demasiado ocupada por su trabajo como para prestarle atención a su hijo, a un niño introvertido con problemas de adaptación y a un matrimonio roto fruto de una nula comunicación. Después descubriremos que en el relato hay fantasmas como telón de fondo, pero no perdamos la cuestión fundamental que Night nos pone sobre la mesa. La cotidianidad como elemento inicial a partir del cual construir un drama.

En este sentido no resulta extraño que M. Night Shyamalan sea un ferviente admirador del cine de Steven Spielberg, posiblemente uno de los cineastas que más ha explotado el concepto de cotidianidad en sus películas. No obstante, existe una diferencia en este aspecto entre el cine de Shyamalan y Spielberg. El director de *Tiburón* utiliza los entornos cotidianos más como un punto de referencia sobre el que levantar sus agitadas historias, un entorno que generalmente suele ser roto, violentamente por lo extraordinario. Películas como *El diablo sobre ruedas*, *Tiburón*, *Encuentros en la tercera fase* (*Close Encounters of the Thrid Kind*; Steven Spielberg, 1977) o *Poltergeist* (Tobe Hooper, 1982) son ejemplos perfectos de cómo lo cotidiano sirve de diana para que lo extraordinario irrumpa, como digo, de forma violenta. La cuestión en *El sexto sentido* y en el cine de Shyamalan en general, resulta sensiblemente distinta, porque la cotidianidad en las películas de Night no es una mera diana lista para ser resquebrajada por lo extraordinario, en el cine de Shyamalan la cotidianidad es su razón de ser. O dicho de otro modo, la relación entre la cotidianidad y lo extraordinario es tan íntima en la obra de M. Night Shyamalan que resultaría imposible conocer la segunda sin comprender la primera. Al final de *El sexto sentido*, Shyamalan parece querer decirnos que los fantasmas están ahí, que son una presencia lógica en el mundo y que sólo hay que saber convivir con ellos, todo lo contrario que, pongamos por caso *Poltergeist*, donde los sobrenatural primero es vengativo y terrorífico y segundo está claramente separado de la realidad por, en esta ocasión, un armario empotrado que hacía de puerta de acceso *al otro lado*.

Por esta razón, lo cotidiano resulta en *El sexto sentido* particularmente atractivo porque es de ahí, de sus propias directrices, de donde surge lo extraordinario, lo sobrenatural. De forma similar a como sucederá en *Señales*, lo cotidiano muestra su trascendente realidad a través de los asustadizos ojos de un niño, Cole. El niño interpretado magistralmente por Haley Joel Osment, tiene la capacidad, el don, tal vez la maldición, de ver más allá de la mera realidad. Sus ojos son en gran medida, como la cámara de Shyamalan, capaces de vislumbrar entre los quehaceres diarios la presencia de lo asombroso. Night sabe que el personaje de Cole es la gran baza de *El sexto sentido*, es él quien *ve a gente a muerta* y es él, y solo él, quien verá a Malcolm y hablará con él. Lo cierto es que una vez superado el trauma de su sorprendente final, la lógica es aplastante.

Al igual que en otras películas de Shyamalan, el cineasta sabe que si vemos a Malcom recibir un disparo, un fundido en negro y, de nuevo volemos al personaje con un rotulo que nos indica que han pasado varios meses, el público no va a sospechar ni por casualidad, que en efecto, Malcom había muerto. Night no está engañando a nadie, sólo hace un uso habitual de un recurso cinematográfico, pero con un significado distinto. Night sabe cómo va a responder el público ante un determinado recurso, pero nadie ha dicho que su significado sea inamovible, sobre todo, si lo justificas dramáticamente. A partir de esta hábil estrategia, que en gran medida resume la actual filmografía de M. Night Shyamalan, el público entra de lleno en otra historia que el director de origen indio se preocupará de reconstruir tal y como el público esperaría que se sucediera una típica película de fantasmas; apariciones escalofriantes, deudas que enmendar, médico que aporta la que podría ser la solución... De este modo, Shyamalan nos muestra a Malcom ya con los datos de Cole en una libreta. El público ya da por su puesto que de alguna forma, Malcom ha sido reclamado por alguien, probablemente la madre de Cole, y le ha encargado el caso del chico. Shyamalan filma pues con sosiego y templanza, sin prolongar los planos más allá de lo necesario pero sin cortarlos antes de tiempo. El ritmo fluye despacio, pero de forma dinámica, como una tranquila corriente que baña el cauce de un riachuelo. El entramado dramático planteado por Night resulta ciertamente rocambolesco, pero el director es lo suficientemente inteligente como para exponerlo con serenidad.

Night se toma su tiempo para mostrarnos a Cole acudiendo a la iglesia, único lugar donde parece estar seguro o para enseñarnos cual es la —inexistente— relación que mantiene con su madre. Cuando Malcom habla por primera vez con Cole nada parece indicar que esa relación vaya a terminar en buen puerto. Poco a poco, conforme avanza el relato, Shyamalan nos muestra la *nueva vida* de Malcom tras el *incidente*, aislado y completamente incomunicado de su esposa, aparentemente, a causa de una crisis matrimonial. Malcom aparece aquí como algo muy parecido a un pelele, sobre todo cuando un tipo visita a su esposa con intenciones claras de cortejarla y él solo lo injuria desde el sótano. Da la impresión de que no tiene valor para salir a la calle y dejarle las cosas claras a ese tipo, tal vez porque no le quedan razones que esgrimir para proteger su matrimonio, o quizá porque su relación está tan hundida que sólo un milagro podría salvarla.

Cuando el primer fantasma hace su aparición, la cotidianidad está suficientemente instaurada en la retina del público. Night, muy acertadamente, se ha tomado su tiempo para situarnos, siempre desde la óptica de lo cotidiano. Es más, es en un decorado tan mundano como una fiesta de cumpleaños, en la que Cole sufre su primera *crisis* ante el público. Shyamalan nos la plantea como la habitual riña entre críos, por eso nos lo creemos y por eso, cuando Cole es encerrado en un pequeño habitáculo y lo oímos gritar de horror, sufrimos con él.

Pasa cerca de una hora de metraje hasta que vemos, propiamente dicho a un fantasma y a esas alturas de metraje, todo parece seguir más o menos dentro de lo esperado. No obstante sabemos más del *problema* de Cole, de igual forma que sabemos que Malcom no está enfocando bien el asunto, él cree que es un problema mental, pero nosotros sabemos que es real.

De todas formas, hasta ese momento, Shyamalan se ha encargado de impregnar todos y cada uno de los fotogramas de *El sexto sentido* de una particular aureola mortecina. Es como una sábana que cubre la película, no sólo no molesta sino que además resulta atractiva, pero lo realmente importante es el efecto dramático que provoca, casi sin que nos demos cuenta. La elección de una estación como el otoño —directamente exportada de *El exorcista*—, las hojas secas que cubren las agrisadas calles de Filadelfia, los apagados tonos de luz y la omnipresente música de James Newton Howard, atmosférica como la niebla que rodea a los fantasmas a la vez que sutil, algo así como presente pero prácticamente no demostrable.

Y es que, entre la generosa galería de cosas que demostró Shyamalan con *El sexto sentido*, una de las más vistosas fue sin duda el conocimiento que el director tenía del género de terror. Por ello resulta tan importante en *El sexto sentido* la mirada que su director aporta sobre los acontecimientos. Bajo la cotidianidad de sus personajes, Night vislumbra con su precisa cámara un mundo de apariencia casi onírica, fantasmal, tan incorpóreo como la marca de las manos que Cole deja sobre la mesa de la cocina de su casa y que Shyamalan filma con minucioso detalle o, el plano en el que un globo de un rojo sobrenatural asciende por las escaleras, amén de una serie de detalles visuales enfocados todos al mismo fin: representar lo inmaterial. No lo vemos, pero está ahí. Aunque eso si, insisto, siempre partiendo de momentos sumamente cotidianos, casi banales que no obstante Nihgt consigue filmar trascendiéndolos, sugiriendo *otra cosa*. Y es que en el fondo, frente a la apariencia de *blockbuster*, las imágenes de *El sexto sentido* insinúan más que plantean, porque de hecho no vemos en *El sexto sentido* nada estrictamente sobrenatural. Shyamalan materializa los temores de Cole en personajes pálidos y ojerosos que suponen las contadas apariciones de lo extraordinario -como el niño que invita a Cole a ver la escopeta de su padre y que al girarse deja al descubierto un espeluznante socavón en su cabeza-. Pero ¿qué hay antes de que aparezcan los fantasmas? Sentimientos, presentimientos, angustias, sensaciones, frío, pero nada necesariamente sobrenatural, salvo en todo caso, la atmósfera que rodea a los personajes, sus sensaciones. Por eso M. Night Shyamalan adopta una mirada sibilina y concisa y asume así su liderazgo como narrador. Por todo esto *El sexto sentido* funciona con la precisión de un mecanismo de relojería, pero al que afortunadamente Shyamalan supo insuflarle alma. Vemos lo que tenemos que ver para que el producto funcione, nunca advertimos a Malcom interactuar con ningún elemento hasta el extremo de que nunca lo vemos abrir una puerta o hablar con alguien que no sea Cole. De este modo el público es víctima de la manipulación sí, de la manipulación cinematográfica construida a raíz no del engaño (y he aquí la diferencia entre Shyamalan y otros productos semejantes) sino de la honestidad y del conciso uso de las herramientas cinematográficas que el director indio pone en funcionamiento. Prueba de ello es el citado primer plano de Malcom que Shyamalan inserta cuando Cole le confiesa que en ocasiones ve a gente muerta o la que sin duda es la escena más arriesgada del film, la cena entre Cole y Anna[25]. Por medio de un único plano y un lento *travelling*, Shyamalan pone en juego toda la trama del film en un escena tan arriesgada como honesta, señal inequívoca de las escasas intenciones de Shyamalan por engañar. Cual Hitchcock contemporáneo, el director de *Los primeros amigos* consigue con su personal juego de apariencias concebir un film sorprendente, en realidad no tanto por su resolución, como por su honestidad. De hecho, es esa pureza lo que le confiere a *El sexto sentido* un cariz peculiar, un aroma a juego de evidencias que Shyamalan articula de tal forma que por momentos, resulta ciertamente inaudito.

Por ello el director pone en escena todo su arsenal de sugerencias en marcha para hacernos sentir, más que percibir, que nos encontramos en un mundo real, pero en el que los fantasmas son perceptibles, al menos, tal y como lo podríamos concebir. En este sentido, las ideas que se filtran a lo largo del film tendrán su máxima expresión en el color rojo: la puerta de la iglesia en la que se oculta Cole,

[25] A la mencionada escena es cierto que cabria reprocharle una esquiva mirada que Anna le dedica a Malcom durante un segundo, cuando se supone que no lo ve. Hay quien ha justificado esta fugaz mirada a un presentimiento de Anna a que había *alguien* frente a ella, pero lo cierto es que tal y como esta filmada la escena y en el momento que ella mira a Malcom —cuando está pagando la cuenta del restaurante—, parece poco probable atribuir ese momento a una *sensación*.

la urbanización en la que vive el asustadizo niño, el mencionado globo que asciende escaleras arriba, el pomo de la puerta del sótano que Malcom no pude abrir nunca y un largo etcétera visual que salpica *El sexto sentido* y que el propio Shyamalan declaró, viene a representar la influencia del mundo sobrenatural sobre lo terreno.

Ahora bien, conviene tener presente la utilidad del juego que propone Shyamalan, bastante más fructuoso que las habituales estratagemas de engaño de otras producciones de Hollywood. Lo que nos plantea el director de *Prayer with Anger* es una esquiva mirada a la propia naturaleza del género. Shyamalan parece plantear todos los elementos reconocibles del cine de terror para así, por un lado, atraer y mantener la atención de un público que reconoce a la perfección los iconos que se le están exponiendo en pantalla, y por otro, la asimilación personal del género, que vendrá una vez concluya el film y éste en su conjunto, adquiera un cariz totalmente distinto, un sentido diferente, o mejor aún, personal. De este modo *El sexto sentido* deja de ser una simple película de terror para convertirse en *algo más, algo distinto* y exclusivo del universo de M. Night Shyamalan.

Este abanico de sugerencias vendrá impulsado principalmente por su puesta en escena como puede apreciarse en la secuencia que abre el film: Anna baja al sótano y la cámara de Shyamalan está situada tras una estantería de botellas de vino de modo que la imagen parece inhalar la idea de una presencia oculta que se palpa en la atmósfera del sótano. En ese momento, cuando Anna siente *algo*, ésta se gira y en la pared vemos su sombra, *atrapada* entre otras dos sombras verticales. Una de las pocas escenas del film construidas desde una óptica algo más premeditadamente fantástica, dada cierta relación entre los planos y la angulación de los mismos; esa imagen tras la bodega que recibe a Anna o ese enrarecido plano de una bombilla que se enciende, parece querer decirnos algo sobre aquellos a los que no vemos. Aunque eso sí, y siempre en *El sexto sentido*, los elementos empleados por Shyamalan giran siempre en torno a una misma idea, la cotidianidad; una bombilla, una bodega, un globo, una grabadora, una tienda de campaña. Otro ejemplo de cotidianidad que *acoge* lo sobrenatural es por ejemplo aquel plano secuencia que sigue a Lynn desde la cocina en la que se encuentra Cole hasta la lavadora y de nuevo vuelve a la cocina, donde todos los armarios y cajones han sido abiertos (un plano, por cierto, idéntico al que tenía lugar en *Poltergeist*), Cole orinando de espaldas a la cámara mientras la temperatura del termómetro desciende misteriosamente y el plano es atravesado por una intrigante figura, la aparición de un niño fantasma en el mismo plano utilizado para filmar a Cole anteriormente en el pasillo vacío de su casa...

Esta brillante forma de filmar de M. Night Shyamalan obvia todo el efectismo que se le podría presuponer a una película de estas características y construye de este modo una película con un inusitado clasicismo en el que la elegancia y el buen gusto por el plano confieren al film un tono diferente y sin duda, ajeno al cine que habitualmente nos exporta Hollywood. De modo que como resultado final, Shyamalan logra convertirse en un auténtico creador de atmósfera, donde todos y cada uno de los elementos del film se confabulan para ofrecer un mundo gris, no dentro de los parámetros posmodernistas que actualmente guían el cine más comercial, porque la labor del director de *El sexto sentido* es muy otra.

Como casi todas las películas de Night, *El sexto sentido* está filmada con mimo y devoción. Con mucho cuidado por lo que está poniendo en imágenes y con la presencia siempre patente del plano anterior y posterior. Sin llegar a los extremos de *El protegido*, *El sexto sentido* emana quietud que al cambio de plano, al mover sutilmente la cámara, se torna inquietud. El terror de *El sexto sentido* convive con lo cotidiano y es a partir de ahí de donde nace y de donde se alimenta.

EL PROTEGIDO

«A la gente le cuesta creer que pueda haber algo extraordinario en su interior»

1. De la noche a la mañana M. Night Shyamalan se había convertido en el nuevo rey midas de Hollywood. Los aplausos en torno a *El sexto sentido* fueron prácticamente unánimes y la sistemática detonación de las taquillas de todo el globo situaron a Night en una privilegiada posición en la que podía hacer lo que quisiera, con quien quisiera y cuando quisiera. Shyamalan no perdió el tiempo y exactamente un año después del estreno de *El sexto sentido* llegó a las pantallas de todo el mundo *El protegido*; se notaba que la idea llevaba tiempo cocinándose en la cabeza de M. Night Shyamalan. El film generó por sí sólo una considerable expectación y la Disney vendió el largometraje como una lógica consecuencia de *El sexto sentido*, es decir, principio inquietante, interés creciente y final sorprendente, muy, muy sorprendente. Al menos esa era la idea generalizada.

Todavía recuerdo cuando vi *El protegido* el día del estreno en un cine de Murcia. El cine estaba lleno, no había una butaca libre y el silencio más abrumador se apoderó de la sala nada más dar comienzo la proyección. Durante la segunda escena, aquella tras los créditos en la que David Dunn (Bruce Willis) trata de cortejar a una joven en un tren, no se escuchó una mosca. Cuando tiene lugar el accidente de tren en *off*, un tipo en la sala situado una o dos filas detrás de mi murmuró «que largo se va hacer esto... ». Un plano secuencia considerablemente largo y un accidente supuestamente espectacular que no llegamos ni a vislumbrar... eso no se lo esperaba el público. Nos guste o no, lo cierto es que *El protegido* no captó al gran público desde la primera escena porque ya en esos escasos minutos, Shyamalan puso buena parte de la carne en el asador dejando bastante claro que *El protegido* iba a tener muy poco que ver con *El sexto sentido*, al menos desde una óptica visual.

Desde luego, todo esto no resta méritos al film (más bien todo lo contrario), al menos de entrada, pero sí que puede explicar un poco porque la película de Night recaudó unos 400 millones de dólares menos que *El sexto sentido*. Shyamalan no lo sabía aún, pero se había metido él mismo en un agujero del que le iba a resultar muy complicado salir, que puede incluso hundir carreras y de donde hacen falta años para poder emerger. *El sexto sentido* se había convertido en la unidad de medida de su cine; ya nada sería bien recibido si no pasaba por «la prueba de *El sexto sentido*». Algo así como lo que le sucedió a Ridley Scott con *Alien* (1979) y *Blade Runner* (1982), cualquier película de Scott era valorada en función de si era mejor o peor que aquellas dos obras maestras. Pasaron muchos años y muchas películas hasta que a Ridley Scott se le dejó de medir en función de *Alien* y *Blade Runner*. Pues algo parecido da la sensación de que le va a ocurrir a Shyamalan. Él se había convertido en «el director y guionista de *El sexto sentido*», así de hecho se encargarían los publicistas de presentarlo durante años. Nadie se esperaba que «el director de *El sexto sentido*» fuera tan insensato de hacer un triple salto mortal sin red nada más llegar a la cumbre del éxito. Esas cosas se hacen cuando uno goza de cierto poder, de cierta posición, debió de pensar más de un ejecutivo de Hollywood. Pero el caso es que M. Night Shyamalan decidió aventurarse y ofrecer una cuidada y equilibrada muestra de riesgo sin que eso significara que perdiera conexiones con su anterior película. De hecho, como afirmó algún avispado crítico el día de su estreno, *El protegido* arranca dando la sensación de que, como en *El sexto sentido*, Bruce Willis es un muerto de permiso que no debería estar donde está. Cuando su personaje sale del hospital ante la mirada de los familiares del resto del pasaje, todos muertos, Willis es contemplado como si fuera un fantasma.

¿Y por qué?, se preguntarán ustedes. Está bien eso de arriesgarse, pero jugarse la carrera de uno nada más haber despegado parece una insensatez, ¿no creen? Lo que ocurre es que Night estaba tan convencido de que *El protegido* iba a ser un éxito tan o más descomunal que *El sexto sentido* que en un primer momento, la película iba a ser la primera parte de una trilogía. Su raíz brotaba de la cultura de los cómics, y todos sabemos lo bien que suelen funcionar las adaptaciones del cómic al cine, al menos durante los últimos años; la atmósfera, los personajes, ciertos aspectos en el punto de partida del film y el general *el tono* eran muy similares a *El sexto sentido*, además en el reparto había dos estrellas del calibre de Bruce Willis y Samuel L. Jackson y por si fuera poco, también había un final sorpresa. Nada podía fallar, ¿no? Pues sí. Es cierto que todo eso estaba en *El protegido* pero no estaba dispuesto como el gran público esperaba, o por lo menos, no causó el efecto que el gran público esperaba. Tras el estreno de film, Night declaró a propósito de las dos posibles secuelas de *El protegido* «no soy la clase de persona que quiere hacer secuelas o ser conocido sólo por una clase de películas. Quiero que cada uno de mis films sean originales y distintos». Hoy todavía paran por la calle a Night y le preguntan cuándo va a hacer la segunda parte de *El protegido* y hoy también sabemos que ahora más que nunca, Shyamalan anda planteándose muy seriamente hacer una secuela de aquella película.

2. Para la ocasión ni se planteó otra opción, Bruce Willis ya había acordado con Shyamalan que harían juntos la siguiente película tras *El sexto sentido*. Night le comentó al protagonista de *La jungla de cristal* que tenía otra idea en mente durante el rodaje de *El sexto* *sentido*, pero Willis no pudo dar el «sí» definitivo en aquel momento a causa de otros compromisos aunque sí le pidió que lo tuviera informado. Un año y medio después del rodaje de *El sexto sentido* ambos cumplieron su palabra, Night le ofreció el guión de *El protegido* y Willis aceptó encantado. Para el papel de villano el asunto no estuvo tan claro desde el principio. En un primer momento se pensó en el excelente actor Philip Seymour Hoffman —visto en *Happiness* (Todd Solondz; 1998) y ganador del Oscar por *Capote* (Bennett Miller; 2005)—, pero antes de iniciarse el rodaje, algo en el guión no terminó de convencer al actor norteamericano y dejó el puesto vacante para que Samuel L. Jackson hiciera de oportuno sustituto. De hecho, fue idea de Jackson que su personaje vistiera de violeta e incluso que llevará siempre consiguió un bastón, precisamente de cristal. Para interpretar a la esposa de Willis se le ofreció el papel a Julianne Moore, pero ésta prefirió intervenir en *Hannibal* (2001) de Ridley Scott, por lo que se optó por una sugerente intérprete, Robin Wright Penn. Para el hijo de Bruce Willis, como suele suceder en estos casos, se organizó un gigantesco *casting* a nivel nacional y el elegido fue el joven actor de 12 años Spencer Treat Clark, un joven con cierta experiencia a sus espaldas que ya había intervenido en películas como *Arlington Road* (Mark Pellington; 1999) y *Gladiator* (Ridley Scott; 2000) entre otras. Una vez más, Shyamalan apareció sucintamente en la película interpretando a un traficante de drogas que Willis *intuye*, pero al que no logra desenmascarar en el estadio donde trabaja.

M. Night Shyamalan había abordado numerosos borradores del guión hasta que cuadró un texto bien pulido. Pese a todo había una idea que siempre se mantuvo fija en su mente, *El protegido* iba a ser algo así como el primer tercio de cualquier película de superhéroes habitual, es decir, aquella parte del relato en la que el protagonista descubre cuáles son sus poderes (lo que verifica la idea de que Night tenía en mente el planteamiento inicial de hacer una trilogía). Al director de *Los primeros amigos* no le interesaba para la ocasión los enfrentamientos entre el bien y el mal tanto como la propia toma de conciencia de cada uno de los roles, la del héroe y la del villano.

Como es lógico pensar, los productores de *El sexto sentido* se dejaron seducir con notable facilidad por Shyamalan para rodar otra película casi de manera consecutiva. Prácticamente el mismo equipo de *El sexto sentido* se involucró en *El protegido* con algunas excepciones que no pudieron intervenir en el film, fundamentalmente, por problemas de agenda ya concretados. De este modo, dos figuras tan importantes como el director de fotografía y el montador fueron sustituidos por otros dos profesionales. Pero sin duda el caso más sorprendente es el del director de fotografía. M. Night Shyamalan y los productores se aventuraron a ofrecerle el trabajo a un nombre muy poco asociado al cine de Hollywood como es el portugués Eduardo Serra, un hombre afincado en Francia que se ha convertido en un indispensable del cine europeo trabajando con realizadores como Patrice Leconte, Michael Winterbottom o Claude Chabrol. Serra desembarcó en Estados Unidos en 1997 con la película *Las alas de la paloma* (*The Wings of the Dove*) de Iain Softlei pero nunca se ha desvinculado del cine europeo. Desde entonces, Serra ha seguido trabajando en películas hechas en el viejo continente —fue premiado en el Festival de Cine de San Sebastián de 2003 por su labor en la producción británica *La joven de la perla* (*Girl with a Pearl Earring*; Peter Webber, 2003)—, alternando algunas producciones de Hollywood, aunque siempre con cierto pedigrí de *auteur*, como *Más allá de los sueños* (*What a Dreams May Come*; Vincent Ward, 1998), *Diamantes de sangre* (*Blood Diamond*; Edward Zwick, 2006) o la propia *El protegido*.

Para el delicado y fundamental apartado del montaje, M. Night Shyamalan eligió en cambio, a un opuesto de Eduardo Serra, Dylan Tichenor, un joven montador afin al cine independiente, mano derecha de Paul Thomas Anderson. Además de la práctica totalidad de la filmografía de Anderson —*Punch-Drunk Love* (2002) es la única película del cineasta norteamericano que Tichenor no ha montado—, el nutrido montador ha trabajado en películas como *Los Tenenbaums* (*The Royal Tenenbaums;* Wes Anderson, 2001), *Brokeback Montain* (Ang Lee, 2005) o *El asesinato de Jesse James por el cobarde Robert Ford* (*The Assassination of Jesse James by the Coward Robert Ford*; Andrew Dominik, 2007) entre otras. O dicho de otro modo, todo un talento de la edición listo para experimentar y forzar la maquinaria al máximo. No se defraudaría.

En el apartado musical, M. Night Shyamalan volvió a solicitar el talento de James Newton Howard. Como es y será habitual en el cine de Night, el director de *La joven del agua* tenía muy claro qué es lo que buscaba con la música de *El protegido*. Shyamalan quería un tema central que con sólo escuchar sus primeras notas, uno supiera de inmediato que se trataba de la música de *El protegido*. Una suerte similar a la que han corrido temas como el de *Superman* de John Williams, aunque en un tono algo más minimalista, menos fanfarria y más melodía directa a los sentidos.

El protegido se rodó íntegramente en Filadelfia y su presupuesto se elevó hasta los 75 millones de dólares (35 más que *El sexto sentido*) de los cuales 10, fueron a parar directamente al bolsillo de Shyamalan por escribir, dirigir y producir el largometraje. Cuando Michael Eisner, por aquel entonces presidente de los estudios Disney vio *El protegido* en un pase privado dijo; «es la mejor película que ha hecho Disney en los últimos 25 años»[26]. Todo iba por buen camino. El film se estrenó en Estados Unidos el 22 de noviembre de 2002 y en diez días la película amasó 68 millones, buen asunto. Más que *El sexto sentido* en sus primeros días de estreno. Pero el *quid* de la cuestión vino después. *El protegido* no gozó de ese fundamental empuje que para *El sexto sentido* supuso el «boca a boca». Al final, el largometraje de Shyamalan terminó recaudando en Estados Unidos cerca de 100 millones, 95 en concreto y más de 153 millones

[26] Bamberger, Michael. Op. cit. p. 19.

en todo el mundo. En total, algo más de 248 millones de dólares, mucho dinero, en realidad todo un éxito, pero el sabor de boca que dejó, tanto a Night como a los productores y ejecutivos de Disney, fue agrio. Todos esperaban unas cifras equiparables a las de *El sexto sentido* y aunque *El protegido* no fue, ni de lejos, un fracaso, en Disney se quedaron con la impresión de haberse quedado a mitad del camino.

3. Como veremos más adelante, *El protegido* es, esencialmente, una película de perspectivas, o mejor aún, de nuevas perspectivas, y la primera de ellas la podemos apreciar en la misma forma en la que el film se aproxima al mundo de los superhéroes. En realidad, la película de M. Night Shyamalan poco tiene que ver con las habituales adaptaciones que el cine de Hollywood hace de los cómics. Si la relación, que desde prácticamente su origen, ha mantenido el cine con los cómics se ha sustentado fundamentalmente en traspasar, con mayor o menor fortuna, el espíritu de un cómic a la gran pantalla, *El protegido* aboga en cambio por una aproximación en perspectiva al propio concepto del cómic, como creación artística en sí misma. Esta es una de las razones por la que la película, al menos en su momento, no fue del todo asimilada por los fans de los cómics y por extensión, por los admiradores del cine de superhéroes en general. *El protegido* no perseguía tanto plasmar en la pantalla una sucesión de viñetas convertidas en imágenes en movimiento como plantear un acercamiento algo más abstracto a la propia mecánica, a la propia filosofía de los cómics.

Un cómic está construido a partir de multitud de viñetas que el lector puede escudriñar con su mirada una vez ha leído los consabidos bocadillos. Un lector de cómic puede ir un poco más allá de la mera lectura ilustrada y recrearse con la revelación de pequeños o grandes matices que, dispuestos en una viñeta, generan sensaciones distintas, o al menos, matizan la simple lectura de una historia. Un lector de cómic dispone del lujo de detenerse en un dibujo y sacarle virtudes y defectos, mensajes ocultos incluso, detalles infinitos. En cambio, y en relación con los cómics, una película es la tiranía del movimiento. Estamos forzados a seguir una historia encorsetada en la particular lectura de un director que nos la muestra tal y como él desea, sin dejar apenas espacio para el descubrimiento de nuevos detalles, de enriquecedores matices dentro de un plano. Creo que M. Night Shyamalan trató de desbloquear esta sensación general del espectador de cine y hacer de *El protegido* una película que en la medida de lo posible, ofreciera los lujos, los matices y las sensaciones similares que puede ofrecer la lectura de un cómic.

La película de Shyamalan está construida de forma casi exclusiva a base de larguísimos planos secuencia, planos inusualmente largos para una superproducción de Hollywood. Planos, además, donde todo sucede con una sorprendente cadencia, con un insólito detenimiento por lo que está ocurriendo dentro del encuadre. Tengo la sensación cada vez que veo *El protegido* que lo que Shyamalan quiso hacer con esta planificación fue algo más que un asombroso *tour de force* técnico y narrativo, y que el director de *La joven del agua* se propuso permitirle al espectador el generoso lujo de disfrutar de los planos de su película, como un lector de cómic disfruta de las viñetas. Cuando Shyamalan rueda las escenas de *El protegido* con ese detenimiento, está también ofreciendo un insólito gusto por el detalle, ya que le permite al público contemplar pequeñas cuestiones que de otro modo, hubieran pasado desapercibidas. La ropa que llevan los personajes, la decoración de los interiores, las miradas, las luces y los colores, es como si Night estuviera forzando la pregnancia del ojo humano y nos estuviera diciendo entre líneas «atentos con lo que hay en pantalla, porque hay mucho más que una simple pareja charlando».

De este modo podemos adivinar pequeños detalles que si bien algunos son suplementarios (como esa desmedida prótesis que lleva Elijah Price en el centro de recuperación), otros pueden resultar de capital importancia. Tal vez el plano más significativo en este sentido sea aquel en el que el personaje que interpreta Bruce Willis, David Dunn, está siendo atendido por un médico tras el accidente de tren. Mientras el médico interroga a David vemos en primer plano la sábana blanca que cubre el cuerpo de una de las víctimas del accidente. Conforme avanza la conversación la citada sábana se irá tiñendo de rojo y supondrá por tanto, la expiración del último superviviente, con la excepción de David Dunn.

Resulta por tanto curioso, que tras una película como *El sexto sentido* que se propuso en muchos sentidos seguir al pie de la letra las teorías que sobre el montaje cinematográfico popularizó Walter Murch, Shyamalan diera un triple salto mortal ofreciendo algo completamente nuevo. Porque además de ofrecer un film con el detenimiento suficiente como para que el público pudiera disfrutar de los detalles, el director de *Señales* fue un poco más allá y se benefició —y de paso también al público— de las virtudes del cine. Es decir, Shyamalan se propuso ofrecer *viñetas de cine* para que de algún modo, el público viera *El protegido* casi como puede leer un cómic, pero hay más. Shyamalan tenía otra herramienta, esta sí, exclusiva del cine, el movimiento. Y no tanto el movimiento de los personajes (generalmente inmóviles en el escenario) como el de la cámara.

Cualquiera de estas *viñetas de cine* podían venir perfectamente acompañadas de leves y elegantes movimientos de cámara con capacidad suficiente para ofrecer, como mínimo, tres cosas. Centrar la atención en un personaje u objeto, ofrecer una perspectiva distinta de un personaje, sugiriendo así temor, cercanía, debilidad y tercero, mostrar una panorámica todavía más amplia que una estática viñeta del entorno que envuelve a los personajes. Ahí está ese plano de David y Audrey (Robin Wright Penn) charlando en la barra de un restaurante con ese sigiloso *travelling* hacia delante, la grúa que encuadra desde arriba el primer asesinato de Dunn como superhéroe o ese *travelling* circular que nos muestra a Audrey y Elijah (Samuel

L. Jackson) hablando en la clínica de recuperación. «Shyamalan no mueve la cámara a menos que vaya a aportar algo a un personaje»[27], afirmó el propio Eduardo Serra.

Ya hemos dicho en el capítulo anterior que M. Night Shyamalan rodó *El sexto sentido* sin usar un solo plano de cobertura, con las ideas muy claras en la cabeza acerca de qué quería mostrar y cómo lo quería mostrar en pantalla. En *El protegido* ocurrió exactamente lo mismo, pero la sensación de riesgo ante la ausencia de esos planos de repuesto fue mucho mayor. Al estar planificada la película en función de numerosos planos secuencia, la efectividad o no de una escena dependía no sólo de un único plano, sino que además eran planos muy largos, lo que exigía un mayor esfuerzo por parte de todos los implicados en el rodaje. El mismo Bruce Willis reconocería que «imponía rodar así, porque Shyamalan no filmaba ningún plano de reserva, tenía tan clara la película en la cabeza, que no se molestaba en filmar planos adicionales»[28]. La multitud de variantes que entran en juego en el rodaje de un plano se multiplicaban al depositar todo el peso de una escena en un solo plano de una duración muy poco habitual en una superproducción de Hollywood. La película estaba tan clara en la mente de Shyamalan que sólo era necesario cuidar al extremo el rodaje de los planos. No harían falta más planos.

Se trata en suma de escenas planificadas y construidas como *viñetas de cine* preconcebidas en la cabeza del director que como tales, implican un inusitado gusto contemplativo por lo que está ocurriendo frente a la cámara pero también, un constitutivo empleo del movimiento de cámara que estira las posibilidades gráficas de la viñeta para explotar así las capacidades expresivas del cine en un entorno, que al fin y al cabo, no es el suyo. Ahí reside uno de los mejores aciertos de *El protegido*.

[27] Eduardo Serra en el «Making of» de la edición en DVD de *El protegido.*
[28] Bruce Willis en el «Making of» de la edición en DVD de *El protegido.*

4. *El protegido* es, tal vez, la película más compleja de M. Night Shyamalan. Contiene muchos de los elementos propios del cine de Night pero están dispuestos de una forma absolutamente diferente, lo que le confiere al conjunto un *tono* difícilmente imitable. A efectos de conjunto, en *El protegido* hay un hombre qué no sabe lo qué es realmente, como en esencia le sucedía al Dr. Malcom de *El sexto sentido*, pero las propuestas de Shyamalan, cómo están expuestas y su desenlace, son sensiblemente distintas a su anterior película. Y esto se debe a una cuestión creo, eminentemente cultural antes que estrictamente cinematográfica. El cine de fantasmas y de casas encantadas lleva mucho tiempo rondando la vida del hombre. Prácticamente desde el inicio de la historia del cine se han hecho películas de fantasmas, y lo que es más importante, han sido bien recibidas por el público en general.

De este modo, pedirle a un público mayoritario que destruya un mito, que admita que un signo universal, ha dejado de tener el significado que esperaba, es en el caso de los fantasmas un ejercicio relativamente fácil. Al fin y al cabo, los espíritus y espectros forman parte del ideario popular de todas las culturas que habitan sobre la faz de la Tierra y se ha tratado, por activa y por pasiva, en todos los medios de expresión habidos y por haber. No es que alterar los códigos de las historias de fantasmas sea plausible, es que en cierto modo, era y sigue siendo hasta necesario.

Ahora bien, ¿qué pasa si hacemos lo mismo con la cultura de los cómics? Bueno, es una evidencia que los cómics no tienen a sus espaldas el bagaje popular y folklórico de las historias de fantasmas. Además, la relación de los cómics con el resto de los medios de expresión, el cine, el teatro o la literatura está prácticamente en pañales. Por si esto fuera poco, mientras todo el mundo se ha emocionado con una historia de fantasmas, lo cierto es que no todo el mundo lee cómics y lo que es más, hay a quien ni si quiera le interesa esa cultura. No quiero decir con esto que Shyamalan estuviera apuntando a un sector del público minoritario, que no lo creo, lo que trato de explicar es que la madurez del cómic tal vez no estaba todavía preparada para que nadie subvirtiera sus códigos. O dicho de otro modo, *El protegido* es una película adelantada a su tiempo porque hizo con los cómics lo que *El sexto sentido* con los fantasmas.

Tal vez por todo esto, por lo atrevido de su propuesta o por lo arriesgado de la misma, *El protegido* parece arrancar donde lo dejó en *El sexto sentido*, es decir, con una atmósfera similar y con un planteamiento que parece invitar a una especie de lógica continuación de aquella película. Es como si Shyamalan quisiera decirnos; «muy bien, todos recordamos *El sexto sentido,* ¿no? De acuerdo. Entonces partamos de ahí».

Si en *El sexto sentido* M. Night Shyamalan había cogido todos los tópicos del cine de terror y los había, literalmente, *cocinado* a su gusto, en *El protegido* su realizador hizo otro tanto de lo mismo, pero esta vez con un subgénero, como ya hemos visto, bastante más *frágil.* También como sucedía con *El sexto sentido*, *El protegido* articulará su relato en función de lo cotidiano. De igual modo que los personajes y las situaciones de *El sexto sentido* no tienen lugar en los decorados tipificados del género de terror —mansiones góticas, nieblas amenazantes, relojes que dan la media noche, rayos y truenos...—, *El protegido* también se articula sobre bases en principio ajenas al cine de superhéroes. David Dunn, no es como Peter Parker o Clark Kent, no es un hombre que resulte simpático precisamente, su matrimonio va camino del desguace y la atención que le presta a su hijo Joseph (Spencer Treat Clark) es prácticamente circunstancial. Al contrario que en la mayoría de los cómics clásicos[29], en *El protegido*, David Dunn se niega a creer que en su interior exista nada extraordinario, muy al contrario que otros personajes del cómic que suele aceptar su nueva naturaleza con moderada rapidez y ligereza.

[29] Dejemos a un lado los nuevos autores de la novela gráfica contemporánea como Alan Moore, Frank Miller, David Lloyd o Bruce Jones.

Esta comunión entre lo extraordinario y lo ordinario viene además *fundida* con una particular puesta en escena. En la secuencia en la que tienen lugar tras los créditos de apertura de la película, cuando David flirtea con su acompañante de viaje, Night filma la escena en un solo plano (la segunda *viñeta de cine* del film), *filtrando* los acontecimiento a través de dos butacas del tren. De hecho, a lo largo de todo el film, podremos comprobar como un buen número de imágenes que van salpicando el largometraje tienen una construcción similar dotando a los objetos cotidianos de un inusual protagonismo visual que en cierto modo, tienen la finalidad de *encuadrar*, como las viñetas de un cómic, las acciones del film. En numerosas ocasiones veremos a los personajes a través de puertas y ventanas, incluso reflejados en espejos (el nacimiento de Elijah Price, tan frágil como el cristal del que está hecho un espejo) o hasta en una televisión apagada (nuevo paralelismo visual Elijah y el cristal). Los acontecimientos llegarán incluso a estar encuadrados en los propios marcos de las puertas (cuando David entra a la casa en la que un perturbado ha atacado a toda la familia, podemos ver una sucesión de marcos, uno dentro de otro provocando una *hitchcockiana* impresión de profundidad en espiral) y hasta a ser *planificados* por los propios elementos cotidianos (cuando David entra en el dormitorio de la casa asediada por el perturbado, Night coloca la cámara tras una cortina, cuyos flecos, movidos por el viento, dejarán entrever lo que sucede en el orden debido, casi como si estuviera montando la escena la propia cortina; primero veremos a David entrando, de pie en la puerta, mirando donde no podemos ver, después el otro extremo de la cortina dejará ver a un mujer maniatada, es decir, lo que ve David, acto seguido, la cortina se abrirá por el centro y ya veremos a David que ha penetrado en el interior de la habitación).

En el fondo, lo que Shyamalan está haciendo con esta inclusión de los elementos del decorado en la propia naturaleza narrativa del film, tiene que ver mucho, como hemos apuntado antes, con la necesidad de encuadrar, de hacer del entorno de los personajes, un contexto activo con lo que se nos está contando. Es decir, el decorado, más que en ninguna otra película de su director, define tanto a los personajes como a sus propias intenciones, de forma que termina revelándose como un entorno activo, polisémico, más allá de un mero *fondo* dramático. Y esto lo hace Night, a través de un recurso visual muy propio de las historias entre superhéroes y villanos, la simetría. Si uno se fija con atención en las imágenes de *El protegido*, pronto se apreciará que muchos de sus planos están construidos en función de una perfecta simetría, sobre todo, si lo que se nos están mostrando es a los dos opuestos de la película, David Dunn y Elijah Price. Hay un plano especialmente elocuente en este sentido, cuando Elijah acompaña a David por el estadio y éste le admite que en la cola, había *sentido* un arma muy concreta entre el público. La imagen resulta la perfecta esencia del film, ambos personajes en un túnel que da al exterior, hacía un partido de rugby, pero eso importa poco, porque lo que nosotros vemos es el cielo azul. Ambos personajes frente a frente, en un entorno oscuro, simétrico al milímetro, y con el brillante color azul de fono, al final, lo único *luminoso* y hasta esperanzador del conjunto.

Es por tanto, debido a toda esta suma de detalles y elaboradas construcciones escénicas y dramáticas, como M. Night Shyamalan construye una de sus obras más y mejor engranadas en lo que a la comunión entre forma y contenido se refiere. Porque como hemos señalado ya en alguna ocasión Shyamalan, y en este caso, *El protegido*, como me dijera mi buen amigo José Antonio Planes, parte de una cuestión muy propia de nuestro tiempo: no saber quiénes somos, la gran diferencia entre el film de M. Night Shyamalan y otros productos de crisis existenciales es que para el director de *Los primeros amigos*, la existencia del ser humano no sólo tiene un sentido concreto, sino que la clave de ese sentido está en nuestro interior. Podemos ser portadores de elementos extraordinarios, sólo hace falta ejercitarlos, estimularlos para que se pongan a trabajar.

Y es que de nuevo, al igual que en *El sexto sentido*, el protagonista de *El protegido* es víctima de una angustia existencial, que aquí se hace más evidente si cabe. David Dunn está bloqueado en su mundo y se encierra en una especie de cosmos paralítico, carente de todo sentido. Como dice Elijah, «vivimos tiempos mediocres y a la gente le cuesta creer que pueda haber algo extraordinario en su interior». Y eso es David, sólo un hombre vulgar más cuyo umbral de su angustia, de su tristeza, se encuentra en la ausencia de un *horizonte vital*. O dicho de otro modo, David es un hombre extraordinario que quiso ser normal y se quedó en mediocre.

5. Para no adelantarnos, en *Los primeros amigos* Joshua quiere buscar a Dios porque el mundo que le rodea no le dice nada especial, salvo el recuerdo de su abuelo que se ha ido. En *El sexto sentido*, Malcom no se percata de que es un fantasma porque no ve la realidad que le rodea con la óptica adecuada y más aún, Cole ha venido a este mundo con un don que debe aprender a domesticar si no quiere que se convierta en una maldición; ve sin proponérselo el mundo desde la óptica de lo extraordinario en perfecta sintonía con lo ordinario. En *El protegido*, David Dunn siente tristeza cada mañana al despertar porque no hay nada a su alrededor que le inspire la más mínima emoción. Como afirma Elijah Price, la constante *voz de la conciencia* de David, «lo que más miedo da es no saber qué hacemos en este mundo, cuál es nuestra finalidad». Y eso es precisamente lo que le pasa a David, que no sabe qué hace aquí.

Para comenzar a reubicar todo su mundo, a dotar de sentido a todo lo que le rodea, a comprender por qué está en este mundo, David deberá empezar a creer en ciertas cosas en las que resulta muy difícil creer. Tendrá que creer en la parrafada que le suelta Elijah sin titubear en la tienda de cómics sobre la relación entre los jeroglíficos egipcios y los cómics y deberá asumir también, que si existen personas con una enfermedad real como la Osteogénesis imperfecta que convierte los huesos de las personas en papel mojado, ¿por qué no puede existir alguien..., irrompible, como reza el título original del largometraje? A David le cuesta creer en nada de esto, hasta el punto de que le pide a su hijo que no siga bebiendo del agua que les ha ofrecido Elijah. Pero llegado cierto punto, David comenzará a ver el mundo de otra forma, comenzará a creer en sus posibilidades físicas, o dicho de otro modo, su visión del mundo cambiará, y si el Joshua de *Los primeros amigos* verá a Dios en el mundo que le rodea y el Malcom de *El sexto sentido* se verá a sí mismo muerto, el David de *El protegido* se verá como lo que realmente es, un hombre extraordinario, de modo que si sabemos quiénes somos, sabremos también qué hacer en este mundo.

En definitiva, todo será una cuestión que girará en torno a un hombre que altera, más que la realidad que le rodea, la óptica a través de la cual observa esa realidad, comenzando por enmendar su propio interior. Pero esta nueva perspectiva de la realidad le permitirá además percibir las cualidades y los pecados de los que le rodean. Este proceso de *reconfiguración* interna del propio individuo adquiere en *El protegido* un tono ascético, ritual, casi místico cuyo colofón viene dado por la escena en la que David —no por casualidad bajo la lluvia— ocupa su lugar en la vida como un héroe, retomando su propio origen y asumiendo su condición. La piscina sobre la que cae servirá tanto de cuenco bautismal de donde resurgirá un héroe ya con plena asunción de sus capacidades físicas y mentales como de trampa mortal (esa cubierta oscura que cubre la piscina y que literalmente se *traga* a David en un imponente plano cenital) que determinará su punto débil: el agua. De esta forma David culmina con su interior y asume su extraordinaria posición actuando como tal en el espléndido plano secuencia en el que David estrangula al intruso que había penetrado violentamente en una vivienda ajena; una de las pocas escenas en las que la cámara de Shyamalan se eleva con cierto sentimiento épico, aunque como señalará el propio director, su verdadero sentido venga dado por el halo místico del alma de la mujer asesinada y maniatada en la habitación por el psicópata que se eleva mientras contempla su ajusticiamiento a manos de David Dunn.

Ahora bien, todo este discurso épico de heroísmo y redescubrimiento de uno mismo, viene envuelto por Night con suma delicadeza, gusto por el detalle y sutileza en sus formas. Porque pese a todo, pese a sus propuestas y a sus momentos, *El protegido* no es un film levantado sobre espectaculares movimientos de cámara, frenéticos travellings y en suma, espectaculares efectos especiales. Muy al contrario, en un ejemplo de verdadera contención cinematográfica, Shyamalan aguanta los planos, retiene los movimientos y exprime su poder de persuasión con insólita maestría escénica en detrimento de los huecos malabarismo visuales tan propios de este tipo de películas.

De esta forma, Shyamalan se preocupa mucho de dibujar a su particular superhéroe con la suficiente sutileza, pero sin desterrarlo de los elementos propios de todo héroe del cómic que se precie. Como dice Elijah Price, el hecho de haber terminado siendo vigilante de seguridad, ya dice mucho sobre el personaje, pero hay sobre todo un momento particularmente crucial a la hora de dibujar *cinematográficamente* hablando al superhéroe que lleva dentro David Dunn. Cuando vuelve de su primera *misión* como héroe, David cuelga el chubasquero en el armario, es sólo un chubasquero, pero hay algo en esa imagen que nos hace recordar algo así como la capa de Superman, el uniforme del héroe. Pero mucho más significativo es el momento que viene inmediatamente después, cuando David coge en brazos a su mujer y la sube escaleras arriba hasta su habitación, una escena que es filmada por Shyamalan de tal forma que da la impresión de que Audrey vuela en brazos del héroe hasta su refugio. Un momento no sólo repleto de belleza y contenido, sino que además, cierra también la brecha abierta en el matrimonio entre David y Audrey.

De hecho, una escena como ésta es un buen ejemplo del cuidado que puso M. Night Shyamalan a los momentos más intimistas de la vida de David Dunn, consciente de que son estos momentos los que alimentan los pilares que sostienen a un personaje y la credibilidad de una historia. De esta forma, mientras la aparición de un personaje como Elijah está siempre enfocada a la inclusión de más información que haga avanzar el relato, las escenas dedicadas a David Dunn están envueltas en una profunda duda, casi en la ambigüedad existencial. La misma que atraviesa el personaje en momentos como cuando David asiste al funeral de las víctimas del accidente de tren, no sabe muy bien por qué, encuentra en el parabrisas de su coche una tarjeta invitándole a que se haga ciertas preguntas, situando Night la cámara en un plano cenital, como si las trascendentales preguntas que atormentan su alma fueran a tener una respuesta casi divina, espiritual diríamos nosotros, o cuando David indaga entre los recortes de periódico —entre sus recuerdos—, curiosamente también en un plano casi cenital, en busca de respuestas; David haciendo pesas mientras su hijo aguarda encandilado ante semejante e inexplicable demostración de fuerza, —también filmada con concretos y decisivos planos cenitales—; y por supuesto aquel momento en el que el hijo de David apunta a su padre con un revólver convencido de que es inmortal y de ese modo demostrar que es un superhéroe, filmada con uno de los escasos planos crispados del film, con una inestable cámara al hombro. Como vemos, M. Nihgt Shyamalan prefiere no elevar la cámara mucho más allá de los ojos del personaje —como afirmaba John Ford— salvo que la cuestión, vaya más allá de los que estamos simple y llanamente viendo como la citada escena en la que David estrangula al villano de la función.

Pero si David Dunn alcanza una culminación vital es gracias a la inestimable aportación que hace otro personaje, Elijah Price, dicho sea de paso, uno de los mejores *supervillanos* de la historia del género. ¿Y esto por qué? Pues fundamentalmente porque Elijah no es nada sin David y viceversa, una percepción del individuo, dicho sea de paso muy aristotélica, en la que las dos mitades se unen para conformar un todo. Cuando Elijah y David encajan todas las piezas (y ahí está ese significativo plano de las manos de David y Elijah apretándose al final de la película, como un puzzle que termina de encajar) el universo, al menos sus universos, toman sentido. «Ahora que sé quién eres tú, sé quien soy yo» le dice Elijah a David al final de *El protegido*. El círculo se ha cerrado y David sabe que en parte es culpable de todas las muertes que ha causado Elijah, porque gracias a él, David ya sabe quién es, no siente tristeza cada vez que se levanta, y ha tenido que ser Elijah y sus atentados terroristas con sus cientos de muertos los que han iluminado la existencia de David Dunn. Ambos personajes forman parte de una misma moneda, de un mismo espectro, aunque se traten de extremos opuestos. Y es que como es sabido, los opuestos siempre se han tocado.

De este modo, en *El protegido*, Elijah Price es mucho más que un mero monigote situado en el film para poner en apuros a nuestro héroe, al contrario, es el personaje que dota de sentido a David, hasta el punto de que sin la presencia del mal no podría haber brotado el bien y todo se hubiera quedado en la mediocridad. Y es que sin bien no puede haber mal y sin mal no puede haber bien. Es la paradoja y la tragedia de nuestra existencia, y esto lo muestra muy bien *El protegido*.

Así las cosas, lo cierto es que en suma, Elijah Price sufre una crisis vital muy parecida a la de David Dunn, con la única diferencia de que Elijah la ha focalizado de forma distinta. Porque David, más que haber optado por un estilo vital, el personaje interpretado por Bruce Willis parece que ha dejado pasar el tiempo para que fuera éste el que enterrara cualquier signo de diferencia en su interior. En cambio, si David Dunn ha optado por la pasividad, Elijah Price ha preferido explorar otros caminos bastante más activos. Además, Elijah, al contrario que David, sí que sabía con bastante precisión qué es lo que estaba buscando, aunque los métodos empleados fueran a todas luces despreciables. Y esto es así porque, un poco como le ocurre al Víctor Frankenstein, Elijah Price ha convertido su búsqueda personal en una obsesión que al final adquirirá resonancias patológicas. Elijah, al contrario que David, cree que el mundo, por mediocre y terrible que pueda llegar a ser, puede albergar lo extraordinario, es lo que diferencia a Elijah de la inmensa mayoría de los personajes de Shyamalan, que no suelen llegar a esta conclusión hasta bien avanzado el largometraje.

Elijah Price nace, no por casualidad, en unos grandes almacenes, como los cómics —embutidos por la maquinaria comercial, puntualizará el propio personaje—, visualizado por Shyamalan a través de un espejo, tan frágil como un cristal. Elijah Price, un hijo involuntario de una sub-cultura, la del cómic, nace como ésta, precisamente en unos grandes almacenes. Después lo vemos a través de un nuevo cristal, esta vez una televisión apagada, que de paso nos dibuja un universo bastante oscuro en el que habita un Elijah aún adolescente. Cuando su madre le hace un regalo muy especial, el precio es salir a la calle, algo a lo que el todavía joven Elijah se ha negado en redondo ante la constante ruptura de sus delicados huesos. Un plano nos lleva hasta la ventana y después, la cámara de Night espera a Elijah —y no será el primer personaje que debe ir hacia la cámara y no al revés— en un banco en mitad de un parque infantil. Elijah abre el regalo y se encuentra con un cómic que Shyamalan encuadra al revés y su cámara lo seguirá en un complicadísimo movimiento de cámara de 180 grados, tanto, como girará la vida de Elijah Price a partir de ese momento. Éste será el principio de una razón para vivir, aunque también el inicio de una locura.

Elijah Price también viene ataviado, como David, con sutiles elementos indisociables de los villanos del cómic. Empezando por ese peinado exagerado, su propia enfermedad, las exageradas prótesis que en ocasiones lleva implantadas casi como con añadidos robóticos (véase lo que Elijah lleva en la pierna cuando habla con Audrey en rehabilitación, una estructura envuelta en lo que parecen ser unos desproporcionados pinchos alrededor de la pierna), su uniforme, siempre con el color violeta al frente del vestuario, su coche acolchado en su interior (para minimizar posibles roturas) que también dan al conjunto un tono similar al del vehículo de supervillano de rigor, etc... Se trata por tanto, como hemos señalado ya en varias ocasiones, de un nuevo ejemplo de comunión entre decorado y personajes, de esa unión entre el contexto y la propia definición de los personajes. Una unión, en suma, ejemplar.

6. El cine de superhéroes ha discurrido siempre por dos caminos bien distintos, ofrecer un universo completamente fantástico en el que habitan criaturas y personajes de toda índole y calaña, u ofrecer elementos extraordinarios dentro de un mundo muy cercano al real. *Superman* (Richard Donner; 1978), por ejemplo, se propuso en su día el reto de ubicar a un personaje como el Hombre de Acero en un entorno muy similar al de Nueva York. La ciudad se llamaba Metrópolis, pero la intención era esa. Situar a un superhéroe en un contexto que resultara familiar para el gran público, una gran ciudad, Nueva York por ejemplo. Sin embargo, estas aproximaciones a la realidad siempre se han visto mermadas por la creación de pequeñas parcelas de propiedad para los superhéroes. El Polo Norte en *Superman*, la academia de Xavier en *X-Men* (Bryan Singer; 2000), la guarida de *Hellboy* (Guillermo del Toro; 2004) así como las numerosas puertas que conducen a sus personajes a otros mundos fantásticos que cohabitan, aunque sea detrás de una puerta, con la realidad.

Fue en este sentido donde *El protegido* innovó ofreciendo un universo real sin espacios exclusivos para lo fantástico, porque para Night, lo fantástico tiene su espacio ya asignado entre la realidad. Una realidad además, cotidiana, donde son los niños los primeros en atisbar magia en una disparatada teoría de opuestos. Joseph, el hijo de David, será el primero en creer a pies juntillas que su padre es un superhéroe, antes incluso que el público, que observará con cierto recelo una propuesta demasiado extrema. David no practica sus habilidades en una cueva repleta de extraños aparatos, sino en el sótano de su casa, con una barra y unas pesas y más aún, con unos botes de pintura. Es entonces, cuando todo en *El protegido* nos resulta tan familiar, cercano y banal, cuando comienzan a emerger señales de que hay algo asombroso en su seno.

Incluso el punto débil del héroe, su particular kriptonita, no es una extraña roca llegada de otro planeta o un vistoso rayo azul que lo desprende de sus poderes. Es el agua. David Dunn es un superhéroe sí, pero tiene una debilidad, el agua y por tanto, como cualquier ser humano, se puede ahogar. Su vestuario, su indumentaria de héroe no es más que un chubasquero y una gorra. Todos los elementos propios del superhéroe están ahí y cualquiera de nosotros se los puede encontrar en casa. No hacía falta volar a ningún planeta ni abrir ninguna dimensión paralela para que el héroe de *El protegido* encontrar sus facultades y sus debilidades. Aquí el particular encuentro con uno mismo se ejemplifica en la visita que hace David al almacén donde guardan los restos del tren siniestrado al principio de la película mientras que por ejemplo Superman tenía que viajar a un Polo Norte imaginario para redescubrir sus orígenes. El encuentro con los orígenes de David Dunn no es más que la evidencia de que sobrevivir a aquel accidente de tren era algo imposible, a menos que fuera un hombre extraordinario. Será por tanto allí mismo donde David recordará el verdadero punto de eclosión, el momento justo en el que decidió dejar de ser un superhombre, cuando sufrió un accidente con su novia y decidió por amor a ella, fingir que había sufrido una lesión y de ese modo, abandonar el rugby.

Precisamente por todo esto, M. Night Shyamalan le insistió mucho a Bruce Willis que quería un personaje frágil, vulnerable, lo que tenía un interés adicional viniendo del protagonista de *Jungla de cristal*. El héroe de Shyamalan es un tipo triste, pero también un hombre que como ser humano que es, se equivoca. Cuando David *ve* que una persona en el estadio lleva droga consigo (el propio Shyamalan), nuestro héroe lo registra y no le encuentra nada. David Dunn también se equivoca. Esto es muy interesante porque en suma, lo que Night nos quiere decir es que no hace falta venir de otro planeta para tener cosas asombrosas en nuestro interior y que esa esencia extraordinaria a la vez no nos eximirá de cometer errores propios de seres humanos.

De hecho, en una de las pocas *set pieces* que tiene la película, cuando David va a la estación de tren para mezclarse con la gente de la calle y dejar que su poder *brote* con el contacto humano, Shyamalan filma la escena de forma espectacular, con efectos de velocidad, grúas y *steadycam*. Puede que éste sea el único momento de la película en el que M. Night Shyamalan se acerca más al estilo visual de una película de superhéroes al ritmo de la pegadiza melodía de James Newton Howard. Sin embargo, esa óptica que nos propone Night para esta escena supone, además, la culminación de un proceso de madurez que encuentra en esta escena su auténtica eclosión visual. Todo en este momento está dispuesto para decirnos que David Dunn ya es un superhéroe y no sólo eso, sino que además él lo sabe y está dispuesto a explotarlo.

Siguiendo por tanto esta tónica de fantástica cotidianidad, Shyamalan nos sitúa al final de la película ante el necesario enfrentamiento entre el bien y el mal en la conversación que David Dunn mantiene con Elijah en su tienda de cómic. Lo mejor de esta escena es que mientras cualquier producción de superhéroes nos hubiera ofrecido, como mínimo, un par de saltos con cables y unas cuantas paredes derruidas, Night resuelve el momento con un apretón de manos, revelándose así la verdadera identidad de Elijah como opuesto de David, como supervillano, mientras David se aleja. Lo más banal en una situación así, lo cotidiano, hubiera sido algo tan poco espectacular como avisar a la autoridades para que detuvieran a Elijah Price, y así queda reflejado en unas escuetas palabras impresas al final de la película.

SEÑALES

«Dile a Merrill que batee fuerte»

1. M. Night Shyamalan nunca encajó bien el tibio recibimiento que a su juicio, obtuvo *El protegido*. Aunque el film no supuso, ni mucho menos, un fracaso comercial, los 300 millones de dólares acumulados en todo el mundo llegaban con cierta frialdad frente a los 672 de *El sexto sentido*. Es debido a esto que *Señales* sea un largometraje en el que Shyamalan puso en evidencia su marcada preocupación por el éxito en la taquilla. Como ha sucedido con otros directores, algunas malas lenguas han asegurado incluso que Night es una persona realmente obsesionada con el éxito hasta el punto de que, cuando éste no llegaba, se enfurecía. Verdad o no lo cierto es que el cineasta de origen indio nunca ha disimulado su preocupación por mantener el interés del público hacia sus películas, es más, Night ha manifestado en numerosas ocasiones que su prioridad es no perder a su público. Lo cierto es que la preocupación de Shyamalan a la hora de preservar el interés del público es una constante que ha minado, para bien y para mal, la historia del cine. El mismísimo Alfred Hitchcock nunca terminó de encajar el fracaso comercial que en su día supuso *Vértigo* (*Vertigo*; Alfred Hitchcock, 1958), y acto seguido fue a refugiarse en aquello que mejor sabía hacer, una cinta de suspense: alzhéimer, escritura correcta *Con la muerte en los talones* (*North by Northwest*; Alfred Hitchcock, 1959). Tal vez en este sentido, el más honesto —como de costumbre— haya sido Billy

Wilder, quien siempre ha manifestado que no nos debíamos engañar, que el cine es una monumental inversión de dinero que hay que recuperar a toda costa si queremos seguir haciendo películas. Desde luego hay formas y formas de recuperar el dinero invertido en una película, y ahí reside el talante de cada cineasta. En cierta ocasión tuve la oportunidad de entrevistar a Narciso Ibáñez Serrador, y en mitad de nuestra agradable conversación me hizo una apreciación que he guardado con mucho cariño. Chicho me dijo algo así como «comercial es una palabra que yo respeto mucho, el problema es ser vulgar».

En cualquier caso resulta moderadamente fácil de comprender el hecho de que afrontar un *fracaso* como el de *El protegido* tras un éxito tan descomunal como el de *El sexto sentido*, no debió de ser algo demasiado fácil para Night. Y más aún cuando puso toda la carne en el asador probablemente convencido de la infalibilidad del *toque Shyamalan* patentado a partir de *El sexto sentido*. Sin embargo, al menos desde la óptica de Night, su *toque* resultó, ya en aquellas fechas, no ser infalible. O dicho de otro modo, Shyamalan entendió que aquella fría decepción fue culpa suya: «Una cosa es tener en tus manos una película mediocre. Pero *El protegido* era perfecta. Todo el mundo hizo el mejor trabajo de su carrera con el fin de presentar la obra definitiva acerca de la mitología de los cómics. Pero la reacción del público... tan fría... Fue mi culpa. Todos los personajes del film, la historia, viven en un mundo gris. Cuando haces una película gris, recibes una respuesta gris»[30].

No debe resulta extraño por tanto la presión bajo la cual tuvo que encontrarse Shyamalan a la hora de poner en marcha su siguiente película. Es casi seguro que Disney le tuvo que llamar la atención tras el *cheque en blanco* que había supuesto *El protegido* para un realizador relativamente novato como Night por aquel entonces. «Ni que fuera Orson Welles» debió exclamar algún malhumorado

---

[30] Parrera, Josep. *Secreta Invasión* en "Imágenes de actualidad", n.º 217, p. 88.

ejecutivo de la Disney. *El protegido* fue el primer paso de una relación, Shyamalan-Disney, que con el tiempo se iría marchitando. De este modo, con *Señales* M. Night Shyamalan debía de ser capaz de conjugar su particular frustración en torno al recibimiento de su anterior película junto con las presiones del estudio, que veía cómo su inversión en los *caprichos* de Shyamalan no dejaban de incrementarse y por primera vez eran conscientes de que el ingreso posterior, no tenía por qué ser sobredimensionado. En cualquier caso lo cierto es que la Disney debió de quedar muy satisfecha por el libreto de *Señales*, pues con aquel guión Shyamalan se convirtió en el guionista mejor pagado de Hollywood del momento con un cheque de cinco millones de dólares, sólo por el guión.

Con este talante como carta de presentación y habiendo visto los resultados, se entiende sin demasiado esfuerzo que *Señales* sea una de las película más premeditadamente comercial de Shyamalan, lo que de entrada, digámoslo desde el principio, no tiene por qué ser nada necesariamente malo. Esta premeditada *comercialidad* en *Señales* hizo que en un primer momento la crítica recibiera la película con cierta frialdad y que incluso hoy día siga siendo considerada una de las películas más irregulares de su director. Y hasta cierto punto la verdad es que *Señales*, vendida como metáfora religiosa, resulta ciertamente simplista a tenor de las anteriores películas del director con *El protegido* a la cabeza; una moralina como la expuesta en *Señales* sonaba a paso atrás en la filmografía de Night, coherente si se quiere, pero un paso atrás al fin y al cabo. Sin embargo, sospecho que *Señales* es algo más que una metáfora religiosa, de hecho, creo que la quinta película de Night es un largometraje terriblemente personal y complejo por una serie de cuestiones que van más allá de la mera metáfora religiosa.

Señales habla, como *Los primeros amigos*, *El sexto sentido* y *El protegido* de nuestro lugar en el mundo, de crisis existenciales. Pero este no es el *quid* de la película. *Señales* es una profunda reflexión acerca de la propia noción que del cine tiene M. Night Shyamalan, de la fe y por supuesto de la esperanza. De hecho, y hasta cierto punto, *Señales* puede ser considerada como un punto y aparte en la obra de su director, a partir del cual las cosas nunca seguirían igual.

2. El guión de *Señales* fue escrito por Shyamalan en unos apresurados cinco meses, no obstante la idea del film empezó a rondar la cabeza de Night durante la postproducción de *El protegido*. La intención de utilizar los *crop circles* como *balizas de aterrizaje*, según el propio cineasta, partía de una particular fascinación del director de *El sexto sentido* por estos enigmáticos círculos. La idea original de *Señales*, según afirmó la productora Katheleen Kennedy fue la de «combinar este hecho (el de los *crop circles*) con un personaje que tiene que enfrentarse a los demonios que habitan su alma». Ahora bien, pese a todo el componente trascendental, el film de Shyamalan no podía olvidar su obligado peso comercial. Como muy bien nos aclara Kennedy en el *preesbook* de la película, «Night siempre cuenta historias que tienen un fuerte componente de entretenimiento» y para la ocasión, el terror era ese elemento comercial de rigor. De hecho Shyamalan sigue pensando que si tiene algún film verdaderamente terrorífico en su filmografía, ése es *Señales*; «*El sexto sentido* daba esa impresión en un primer momento pero después te dabas cuenta de que era más un drama», puntualizó el propio director.

Como de costumbre en las películas de M. Night Shyamalan, *Señales* parte de un entorno cotidiano, de un núcleo común, reconocible para el espectador, incluso para los que —insisto— nunca han pisado Estados Unidos. Y como un buen número de cineastas, los largometrajes de Night obligan a sus personajes *normales* a enfrentarse con elementos extraordinarios. «Para mí las cosas sobrenaturales son siempre metáforas de la historia del hombre», apreció el propio director y guionista.

En un principio el personaje principal de Graham Hess estaba pensado para un actor mayor y Night le ofreció el papel a Paul

Newman y a Clint Eastwood, pero ambos lo rechazaron. Dado que la tercera edad parecía reacia a participar en un film como *Señales*, Shyamalan barajó el nombre de Johnny Depp con quien mantuvo conversaciones que al final no terminaron de cuajar. Finalmente el elegido y el interesado fue Mel Gibson. El papel de Merril Hess, el hermano de Graham (Gibson), iba a ser interpretado por Mark Ruffalo —visto en *Collateral* (Michael Mann; 2004) y *Zodiac* (David Fincher; 2007)— pero antes de empezar a rodar tuvo que abandonar el *set* debido a una seria infección de oído. En ese momento entró en escena Joaquin Phoenix, recién salido del sonado éxito de *Gladiator* (Ridley Scott; 2000) y que durante la filmación de *Señales* se haría amigo de Shyamalan. Como viene siendo habitual, Night se reservó un pequeño papel, aunque en esta ocasión resultaba un personaje mucho menos anecdótico y más decisivo para la trama de la película; Ray Reddi, el hombre que atropelló por accidente a la esposa de Graham y que originó su crisis de fe. Para el hijo mayor de Graham, Night se decantó por el hermano del popular Macualy Culkin, Rory Culkin, quien tuvo que enfrentarse a una papel ciertamente complicado para un niño de su edad. Pero tal vez, la gran revelación infantil de *Señales* sea la niña Abigail Breslin, que interpreta a la pequeña Bo y que después hemos podido ver en la película *Pequeña Miss Sunshine* (*Littel Miss Sunshine*; Jonathan Dayton y Valerie Faris, 2006).

Como buen hijo que es Shyamalan de la generación del Nuevo Hollywood, la historia de *Señales* no oculta en ningún momento sus referencias, no solo a la famosa novela de H. G. Wells (1866-1946) *La guerra de los mundos*, sino que también bebe de clásicos del terror como *La invasión de los ladrones de cuerpos* (*Invasión of the Body Snatchers*; Don Siegel, 1956) y *La noche de los muertos vivientes* (*Night of the Living Dead*; George A. Romero, 1968). Además, Shyamalan dio instrucciones muy precisas al compositor James Newton Howard, para que aunara en la partitura de *Señales* el misterio de *Encuentros en la tercera fase* de John Williams y la violencia del conocido tema de *Psicosis* (*Psycho*; Alfred Hitchcock, 1960) de Bernard Herrmann. Como todos pudimos contemplar el día del estreno, el resultado final del —magnífico— trabajo de Howard resultó ser sensiblemente más inclinado al *Psicosis* de Herrmann que a los *Encuentros...* de Williams.

Night escribió el guión de *Señales* teniendo ya muy claro en la cabeza la zona exacta donde quería rodar la película, en Bucks County, muy cerca de la residencia familiar de los Shyamalan. En aquella zona, el equipo de producción de *Señales* encontró todo lo que necesitaba para la película, incluyendo el Delaware Valley Colege, una escuela de agricultura en la que se rodaron las escenas de los maizales. El único y significativo problema con el que se encontró Shyamalan en aquella zona rural de Pennsylvania fue que no encontró ninguna casa que cuadrara con la idea que él tenía de la residencia de los Hess. Debido a esto, el equipo del diseñador de producción Larry Fulton tuvo que construir de la nada la casa de los Hess imprimiendo en el decorado la impronta adecuada para crear la sensación de que aquella era una casa que llevaba en pie décadas. Lo que también se *construyeron* fueron los enigmáticos círculos que podemos ver en el maizal de los Hess. El encargado de semejante odisea fue de nuevo Fulton, quien investigó y reunió un amplio número de *crop circles* «reales» que han aparecido en todo el mundo. Con este material entre manos, el equipo de Fulton decidió no imitar los modelos reunidos e inventar sus propios diseños. Aunque en la película veamos varios círculos encadenados en realidad, y según el *Press Book* de la película, sólo se hicieron dos circunferencias, una de 137 metros de diámetros detrás de la casa y otra de unos 30 metros en un lateral. La cuestión en el proceso era cómo hacer estos círculos, de modo que el equipo de Fulton decidió crear las circunferencias siguiendo el método que utilizaron unos pensionistas ingleses que timaron a medio mundo haciendo creer que era una huella extraterrestre. Esto es, un método tan rudimentario y efectivo como tablones, cuerdas y unas simples escaleras.

El rodaje comenzó el 13 de septiembre del 2001, es decir, dos días después de los consabidos atentados terroristas al World Trade Center. De hecho, *Señales* fue una de las pocas películas que se rodó durante esas fechas no sólo a causa de los atentados, sino también debido a la amenaza de huelga de actores que por aquellos días planeaba sobre Hollywood. Shyamalan decidió, no obstante, arriesgarse a la hipotética huelga y fijó la fecha para el inicio del rodaje para el 13 de septiembre, de modo que como el mismo Night afirmó, «el beneficio de mi decisión fue que pude elegir a quien quisiera para mi filmación, porque todos los actores y todos los técnicos estaban libres. Todo el mundo llegó a Filadelfia el 10 de septiembre para comenzar con los ensayos el 11 (...). Aunque yo hubiera dejado que todo el mundo se volviera a casa, todos los vuelos estaban suspendidos, por lo que optamos por quedarnos allí»[31].

Lo curioso de esta circunstancia es que entre este grupo de *selectos elegidos*, se pueden encontrar en puestos decisivos como música, fotografía, montaje y diseño de producción, a los mismo colaboradores que trabajaron con Shyamalan en *El sexto sentido*. James Newton Howard en el apartado musical, de quien sabiamente no se ha separado desde entonces, Tak Fujimoto en la fotografía y el diseñador de producción Larry Fulton. Mientras el montaje, herramienta fundamental en las películas de Night, recayó en la persona de Barbara Tulliver, la montadora habitual de David Mamet desde *Homicide* (1991). Resulta no obstante muy significativo comprobar como un cineasta como Shyamalan, cuyo sentido de la puesta en escena y el ritmo resultan tan decisivos, haya colaborado desde *El sexto sentido* hasta *Airbender. El último guerrero* con cinco montadores distintos.

La primera escena que se rodó fue la más emotiva, aquella en la que Graham mantiene su última conversación con su esposa antes

---

[31] Lerman, Gabriel. «M. Night Shyamalan» en *Imágenes de actualidad.* nº 217, p. 91.

de que ésta fallezca como consecuencia del terrible accidente que acaba de sufrir. El ambiente, como es obvio, estaba muy cargado en un momento en el que todavía se seguían contando cadáveres en la Zona Cero de Nueva York y según parece a Mel Gibson no le costó demasiado ponerse *en situación* y derramar algunas lágrimas ante la cámara.

En lo que a los extraterrestres se refiere, tal y como los había concebido Night, los *aliens* iban a seguir los movimientos digitalizados de una modelo para que éstos lucieran un aspecto más femenino, más cercano a un felino. Pero el resultado final no convenció a Shyamalan y se optó por hacer los movimientos mucho más amenazantes, menos femeninos y más masculinos. En un principio los extraterrestres iban a disponer de un sistema de camuflaje similar al de la criatura de *Depredador* (*Predator*; John McTiernan, 1987). Se realizaron multitud de pruebas para ajustar el tipo de camuflaje, pero cuando Shyamalan vio el trabajo de la Industria Light and Magic (la ILM, la división de efectos especiales creada por George Lucas) el director se inclinó por un tipo de camuflaje mucho más fantástico desechando así el concepto más *realista* heredero del *camaleón* que dominaba e inspiró el camuflaje del *alien* del film de McTiernan. Así, el invasor de *Señales* puede más que imitar, prácticamente duplicar la apariencia de cualquier cosa, desde una camisa hasta el rostro de un ser humano, algo a lo que conviene estar muy atento en el film si se quiere apreciar, sobre todo en el clímax final de la película.

M. Night Shyamalan cobró por su habitual trabajo —escribir, producir y dirigir— 12 millones y medio de dólares, 2,5 millones más que en *El protegido*. El film se estrenó el 2 de agosto del 2002 y costó 72 millones de dólares, algo menos que *El protegido* (75) y en su primer fin de semana en los Estados Unidos casi recauda de una tacada lo invertido con más de 60 millones de dólares (el doble que lo recaudado por *El protegido* en el mismo periodo de tiempo, si bien es cierto que el film protagonizado por Mel Gibson se estrenó en más salas que la película de Bruce Willis, 500 más para ser exactos). *Señales* terminaría rondando más de 400 millones de dólares en todo el mundo. Todos quedaron contentos.

3. La década de los ochenta fue el *boom oficial* de los *crop circles*. Estas enigmáticas figuras extremadamente geométricas hicieron acto de presencia, al parecer de forma súbita y hasta la fecha inexplicable, al suroeste de Inglaterra. Las figuras aparecieron en sembrados de trigo, cebada y avena. Los cultivos, pese a estar doblados y literalmente tumbados en el suelo en el sentido de la agujas del reloj, no presentaban ningún tipo de rotura en sus tallos. Pero lo más curioso del caso es que esos extraños círculos hicieron su aparición en zonas de un especial simbolismo sagrado en la historia del hombre.

No obstante, parece ser que este tipo de manifestaciones extrañas en los campos de cultivo no son nada nuevo. Al parecer, los *crop circles* ya se dejaron ver en pleno siglo XVII, aunque su aparición digamos oficial se sitúa en la década de los 70, y por lo visto generaciones enteras de agricultores ingleses han nacido viendo como estos extraños círculos han ido reapareciendo sin explicación aparente noche tras noche. Sin embargo fue a finales de los ochenta cuando los *crop circles* trascendieron a la opinión pública y —¿casualidad?— sus manifestaciones se multiplicaron en todo el mundo.

Investigadores de casi todo el planeta se pusieron a estudiar el fenómeno no sin temor a estar siendo víctimas de una ingeniosa y extremadamente hábil tomadura de pelo. Pero lo cierto es que si se trataba de una farsa, el nivel de ingenio resultaba ciertamente impecable. Allá donde todo permanecía en calma y nada hacía presagiar la aparición de uno de esos círculos, a la mañana siguiente un nuevo *crop circle* desconcertaba a los investigadores. Los análisis llevados a cabo no encontraron restos de sustancias químicas en los campos, ni presencia radiactiva o electromagnética. Nada parecía tener explicación.

Pese a todo, el estudio concienzudo de estos extraños círculos llevó a los investigadores a trazar un patrón, que por lo visto siguen casi todas las apariciones. Por lo general, era el verano la estación del año en la que los *crops circles* proliferaban con más facilidad, lo hacían en campos de cebada, trigo o avena y siempre de noche. Los estudios de los círculos fueron abundantes y por varías vías. Si bien es verdad que a día de hoy no se ha encontrado una *versión oficial* de los hechos, lo cierto es que no faltan teorías para todos los gustos. La más *realista*, aunque no por ello menos extraordinaria, nos habla de insólitos fenómenos meteorológicos, otras de extraños hongos, pero la tesis que ha gozado de mayor popularidad (por lo insólito de la hipótesis) es la de los extraterrestres. De hecho, hay quien vincula estas extrañas creaciones impecablemente geométricas con un experimento que en 1974 puso en marcha el conocido astrónomo Carl Sagan. Este consumado científico enamorado de las estrellas soñó a lo largo de toda su vida con encontrar vida extraterrestre y por esta razón puso en marcha un ambicioso proyecto pensado para la búsqueda de vida fuera de nuestro planeta[32]. Pues bien, algunos sostienen que los *crop circles* podría ser una respuesta extraterrestre a esa incesante búsqueda iniciada por Sagan hace ya más de treinta años.

La prueba más contundente para apoyar esta teoría reside en un polémico vídeo. En plena psicosis por la aparición de los *crop circles*, según parece, un individuo hizo guardia en un campo de cultivo, cámara de vídeo en mano y la suerte le acompañó. La grabación resulta ciertamente increíble; en ella podemos contemplar cómo unas extrañas luces descienden al campo y en cuestión de segundos dibujan un complejo círculo. Una vez se dio a conocer el vídeo (que se puede encontrar en Internet[33]), comenzaron a brotar los

[32] De hecho, la película de Robert Zemeckis, *Contact* (1997) se desarrolla precisamente dentro de los parámetros de este proyecto astronómico, no en vano, la citada película esta basada en un novela de, precisamente, Carl Sagan.

[33] http://www.youtube.com/watch?v=6M6vP8-SbU0.

testimonios de miles de testigos que aseguraban haber visto justo lo que ese vídeo parece que captó.

Pese a todo, no han faltado las voces que han reivindicado la autoría de estos insólitos círculos. No obstante, los expertos en estos *crop circles* han determinado que en efecto, hay un elevado porcentaje de círculos hechos por el hombre, pero existen otros que simple y llanamente, son inexplicables. Colin Andrews[34] es uno de esos expertos en estos círculos y uno de los hombres que más sabe de este tipo de creaciones en todo el mundo. Los estudios de Andrews le han llevado a concretar que en efecto, existe un porcentaje muy alto de círculos decididamente falsos, sin embargo hay otro tanto por ciento del que no existe explicación alguna. Y lo cierto es que realidad o fraude, los *crop circles* resultan una cuestión demasiado enigmática como para no crear un mínimo de inquietud. Como apuntó Andrews, la noches en Inglaterra son extremadamente cortas, a lo sumo seis horas, un tiempo demasiado corto como para que un grupo de hombres se ponga a realizar una extraña circunferencia desconcertantemente simétrica que necesitaría de varios días de arduo y coordinado trabajo.

No obstante hay quien sostiene que estos extraños dibujos no son más que un formidable fraude. Ya se han dado casos de personas que han sido arrestadas al ser localizadas mientras realizaban uno de esos círculos o incluso el citado grupo de ancianos que sin nada mejor que hacer reconocieron a todo el mundo haber hecho una de estas complejas creaciones circulares para después cobrar un dólar por visitante. Hay quien asegura que con una regla y un compás, uno puede diseñar un *crop circles* con suma facilidad, de hecho, hay quien ha utilizado el ordenador para dibujar sus particulares círculos misteriosos.

En cualquier caso, el propio misterio que envuelve el fenómeno, el baile de interpretaciones a favor y en contra de los círculos le daba

---

34 http://www.colinandrews.net/.

a M. Night Shyamalan un amplio margen de maniobra. El director de *El sexto sentido* podía divagar todo lo que quisiera, escoger ésta o aquella teoría y hacerla suya. Sin embargo, ese no era el objetivo de *Señales*. Los *crop circles*, en el film de Shyamalan, no son más que un *McGuffing*, una excusa para contar una particular invasión extraterrestre. En el film, los *crop circles* resultan ser balizas que guían a las naves extraterrestres, una cuestión a la que se hace mención en dos o tres escasas ocasiones. Una decisión absolutamente legítima y, dado los objetivos del film, acertada, pero que, justo es admitirlo, decepcionó a un importante sector del público.

4. Como no podía ser de otro modo, la familia Hess es una familia rota. Se quieren, eso también está claro, pero algo ha ocurrido que ha resquebrajado las raíces del cariño. El trágico accidente que sesgó la vida de la esposa de Graham (Mel Gibson), ha condicionado dramáticamente el seno familiar de los Hess. El hermano de Graham, Merril (Joaquin Phoenix) se ha ido a vivir con él y sus sobrinos, Morgan (Rory Culkin) y la pequeña Bo (Abigail Breslin), se están criando en un entorno extraño. Graham ha colgado el hábito, y ha dejado sus tiempos de sacerdote para otros con más fe. Todo esto no quita que el cuidado de los niños, tanto por parte de Graham como de Merril sea absoluto. De hecho, el film comienza con una obvia manifestación de esto, un grito de Bo alerta a Graham y después a Merril. Poco después, cuando Graham ha llamado a la policía, confirmaremos el pasado religioso de Graham, cuando le dice a la agente de policía en primer plano: «deja de llamarme padre».

Desde el principio, *Señales* se va articulando en función de los códigos propios del cine de ciencia ficción, variante invasiones extraterrestres. Por esta vez, Shyamalan dejó tal cual los tópicos, al menos, algunos de ellos. Sombras amenazantes, ruidos asfixiantes, entornos opresores, luces en el cielo, retransmisiones de alarma mundial y por supuesto, intenciones violentas por parte de los alienígenas. Con adecuado y dosificado *crescendo*, en *Señales*, la tensión se va acumulando paulatinamente, sin prisas pero sin pausas. Poco a poco, las muestras de terror se van sumando hasta que ya no queda ninguna duda de lo que está sucediendo. Los animales se comportan de forma violenta, y los alienígenas son mostrados como meras sombras que mueven cosas para posteriormente ir desvelando partes de su anatomía: una pierna, una mano, el rostro... En este sentido, *Señales* no destaca por su originalidad, hasta los extraterrestres, como manda el tópico, son verdes, entre otras cosas, porque no era lo que se buscaba, al contrario, el propósito era retomar y mostrar lo clichés tal cual fueron concebidos hace cincuenta años. O dicho de otro modo, como ya hiciera Shyamalan con *El sexto sentido* y los clichés del cine de terror, con *Señales*, Night quería recuperar las herramientas clásicas que le dieron forma al género en sus orígenes.

Entre otras cosas, esta particular invasión extraterrestre servirá para que de entrada la familia Hess vuelva estar, por lo menos, algo más unida en un seno resquebrajado, que queda de manifiesto en una de sus primeras escenas, cuando Morgan recibe, con gesto de desprecio, que su padre le ponga la mano en el hombro tras la muerte de uno de los perros, o directamente cuando Morgan le dice explícitamente a su padre «¡te odio!». Obviamente se trata de un odio y de un desprecio que no ha terminado por sepultar del todo el amor entre ellos. De hecho, *Señales* no sería una película verdaderamente *shyamalaniana* si no hubiera un resquicio para la esperanza. La posibilidad de una invasión extraterrestre dará un sentido a la gris vida de los Hess, una manifestación que pondrá de manifiesto en primer lugar Morgan, la verdadera médula espinal en el film, el único en la casa de los Hess que tiene una lejana idea de lo que está pasando o de lo que puede llegar a suceder y sobre todo, el único capaz de plantarle cara a Graham. Morgan tiene una razón para vivir, aunque sea algo tan ingenuo como un alien, o mejor aún, precisamente por eso.

A los veinte minutos de metraje, todo parece indicar que en efecto, una invasión extraterrestre amenaza la Tierra a nivel global. No existen demasiadas dudas, aunque Graham se resista a creer lo que está sucediendo, probablemente porque su mente, ahora más racionalista que nunca (como le sucedía al doctor Malcom de *El sexto sentido*), se niega a concebir a pequeños seres verdes viajando miles de años luz para aterrizar en la Tierra. De hecho, la postura de Graham es la idónea para conseguir un sentimiento de empatía por parte del público. Lo lógico es dudar, de entrada, de lo extraordinario. Por esta razón quien verdaderamente lleva la voz cantante en *Señales* es Morgan. Un chaval lo suficientemente mayor como para no decir incoherencias pero también lo suficientemente pequeño —inocente, ingenuo—, como para creer todavía en los OVNIS sin hacerse demasiadas preguntas. Como hemos visto en otras películas de Shyamalan el niño, o en su defecto, la mentalidad infantil, es un elemento fundamental. La óptica de un niño y especialmente su sensibilidad, sobre todo para lo extraordinario, resultan armas decisivas en las películas de Shyamalan.

Es por esto que Morgan acierte casi al dictado con el proceder de los acontecimientos, con las intenciones de los alienígenas, con los métodos de ataque de los extraterrestres y con los sonidos del *walkie talkie* cuando Graham sólo oía interferencias. Nada parece escapar a la atenta mirada de Morgan. De hecho, para gozar de una oportunidad en una película de Shyamalan, es imprescindible el consabido proceso de *infantilización* que en *Señales* irá sucumbiendo poco a poco en todos los miembros de la familia hasta llegar a Graham, cuando le pregunta a Morgan en el tercio final de la película, convencido de que va a dar en el clavo, qué modelo de ataque van a emplear los extraterrestres. Por esta razón, no es de extrañar que Morgan siga al pie de la letra un libro escrito por un tal doctor Bobo y que para colmo, acierte con precisión milimétrica en los que va a acontecer a lo largo de toda la película (con la excepción de ese dibujo en el que un platillo volante está disparando a una casa sospechosamente parecida a la de los Hess). Por su parte, Merril tiene mucho de niño acomplejado que no sabe controlar su descomunal fuerza a la hora de batear, como un pequeño que juega al fútbol sólo pensando en lanzar el balón más lejos y más fuerte que nadie. Cuando Merril va a informarse para alistarse en el ejército y un vecino desvela que a pesar de ser un excelente bateador, Merril también ostentaba el record de *strikes*, éste contesta con una expresión muy infantil, «felt wrong not to swing», que al castellano se tradujo con muy buen juicio como «me daba cosa no intentarlo», una expresión más propia de un niño que de un adulto. Merril tiene mucho de niño encerrado en el cuerpo de un hombre. No entiende de contención, ni de prudencia. Hay que ser un adulto con la sensibilidad de un niño para sobrevivir a los extraterrestres de *Señales* y como hemos visto, y como veremos, a casi todos los obstáculos que Shyamalan plantea en sus películas.

Poco antes de que la invasión extraterrestre se convierta en un verdadero problema, la familia Hess decide acercarse al pueblo, a tomar un poco el aire para relajar tensiones. Justo antes de que se informe por la televisión de que el objetivo de los *crop circles* podría ser que fueran vistos desde el aire, a modo de balizas para orientar las naves en un mapa, Shyamalan nos adelanta que en efecto, ésa es la finalidad de los círculos insertando un plano aéreo cenital del coche de los Hess penetrando en un área urbana, contemplando las distribución de las casas y jardines, el movimiento de los coches y en suma, proyectando un mapa sobre el que tendrá lugar *la batalla*.

En poco más de media hora, en el minuto 37, la invasión alienígena es una realidad indiscutible. Graham ha contemplado parcialmente a un extraterrestre en el maizal de su propiedad y Morgan ya tiene bastante claro qué es lo que está sucediendo. Es entonces cuando Ray Reddy (M. Night Shyamalan) llama por teléfono a los Hess de forma mecánica, sin saber exactamente lo que está haciendo. Graham acude a su casa.

Ray está a punto de marcharse y avisa a Graham de que ha atrapado a un alienígena en su despensa. La escena en la despensa de Reddy es una de esas razones por las que Shyamalan es un perfecto cineasta con un cuidado sentido del ritmo, con un conocimiento exhaustivo del montaje y con una precisa noción del suspense. Graham observa que hay algo detrás de la puerta y utiliza la hoja de un cuchillo para tratar de ver qué se oculta al otro lado (de nuevo un excelente uso de los elementos cotidianos). Una vez el intento no resulta como esperaba, Graham hace el amago de salir de la casa, de olvidarse de todo. Pero de pronto se detiene, y repite todo el proceso pero está vez, de forma mucho más rápida y es entonces cuando asoma una amenazante mano extraterrestre.

A partir de este momento, todo parece estar bastante claro, de modo que la familia Hess (no sin una polémica votación), decide atrincherase en casa y hacer frente a la amenaza como buenamente pueda. Por fortuna, los extraterrestres de *Señales* han dejado los rayos desmaterializadores para mejor ocasión y su hipotética fuerza superior carece de importancia para lo que aquí se nos quiere narrar. Una puerta cerrada, una par de maderos clavados con rudimentarios clavos sirven de barricada lo suficientemente sólida como para, al menos, ralentizar el avance alienígena. A Shyamalan no le interesa la verosimilitud de una puerta cerrada frente a una amenaza extraterrestre, prefiere jugar con la situación que él mismo ha creado, haciendo oídos sordos a, como diría Alfred Hitchcock, «mis amigos los de la verosimilitud». Cada película crea su propio universo y en el de *Señales*, no cabe discutir si un extraterrestre podría derribar o no una puerta, porque esa no es la cuestión. Ni siquiera debería desviar la atención.

Tras una noche de pesadilla donde Shyamalan disfruta jugando a la claustrofobia de un escenario que se presta a ello, la situación no puede ser peor. Sin armas, con Morgan debilitado tras un ataque de asma y sin saber qué ha pasado durante la noche. ¿Están vivos o se encuentran en alguna especie de limbo previo a una abdución extraterrestre? Una pequeña radio parece abrir una puerta a la esperanza: por lo visto, la mayoría de los extraterrestres han huido. Alguien ha encontrado algo con lo que vencerlos.

No sin tomar medidas preliminares y ciertamente precarias —o mejor, comunes, tales como asomarse al comedor a ver si hay algún *bicho*—, la familia Hess decide abandonar el sótano. Una vez en el salón, y cuando se va a colocar la televisión en su sitio, vemos de súbito, a través de la pantalla en negro, apagada (como sucedía en la presentación de Elijah Price en *El protegido*, resulta curioso que ambos *villanos*, sean presentados por Shyamalan a través de la pantalla negra tizón de un televisor apagado) a un extraterrestre que sostiene a Morgan entre sus brazos.

De este modo, *Señales* llega a su segundo clímax (tras los tres de *El sexto sentido* y los dos de *El protegido*). Un extraterrestre ha cogido a Morgan y la situación se tensa en la casa de los Hess. Nadie sabe exactamente qué hacer aunque el motivo de amenaza por parte del *alien* sobre Morgan es claro. En este momento, *Señales* entra en uno de los momentos más polémicos cuando no abiertamente criticados. Graham rememora, a modo de final sorprendente (atentos a la planificación, la música, el montaje...) el accidente de su esposa y recuerda sus últimas palabras: «dile a Merrill, que batee fuerte». Ante lo desesperado de la situación, Graham decide que tal vez ésas palabras no fueran tan sólo fruto de un desorden neuronal provocado por el accidente de tráfico, tal vez sea algo más, tal vez, y sólo tal vez, podría tratarse de una *señal*, de un indicativo que le podría guiar hacía una salida frente a la desesperada situación en la que se ven inmersos los Hess. Como hemos visto, los extraterrestres de *Señales* no han hecho en ningún momento un ejercicio hostilidad física directa, tal vez sea porque estos aliens, no son nadie en el cuerpo a cuerpo, puede que no tenga reflejos suficientes, o simplemente, que ni sepan lo que es eso de enfrentarse cuerpo a cuerpo a otro individuo. Tal vez, y sólo tal vez, un enfrentamiento cuerpo a cuerpo con un extraterrestre sería pan comido, sobre todo frente a un humano fuerte que como Merril era un bateador de extraordinaria brutalidad. Dicho y hecho, «Merril, batea fuerte» le dice Graham a su hermano, y éste, sin entender demasiado las razones, coge su bate y allá que se lanza a batear el cráneo interestelar del *alien* venido de otro mundo. En ese momento descubrimos el verdadero final sorprendente de la cinta, que todo tiene un porqué, y que con los elementos adecuados y las decisiones acertadas, el final feliz es una realidad posible; los vasos de agua de Bo, resultan ser armas de destrucción masiva al ser derramados sobre el cuerpo de los extraterrestres, y el asma de Morgan, cierra sus conductos respiratorios para evitar el paso del gas venenoso del *alien*. Pero además la escena lanza por la ventana deliberadamente cualquier atisbo de verosimilitud en su resolución; partiendo de lo asombroso de su punto de partida, nada hace sospechar que Shyamalan estuviera pensando en una situación real, es más, da la impresión de que se trate casi de una danza, de una coreografía de elementos que se mueven casi de forma rítmica, formidablemente acompasados por la —excelente— banda sonora de James Newton Howard, pero que nada tiene que ver con la verosimilitud de una hipotética escena real. Da la impresión de que en esta escena Shyamalan estuviera moldeando más que a seres humanos, a modelos cercanos a la mitología componiendo una especie de ballet cósmico, trascendental en el reducido y humilde salón de la casa de los Hess. Apenas hay acción física directa y sí en cambio lances y mítica costumbrista. En suma, una metáfora, como en el fondo lo es todo *Señales*.

5. Como es bien sabido, el cine de ciencia ficción tiene su origen oficial fuera de Hollywood, en Francia, por gentileza del genial ilusionista galo George Méliès (1861-1938). Pero la popularidad del género recae por entero en los Estados Unidos y más aún si hablamos de su variante, *invasión extraterrestre*. A nadie se le escapa a estas alturas el amplio elenco de películas de invasiones extraterrestres que durante la década de los 40 y 50 literalmente invadió buena parte de las producciones de los estudios de Hollywood. Fue una época insólita que buscaba responder a una serie de factores bien diversos: por un lado el miedo nuclear que a su vez venía provocado por la amenaza que supuso la Guerra Fría, lo que a su vez degeneró en una fiebre de avistamientos de platillos volantes que en no pocas ocasiones supuso una cortina de humo de la también fiebre, en este caso bélica, que invadió Estados Unidos y la por entonces Unión Soviética. En definitiva, el público norteamericano de aquella década estaba a punto de caramelo para el ejecutivo de Hollywood que antes se diera cuenta de qué es lo que quería ver aquella masa histérica de febriles espectadores.

Las películas de invasiones extraterrestres pronto se perfilaron como una de las más exitosas de Hollywood y no se tardó demasiado en dibujar un perfil común, una especie de modelo que configuró una serie de clichés que no podían faltar en toda película de invasión extraterrestre que se preciara a partir de entonces. Películas tan ilustres como *The Flying Saucers* (Mikel Conrad, 1950), *Destino a la Luna* (*Destination Moon*; Irving Pichel, 1950), *El enigma... de otro mundo* (*The Thing... From Another World*; Christian Nyby, 1951), *The Man from Planet X* (Edgar G. Ulmer; 1951), *Ultimatum a la tierra* (*The day the Earth Stoll Still;* Robert Wise 1951), *Cuando los mundos chocan* (*When Worlds Collide*; Rudolph Mate, 1951) o *Flight to Mars* (Lesley Selander, 1951), *La guerra de los mundos* (*War of the Worlds*; Byron Haskin, 1953) o *La invasión de los ladrones de cuerpos* (*Invasion of the Body Snatchers*; Don Siegel, 1956), crearon el grueso de una época que ha pasado a la historia del cine, entre otras razones, por su particular vinculación con la situación socio-político-cultural que por aquellos años atenazó a los Estados Unidos y de paso, a buena parte del mundo occidental.

Como todo género o variante genérica, el cine de invasiones extraterrestres dejó de tener demasiado sentido cuando la Guerra Fría llegó a su fin (aunque el género en sí mismo se agotara mucho antes). Pero lo cierto es que no dejaba de dar la impresión de que sin una amenaza real que planeara sobre el futuro del hombre ver una invasión extraterrestre en una sala de cine no tenía demasiado sentido. A partir de este momento, el cine de invasiones extraterrestres nunca fue el mismo. Ya no había un referente real lo suficientemente globalizado como para trasladarlo como metáfora alienígena a la pantalla. Si bien es cierto que el terrorismo internacional desde el 11-S ha preocupado y sigue preocupando a una buena porción del planeta, el binomio terrorismo-extraterrestres, se ha quedado en mera anécdota, en una propuesta con posibilidades que no se ha querido explotar demasiado, más allá de *La guerra de los mundos* (*War of the Worlds*; Steven Spielberg, 2005), tal vez el film que más y mejor ahonda en ese matrimonio entre realidad (terrorismo) y fantasía (extraterrestres). En cualquier caso, y aunque el tema sin duda merecería mucho más detenimiento, a grandes rasgos parece claro que hoy el público prefiere miedos más reales, aunque en última instancia muchos se terminen presentando de formas tan maniqueas que resulten tanto o más increíbles que aquellas películas en las que un *alien* verde de cartón piedra amenazaba con invadir la Tierra.

En cualquier caso lo cierto es que el cine de invasiones extraterrestres nunca volvería a ser el mismo después de sus gloriosos años 40 y 50. Exceptuando *Encuentros en la tercera fase* y en cierto sentido también *E.T.*, ambas de Steven Spielberg, cuyo contenido reinventaba el tópico del *alien* convirtiéndolo en un ser piadoso casi mesiánico, el cine de invasiones giró en torno, básicamente, a la mecánica de la mirada atrás, en el intento una y otra vez de recuperar la esencia de los años dorados del género. Nunca se llegó a conseguir. Roland Emmerich y su atronador éxito *Independence Day* (1996) consiguió espolear cierto resurgir, pero lo cierto es que el tímido movimiento de invasiones de finales de los noventa poco o nada tenía que ver con aquel cine de los 50, probablemente porque este nuevo cine de extraterrestres carecía de un referente real, de un miedo palpable en la sociedad occidental que se pudiera metamorfosear en un platillo volante. Así desde luego, lo debió interpretar Tim Burton, quizá uno de los pocos cineastas norteamericanos que entendió que los extraterrestres estaban jugando como fichas en un tablero ajeno, de modo que pudo poner en marcha su descacharrante *Mars Attack!* (1996), de nuevo, una película con la mirada puesta en la época clásica, pero esta vez con respeto, admiración y mucho humor, que en el fondo, era lo que tocaba.

En este sentido, *Señales* también es una película que ponía su punto de referencia en los clásicos, o mejor aún, en el clásicos de entre los clásicos, la novela de H. G. Wells *La guerra de los mundos*. En realidad nada nuevo. Casi todas las películas de invasiones extraterrestres contemporáneas —excluyendo algunas contadas excepciones—, parten de la obra de Wells. Ahora bien, la principal —y afortunada— diferencia entre la inmensa mayoría de invasiones extraterrestres que Hollywood ha puesto en pantalla en los últimos años y el largometraje de Shyamalan es que mientras el resto de películas suelen adaptar los elementos propios de la ciencia ficción clásica pero sin comprenderlos, es decir, convirtiéndolos en barracas de feria que en la mayoría de los casos, comparten más elementos de forma que de contenido. En *Señales* no hay ciudades arrasadas aunque sí se sostiene el temor por una amenaza a nivel planetario, sí que están las luces en el cielo y la psicosis colectiva, las inquietantes emisiones de, en este caso, la televisión. En el fondo, poco o nada había de esto en una película como *Independence Day* por ejemplo, y sí mucho afán por el destrozo, el ruido y el espectáculo pueril.

En este sentido, *Señales* está más cerca de *Mars Attack!!* o incluso de la simpática y ciertamente anacrónica *Invasores de Marte* (*Invaders form Mars*; Tobe Hooper, 1986) en tanto que reutilizan las herramientas clásicas sin alterarlas, en su esencia, aunque las intenciones de ambas películas resulten radicalmente opuestas. Mientras la película de Burton propone la detonación de los clichés del cine de ciencia ficción *desde dentro*, sin interferir en sus objetivos, la película de Shyamalan respeta los estereotipos para servirse de ellos, de hecho, para hacer un uso muy habitual de ellos, el de la metáfora religiosa. Es en este punto donde *Señales* enlaza con, por ejemplo, la citada *Invasores de Marte*. Como en *Señales*, en el film de Hooper, los extraterrestres no son la personificación de una esperanza celestial al estilo de *E.T.*, aquí se trata de seres hostiles, aunque en el caso del film de Shyamalan la esperanza se encuentre en otro sitio mucho menos extraordinario, en lo cotidiano. Los extraterrestres de *Señales* son meros detonantes, en realidad —y aquí reside uno de los puntos que distancia a *Señales* de otras películas similares—, no son más que un *MacGuffin*, una excusa que encienda un drama interior en los personajes que en un fin en sí mismos.

Como viene siendo habitual en el cine de Shyamalan, *Señales* parte de una de serie de formas fantásticas muy reconocibles para el espectador, como son los *corp circles*. Una apuesta que de entrada, todo hay que admitirlo, resulta ciertamente interesante. Hasta la fecha no se había hecho ninguna película de trascendencia comercial sobre los *corp circles*. Esto permitía además a M. Night Shyamalan jugar a su gusto con los estereotipos del cine de ciencia ficción y de terror. Películas como *La invasión de los ladrones de cuerpos*, *La noche de los muertos vivientes*, *Los pájaros* (*The Birds*; Alfred Hitchcock, 1963) y muy especialmente la novela de H.G. Welles *La guerra de los mundos*, fueron puntos de partida fundamentales esgrimidos al gusto de su principal responsable.

Desde que empieza la película el público se siente cómodo con lo que está viendo. En efecto, estamos en una película de extraterrestres, de invasión extraterrestre para más señas. Todos los acontecimientos que se van sucediendo a lo largo de *Señales* son perfectamente reconocibles, desde los mencionados *corp circles* hasta las luces en el cielo que vemos por televisión, los ruidos en el exterior de la casa o las extremidades de los *aliens*, todo encaja bastante bien con lo que el público podría esperar de una película de invasiones extraterrestres. Sin embargo, *Señales* empieza a complicarse un poco cuando todos los iconos que Shyamalan nos ha expuesto a lo largo de film no son plenamente desarrollados, o al menos, no son desarrollados tal y como el público habría esperado. No hay ataques a gran escala, ni destrucciones masivas, ni autopsias a alienigenas, ni multitudes tratando de abandonar las grandes ciudades. En esencia, *Señales* es una invasión extrarrestre en *off*, fuera de campo y esto es así hasta tal punto que de hecho, prácticamente nada estrictamente extraordinario llega a suceder delante de la cámara. Aproximadamente todo lo que hemos visto hasta la mitad de la película no son más que apuntes, balizas que sugieren una dirección. Pero los códigos, los significados con los que el gran público se siente cómodo no van más allá.

A partir de determinado momento, *Señales* aborda otros derroteros. Todos los códigos que se nos habían expuesto hasta el momento, es decir, ovnis, luces, extraterrestres, ruidos y demás, no eran más que la epidermis de la cuestión fundamental que en mi opinión, es lo que verdaderamente preocupa a Shyamalan en *Señales*. De hecho, ya desde la primera mitad de la película vemos cómo lo cotidiano asume en la película un papel mucho más importante que en sus anteriores largometrajes hasta el punto de que no sería hasta *La joven del agua*, cuatro años después, cuando lo mundano llegaría a desempeñar un papel tan decisivo en una trama de un film de M. Night Shyamalan. Walkie-Talkies para vigilar a los bebés, papel de aluminio, vasos de agua, aparatos de televisión, radios, bates de *baseball*... Es decir, todos elementos cotidianos que no faltarían en cualquier hogar, sobre todo en un hogar norteamericano, pero que llegado cierto momento se convertirán en elementos fundamentales para el desarrollo y resolución de la trama. Los Walkie-Talkies alertarán a los Hess de la llegada de los extraterrestres, el papel de aluminio impedirá que los invasores puedan leer sus mentes, los vasos de agua se revelarán un arma mortal contra los aliens, la radio y especialmente la televisión, les permitirá contemplar qué está sucediendo en el mundo para ofrecer una visión a escala global de la invasión y el bate de *baseball* terminará por convertirse en un arma de precisión imprescindible que no obstante, deberá ser hábilmente utilizada como el florete a manos de un maestro de esgrima.

En muchos sentidos, *Señales* podría muy bien haberse titulado *lo cotidiano trascendental* y en este sentido, la película de Night es un film absolutamente *shyamalaniano*. El código más reconocible para el público que asiste al cine a ver una película es lo cotidiano, lo que ve todos los días y Shyamalan lo sabe. Por esto siembra sus películas, y en especial *Señales*, de aquello que podemos reconocer con suma facilidad para, súbitamente, subvertirlo y dotarlo de un nuevo significado. *Señales* nos habla de una incertidumbre de carácter religioso que en el fondo acoge un problema de verdadero equilibrio entre lo físico y lo intangible. De igual forma que los objetos en el cine expresionista alemán sugerían una realidad más allá de su mera presencia a través de sus apariencias informes, Shyamalan nos dice en *Señales* que en efecto, bajo la simple apariencia de la realidad cotidiana se esconde un doble fondo de naturaleza extraordinaria que en ocasiones somos incapaces de imaginar. Del mismo modo que Elijah Price en *El protegido* le decía a David Dunn que en estos tiempos mediocres a la gente le resulta difícil entender que pueda existir algo extraordinario en su interior, esa misma fórmula puede aplicarse a los objetos, al conjunto de la realidad del día a día.

Señales no nos habla tanto de que todo esté escrito, lo que, a mi modo de ver, es una forma de simplificar la propuesta del film. *Señales* en realidad nos habla del equilibrio entre lo que vemos y lo que somos incapaces de ver pero que paradójicamente, y a juicio de Shyamalan, rige nuestra vida de una forma mucho más crucial de lo que podamos imaginar. La realidad está íntimamente ligada a lo extraordinario, nos dice Shyamalan en *Señales*. No se trata de dos mundos separados a través de un árbol que sirve de portal de entrada como sucedía en *El laberinto del fauno* (Guillermo Del Toro, 2006), si no de dos realidades fundidas que cohabitan en un mismo espacio.

De hecho, el obligado final sorprendente en *Señales* es tal vez el más dramático, frente a los *twist* que cerraban películas como *El sexto sentido* o *El protegido*. El final de *Señales* no alude tanto a una cuestión narrativa, es decir, al devenir de los acontecimientos. En mi opinión no se trata tanto que para Shyamalan todo esté escrito y por tanto, no tengamos libertad de elección. Al contrario, somos completamente libres de aprehender lo que nuestra vida nos ofrece y gozamos de idéntica libertad para poder rechazar sus lecciones. Lo verdaderamente extraordinario en *Señales* es que Graham Hess sepa asimilar el conocimiento que las últimas palabras de su moribunda mujer le proporcionan. No se trata tanto de que todo tenga un destino fijado, como que todo tiene una razón de ser que conforma un mosaico que en última instancia, es lo que configura ese equilibrio trascendental que da cohesión a nuestra vida.

Por esto en *Señales* los objetos cotidianos cobran tanta importancia, porque todo, absolutamente todo, tiene su papel en el equilibrio del universo. La cuestión es saber utilizar la sabiduría que nuestra vida, hasta la más aburrida, nos proporciona. Cuando en mitad del metraje de la película, la invasión extraterrestre empieza a convertirse en una evidencia, Graham sugiere sin saberlo un consejo fundamental: «tratemos de centrar nuestra atención en cosas cotidianas», una forma de escapismo al problema que se les avecina, que como otras cuestiones de aparente banalidad, se tornará la verdadera llave para resolver el entuerto.

A estas alturas, como sucedía también en *Los primeros amigos*, uno muy bien podría preguntarse si *Señales* es un film religioso. Recordémoslo, M. Night Shyamalan no es una persona religiosa, aunque sí espiritual. El matiz requiere su parcela de atención, tanto o más en una película como *Señales*. En el film de Night todo parece girar en torno a la caída en picado de la fe de Graham. De hecho, la película termina con la fe del personaje reestablecida, con plena conciencia de que existe un Dios que guía nuestros caminos. Sin embargo, aunque eso pueda ser la cuestión más obvia del film, sospecho que las preocupaciones de Shyamalan son algo más complejas que una simple retahíla de tipos de gente que creen o no creen en milagros.

Hay un detalle capital en *Señales* que pone de manifiesto la intención *trascendente* de la película y descarta definitivamente cuestiones más o menos religiosas. La creencia en Dios, a lo largo de toda la película parece ser el eje central que domina todo el relato aunque bien es cierto que como apuntó Antonio José Navarro[35], nunca se menciona explícitamente a Cristo. De hecho, al comienzo de la película, podemos observar como cuando Graham sale del baño, en la pared hay una sombra de una cruz, rastro inequívoco de un crucifijo que ha pasado allí mucho tiempo. Sin embargo, al final de la película, cuando Graham ha recuperado la fe, volvemos a la misma ubicación, el personaje vuelve a salir del baño, junto a la misma pared en la que había un rastro de un cruz, pero esta vez, aunque a un nivel dramático, Graham ha recuperado la fe, lo cierto es que el crucifijo no ha vuelto a su lugar original. ¿Por qué?

No es la búsqueda de Dios lo que le preocupaba a Shyamalan, aunque situara en el centro del relato a un padre en una profunda crisis de fe. Eso no es más que una metáfora, de lo que a juicio de Shyamalan, domina estos tiempos de anarquía espiritual. Ya no se cree en nada. Nada tiene valor a menos que se pueda tocar o medir. Si el mañana no existe, ¿qué se puede llegar a decir de aquello que no podemos ver y que sólo podemos llegar a sentir bajo un complejo influjo de serenidad y sensibilidad trascendental?

6. Fue José María Latorre que afirmó que en *Señales*, «los movimientos de cámara están tan integrados en la narración que son casi imperceptibles»[36]. Después de ese *tour de force* visual que supuso *El protegido*, *Señales* es una película visualmente mucho

---

[35] Navarro, Antonio José. «El fantástico trascendental» en *Dirigido por...* n.º 337 p. 57.

[36] Latorre, José María. «Una invasión extraterrestre» en *Dirigido por...* n.º 335, p. 77.

más comedida, aunque eso no implique ni de lejos, que el film pierda enteros, en absoluto. De hecho, el refinamiento de Shyamalan en *Señales* es patente desde el primer al último plano. El film se abre con una imagen del campo de los Hess, que tras un leve travelling se ve sutilmente *alterada* cuando advertimos que entre la cámara y el exterior hay un cristal, que trastoca lo que estamos viendo, como anticipando que esa apacible paz que parece reinar en el entorno de los Hess nos es más que una apariencia, tal vez un filtro que no percibimos y que no nos deja ver la realidad en su completa esencia. De hecho, la película se cerrará con el mismo plano, aunque esta vez sin cristal que distorsione lo que estamos viendo, sin filtros que nos interpreten la realidad porque en efecto, ahora sí, todo es tan plácido como parece. A continuación, un leve movimiento circular nos devolverá a Graham al centro del plano, ya vestido como sacerdote y como al inicio del film, la voz de sus hijos jugando (un sonido), nos confirmará que todo vuelve a su lugar correcto, o al menos, a su punto de partida, aquel que sólo suponíamos había sembrado la vida de los Hess antes del accidente de la mujer de Graham.

Como hemos visto en numerosas ocasiones la sugerencia se esgrime en *Señales* como el verdadero *leit motiv* narrativo de la película. Todo está apuntado. Ni si quiera el clímax final, punto álgido del largometraje, está filmado por Shyamalan en todo el esplendor visual que en principio podría brindar una escena como esta que en todo caso, está limitada por cuatro únicos personajes principales. Al contrario, Shyamalan prefiere filmar al extraterrestre a través de los numeroso (y decisivos) vasos de agua, o reflejado a través del negro cristal de la televisión apagada. Este mandamiento de oro de Night consigue que a lo largo de todo el film la presencia de los extraterrestres se intuya más que se constate. Un poco como hizo Terence Fisher con sus películas sobre Drácula, el peso de los extraterrestres están continuamente planeando sobre la familia Hess, aunque estos apenas si aparecen en pantalla. Cuando vemos fugazmente una extremidad o los contemplamos distorsionados a través de una cámara casera, no son más que instrumentos que fortalecen esa creación de presión atmosférica sobre el relato y que Shyamalan demuestra manejar con notable habilidad aun cuando han pasado más de veinte años de la que se supone es una de las madres de la sugerencia y los monstruos modernos, *Alien*. En *Señales* los planos duran lo que deben durar, ni un segundo más o menos. Las escenas están montadas de forma desconcertantemente ejemplar, nada parece chirriar en el conjunto visual, todo parece congeniar con verdadero equilibrio y en conjunto, si somos un poco honestos, resulta muy complicado reprocharle nada narrativamente hablando a *Señales*.

Pero para que todo lo anterior funcionara, Shyamalan construyó para *Señales* una verdadera sinfonía de sonidos, auténtica piedra angular del suspense. Night ya dio estupendas muestras de su capacidad para manejar el poder de sugerencia y de perturbación del sonido en aquella escena de *El sexto sentido* en la que Malcom escuchaba a través de una grabación como Vincent parecía hablar con un fantasma. En aquel momento, que puede verse como un preludio sonoro de lo que vendría a ser más tarde *Señales*, M. Night Shyamalan consiguió abstraer al público hasta el punto de que éste pudiera estar *viendo* la escena que, en realidad, sólo estábamos escuchando. Lo mismo, pero a gran escala, sucede en *Señales*. Casi todo lo que *vemos* es en realidad fruto de un extraordinario uso del sonido. Los golpes, los pasos, los ruidos, los gemidos... todo forma parte de ese mosaico audiovisual que supone *Señales*. El propio Shyamalan reconocía la capital importancia del sonido en *Señales*, cuando afirmó que «mientras escribía el guión tenía muy en cuenta que el sonido iba a jugar un papel fundamental en esta película, porque no se ve nada sobrenatural durante todo el film y entonces esa presencia tenía que ser representada por el sonido, de la misma manera que *El exorcista* usa el sonido como elemento narrativo»[37].

[37] Lerman, Gabriel. «Entrevista a M. Night Shyamalan» en *Imágenes de actualidad* n.º 217 p. 91.

Tanto la cuestión sonora como la de puesta en escena en *Señales* resulta capital en tanto se trata de una invasión extraterrestre en *off*, planteada desde el escrupuloso punto de vista de una familia a las afueras de Filadelfia. Por esta razón la cuestión del punto de vista es tan importante en la obra de Shyamalan en general, como en *Señales* en particular. Como hemos apuntado antes, la película de Night da comienzo con un sonido, un grito que despierta a Graham, la primera llamada de alerta al personaje principal y motor del relato que arrastrará consigo a los espectadores que serán guiados por sus intrigas, sospechas y dudas. La cámara de Shyamalan no se separará ni un momento del punto de vista de Graham, obligando al público a enfrentarse a sus dudas, sus equivocaciones y sus evidencias. En *Señales* vemos como si el mejor film de Alfred Hitchcock se tratase, punto por punto lo que ve y lo que oye Graham. Por esto el film está montado con tanta precisión y por esto también, su banda de sonido está tan cuidada.

EL BOSQUE

«Aquellos de los que no hablamos»

1. *Señales* dejó bastante tranquila a mucha gente, empezando por el propio Shyamalan que vio como una película suya resultaba sobradamente rentable, y todo sin renegar de ninguna de sus constantes y ninguno de sus intereses personales. La película recaudó unos 600 millones de dólares en todo el mundo convirtiéndose en el segundo largometraje más taquillero de la filmografía de Night tras, no podía ser de otro modo, *El sexto sentido*. Shyamalan pudo volver a sentarse frente al ordenador con la sensación del trabajo bien hecho, por más que la crítica ya empezara a polarizarse de manera más que evidente entre los que aman y odian las películas del director de *El protegido*. Por aquel entonces, Night ya contaba con el hecho de que cada película suya conllevaría su habitual retahíla de malas críticas, algunas de ellas, muy dolorosas.

Como hemos visto con *Señales*, Shyamalan llevó hasta sus últimos extremos una serie de elementos eminentemente *shyamalanianos*, sobre todo partiendo de esa cuestión nuclear que es la *realidad trascendental*, de cómo lo banal puede tener un poso trascendental dentro de nuestro devenir existencial. Con *El bosque*, la posición de Shyamalan con respecto a la historia varió sensiblemente, en tanto que centró el tono de su discurso en un elemento que, hasta el momento, había sido indisociable a la obra de Shyamalan, pero que lo había hecho desde una postura presupuesta, dada por sabida: la inocencia. De hecho, y sabiendo lo que iba venir después, no sería extravagante entender *El bosque* como una especie de premeditado prólogo necesario para digerir la que sería su siguiente y arriesgadísima película, *La joven del agua*. Es decir, hasta *El bosque*, las películas de Shyamalan habían contado con la *inocencia* como los pulmones cuentan con el oxígeno; nadie se paraba a pensar en ello, pero resultaba algo fundamental para que las películas de Night funcionaran.

De este modo *El bosque* resulta una atinada mirada al mundo de la inocencia, pero con una conciencia interna lo suficientemente coherente como para comprender que la inocencia no es sinónimo de ausencia de mal. Los polos opuestos se atraen hasta que se tocan el uno al otro. M. Night Shyamalan demostró que esto es así no porque la inocencia sea algo que surja del ser humano en un proceso parecido al de la generación espontánea, sino porque la inocencia, como la maldad, hay que construirla, en tanto que hay que ejercitarla. Llevamos dentro la semilla del bien y del mal, es cierto, pero hay que estimularla para que florezca o mejor, para que se desarrolle una cosa u otra. A veces no sabemos muy bien por qué, pero el caso es que el mal brota en nuestro interior en forma de ira, envidia u orgullo. También ocurre con el bien, claro, pero como digo, ambos conceptos son una cuestión nuclear, constitutiva del ser humano de la que no podemos escapar. El profesor Edward Walker (William Hurt) pensó que sí podría extirpar la semilla del mal del hombre sin percatarse de que el bien y el mal comparten el mismo espacio.

Pero *El bosque* también supone un importante cambio en la estructura habitual de las películas de Shyamalan desde *El sexto sentido*, en tanto que el final de sus largometrajes solían obligar al público a hacer una relectura de lo que habían visto hasta el momento. No eran pocos los que le preguntaban a Shyamalan si escribía sus guiones imponiéndose un final sorpresa. El director de *El protegido* siempre ha negado esta predeterminación a la hora de escribir y en cierto sentido, *El bosque* corroboró cómo su *final sorpresa* no obligaba tanto a hacer una relectura del film —que también—, como a replantearse nuevos derroteros en el futuro. El enigma del consabido *twist* final se va desvelando poco a poco, es cierto, pero el *quid* de la cuestión fundamental que definía hasta ese momento *El bosque* como película de terror se evapora más o menos a la mitad del metraje. Buena parte del público se quedó huérfano en ese punto de *El bosque* e incluso algunos críticos que siguen con atención la obra de Night apuntaron que el film perdía enteros en el momento que Ivy (Bryce Dallas Howard) se introducía en el bosque sabedora de que la amenaza de *aquellos de los que no hablamos* era un fraude.

Y es que *El bosque* era una película muy complicada de vender si uno quería ser honesto, algo que según tengo oído, no abunda por Hollywood. El estudio no se lo pensó dos veces, y vio, al menos en la primera mitad del film, el material idóneo para vender una intrigante cinta de terror ancestral. Obviamente, nadie se preocupó demasiado del ánimo con el que buena parte del público abandonaría las salas de todo el mundo en las que se exhibía *El bosque*. Pocos se han parado a reflexionar sobre este punto y el mismo M. Night Shyamalan no parece haberse dado por enterado de ese sentimiento de *estafa* con el que algunos terminaron de ver *El bosque*. Ir a ver una película de terror y terminar contemplando una fábula para adultos sin monstruos, *gnomos* o brujas, no era lo pactado, al menos con ese *trailer*. Desde luego, no creo que de esto se le deba culpar a Shyamalan, es más, el director de *El sexto sentido* protagonizó un duro enfrentamiento con algunos ejecutivos de la Disney a quien acusó de vender el film como una película de terror y no como un romance, que es lo que Night quería destacar de la película.

2. Shyamalan asegura que la idea de *El bosque* empezó a fraguarse en su cabeza a partir de un color. Night ya llevaba tiempo dándole vueltas a la idea de hacer una película que por primera vez en su carrera fuera romántica, que contara una historia de amor. Shyamalan no había hecho más que flirtear con el romance en sus anteriores películas y a pesar de haber estado presente, siempre ocupaba un segundo plano. Ahora la idea de Shyamalan era situar el romance en una primera línea y convertirlo en el motor de la historia. Shyamalan tenía un modelo muy claro en su cabeza, *Cumbres borrascosas* de Emelie Brönte (1818-1948). Night quería hacer una película que hablara de la inocencia y para eso el director pensó que nada mejor que situar la historia en el pasado, justo antes de la Revolución Industrial, antes de que Europa diera el pistoletazo de salida y todo se industrializara, se deshumanizara. En mitad de este entresijo de ideas, brotó el concepto del ritual que estaba tan presente sobre todo, en la primera mitad de otras de sus películas de referencia, *King Kong* (Merian C. Cooper y Ernest B. Schoedsack; 1933). La semilla ya estaba plantada, ahora sólo había que regarla.

Cuando Night había terminado el guión, a la Disney le preocupaba que nada más arrancar el film hubiera un plano en el que se veía la mitad de una fecha. La idea era situar al público en un contexto aproximado, pero sin especificar demasiado en el momento exacto en el que se desarrollaba la acción. En Disney creían que esa inexactitud podía desconcertar al público. Shyamalan se tuvo que emplear a fondo para defender su tesis. «Mis películas suelen hablar de elementos sobrenaturales», señaló Night, «y lo sobrenatural se entiende como algo que no es real». Según M. Night Shyamalan no era necesario especificar más la fecha en la que transcurría la acción de *El bosque*[38].

Como es bien sabido, Shyamalan es uno de esos directores que le concede una importancia capital a los *story-board*, un cineasta de la escuela de Spielberg, de los que dibujan la película de principio a fin y cuya elaboración se va haciendo con sumo detalle y en paralelo con el guión. Es un momento crucial de la creación de una película

---

[38] Bamberger, Michael. Op. cit. p. 38.

porque es cuando el film va adquiriendo matices, en ocasiones fundamentales, que pueden inclinar el largometraje hacia la brillantez o la mediocridad. De todos modos, el principal obstáculo al que se enfrentó Shyamalan a la hora de ponerse a filmar *El bosque* era encontrar una extensión de terreno lo suficientemente amplia como para albergar un poblado de las dimensiones previstas. Siempre había algún poste de teléfono, un tendido eléctrico o una estructura contemporánea de cualquier tipo que abortaba la idea.

Finalmente, el *Press Book* de la película apunta que el lugar elegido lo encontraron en Brandywine, un terreno de unas 250 hectáreas sin elementos discordantes para una villa rural del siglo XIX aparentemente ajena a los adelantos del mundo moderno, que por aquel entonces ya empezaba a poner en marcha su maquinaria industrial. Se encontraba en Delaware, dentro del estado de Pensilvania, como siempre en el caso de Night, muy cerca de su apreciada Filadelfia. Unas 300 personas estuvieron trabajando por grupos durante once semanas para la construcción de las veinte estructuras que conforman el pueblo del film. Fueron jornadas intensivas de casi 24 horas sazonadas con un terrible calor que no dio un respiro a los obreros. Pese al realismo del pueblo de *El bosque*, lo cierto es que algunas de las paredes de las casas más complicadas estaban construidas con un molde de yeso. Pero además, como filmar en un interior es siempre una labor complicada para el equipo de rodaje de una película, en algunas casas se construyeron paredes móviles que permitieran al equipo colocar las cámaras y la iluminación en función del ángulo buscado por Shyamalan. Además, el equipo del diseñador de producción, Tom Foden, plantó una vegetación especial precisada para buscar un *efecto ambiente* muy concreto definido por Shyamalan.

Todos los artículos del interior de las casas habían sido reproducidos con suma precisión, incluso algunos eran auténticos utensilios del siglo XIX. De hecho, la comida que parece a lo largo del film, según se asegura en el *Press Book* del largometraje, se hizo a través de medios rudimentarios de la época. El verismo buscado por Shyamalan fue tal que el equipo de producción construyó un establo para acomodar el tipo de animales que aparecen a lo largo del film. Steven McAuliff y su compañía Animal Actors se encargaron de alimentar y cuidar a los animales escogidos. Se investigó qué tipo de animales podrían haber habitado una zona como la expuesta en *El bosque* aunque eso sí, se descartó un único animal por petición expresa de Shyamalan, el caballo. Night consideraba que un caballo es un animal demasiado *libre*, demasiado asociado a la aventura como para estar conviviendo en una comunidad a la que se supone que lo último que debe pasar por su cabeza es coger un caballo veloz y adentrarse en un bosque maldito.

Mientras tanto, a Night se le ocurrió la feliz idea de reunir en una especie de campo de trabajo del siglo XIX a todo el reparto, por eso de crear lazos emocionales entre los intérpretes y de paso, hacerse una idea de lo que era vivir hace más de un siglo en una apartada villa. Fue en una especie de museo al aire libre, un singular campo de trabajo en la Colonial Pensylvania Plantation, donde se reprodujo el estilo de vida de una comunidad en pleno siglo XIX con actores del siglo XXI. El reparto, que sabía de esta ocurrencia antes de firmar su contrato, tuvo la oportunidad de experimentar lo que significaba vivir hace más de cien años, de relacionarse con el ganado, de ordeñar vacas, talar un árbol o hacer queso artesano y claro está, comérselo. Toda una experiencia sin duda y además, se fueron conociendo los unos a los otros y creando de paso ciertos lazos emocionales más allá de los meramente profesionales.

Esta decisión se tomó, claro está, una vez hubo sido elegido el reparto. Shyamalan quería un elenco de prestigio con sólida formación y si era teatral, mejor. Nombres tan ilustres como los de William Hurt y Sigourney Weaver se fueron sumando al reparto. Joaquin Phoenix «ya venía con el guión» afirmó el propio Night, fruto de la amistad que surgió entre ambos en su anterior colaboración en *Señales*. Phoenix y Shyamalan encajaron ciertamente bien desde el principio y el intérprete siempre ha admitido que adora leer los guiones del director de *El sexto sentido*. Pero en lo que al reparto se refiere, dos fueron las sorpresas que dio Shyamalan.

Por un lado la de su protagonista, Bryce Dallas Howard, hija del realizador Ron Howard, con una sólida formación en los escenarios pero con escasa experiencia delante de una cámara. Howard no sólo gustó a Night, lo encandiló cuando la vio en una obra de teatro en Nueva York. Era su Ivy, no cabía ninguna duda. Tras la representación teatral Shyamalan fue a buscarla a los camerinos, le dijo que era el director de *El sexto sentido* y acto seguido la citó para almorzar. Cuando se vieron, Night le entregó el guión de *El bosque* y le dijo que sólo ella podría interpretar un papel tan particular como Ivy, con esa mezcla de inocencia y entusiasmo vital.

El otro nombre inesperado fue el de Adrien Brody, un actor que atravesaba por aquel momento su particular Edad Dorada tras el merecido Oscar que consiguió por su interpretación en *El pianista* (*The Pianist*; Roman Polanski, 2002). Brody andaba buscando un papel completamente diferente a lo que había hecho hasta ese momento, no sabía exactamente qué tipo de personaje quería pero sí que tenía una idea aproximada. Cuando Shyamalan pensó en Adrien se lo comentó, le dijo que sólo era un papel secundario, aunque crucial para la historia, pero conforme hablaba con Brody, Night se fue convenciendo a sí mismo de que un actor que acaba de ganar un Oscar no iba a querer meterse en la piel de un desequilibrado mental que además es un rol secundario en la historia. Shyamalan asegura que abandonó la idea de que Brody aceptara el papel pero lo cierto es que el actor quedó intrigado con lo que le había contado, de modo que le pidió a Shyamalan que le enviara el guión y para sorpresa de todos lo aceptó. Night, en aquel momento pensó; «¡vamos por buen camino!».

El bosque se rodó en exteriores, al aire libre, lo cual es sinónimo de problemas. Entre otras cosas por estar a merced de los caprichos de la meteorología. Y eso fue lo que ocurrió. Según se cuenta en el *Press Book* del film, nada más empezar a rodar la película una tormenta de nieve cubrió el decorado con 35 centímetros de una espesa capa blanca. El estudio se puso nervioso al ver venir un retraso en el plan de rodaje que, como todos los retrasos, incrementaría el coste previsto de la película. Se tanteó incluso la posibilidad de suspender el rodaje y trasladar el equipo a Virginia. Era una medida extrema, que sin duda encarecería la producción pero era una forma desesperada de aprovechar el dinero ya invertido y no echar mano de los seguros que hubieran tenido que ponerse a desembolsar dinero a diestro y siniestro. Y una situación así la evitaría a toda costa un estudio. Afortunadamente la solución vino del mismo problema y cierta noche una tormenta de lluvia se llevó por delante toda la nieve que había caído. La villa era ahora un barrizal de fango por el que los actores y el equipo técnico tenía que desenvolverse con la mayor fluidez posible. Se hizo lo que se pudo y salieron adelante.

Paralelamente M. Night Shyamalan mantenía contactos regulares con los principales miembros del equipo técnico. Por un lado estaba el director de fotografía Roger Deakins, con quien se venía viendo con frecuencia desde tres semanas antes del inicio del rodaje. Shyamalan y Deakins tenían propuestas muy próximas en cuanto a la concepción visual de *El bosque* y ambos compartían la idea de que el film se articularía en función a dos colores, dos gamas de amarillo y lógicamente, el rojo. Por otro lado estaba la diseñadora de vestuario Ann Roth, con la que se acordó la creación de unos trajes que no resultaran demasiado aguerridos y que dieran la impresión de haber sido hechos a mano. Roth quería un vestuario que fuera «una desilusión», en el mejor sentido, que fuera un ropaje que no diera la impresión de que había sido hecho por un sastre consumado. La ropa se hizo partiendo de los elementos de los que podía disponer una comunidad como la de *El bosque*, es decir, lino, lana y algunas telas de algodón. Además el vestuario fue coloreado con tonos apagados, tratando de imitar la creación textil de la época para todos los personajes excepto Ivy, que luce colores más brillantes y vivos en consonancia con su personaje, más vivaz que el resto de los habitantes del poblado. Cada actor disponía básicamente de dos trajes, uno digamos de faena y otro para los días de fiesta.

Roth, mientras se construía la villa, estuvo en Inglaterra, Italia y Los Ángeles documentándose sobre el tipo de vestuario de las colonias del siglo XIX. En un principio se especificó un año en concreto, para orientar a todos los departamentos en un mismo sentido; la fecha elegida fue 1897. El *Press Book* de la película cuenta que entonces se dio la casual circunstancia de que datos sobre el vestuario de ese año en concreto había más bien pocos. Había mucha documentación sobre 1860 a causa de las numerosas guerras civiles, y también sobre 1900 debido a la Revolución Industrial. Pero 1897 era un verdadero limbo documental. De modo que se optó por buscar un término medio entre 1860 y 1900, construyendo su propio vestuario con costureras que trabajaban a toda velocidad para cumplir con las fechas de rodaje especificadas. De este modo, casi todo el vestuario que portan los más de doscientos extras y actores principales que intervienen en el film, fue hecho a mano. Por ejemplo, según el *Press Book* de la película el calzado fue elaborado por zapateros artesanos en Italia.

Y es que una parte fundamental del contexto de la historia, de la recreación realista, eran los propios extras. M. Night Shyamalan dio unas indicaciones muy precisas al encargado de seleccionar a los extras, Dee Dee Rickets: quería personas de entre tres y sesenta y tres años, de ascendencia europea o que al menos lo aparentaran y pidió que se les hiciera una fotografía sin que sonrieran, como eran los retratos de la época. Entre los extras y el reparto protagonista tenía que existir un cierto parecido, para que pudiera ser creíble la idea de que todos han venido del mismo sitio, del Consejo que gobierna la villa. De los doscientos seleccionados, al menos cien eran niños, lo que implica una serie de condiciones legales muy estrictas para la defensa del menor en el cine, entre otras cosas, todos los días debían dedicar unas horas determinadas a sus estudios.

Fue más o menos a estas alturas de la producción cuando surgió un inesperado problema con las criaturas del film, algo muy similar a lo que ocurrió con los extraterrestres de *Señales*. Sobre el papel, la primera idea de las criaturas gustó, pero cuando el director las vio en el set no le terminaban de encajar. Los primeros bocetos en maqueta eran criaturas parecidas a un lobo gigante, peludo, con cierta similitud al licántropo de *Un hombre lobo americano en Londres* (*An American Werewolf in London*; John Landis, 1981), pero mucho más grande y sobre dos patas. En un principio no llevaban capucha alguna y el denso pelaje que los cubría estaba a la vista de todos.

Fue entonces cuando se tomó la decisión de contratar a Crash McGreeny, un reconocido artista responsable de criaturas tan populares como las vistas en *Batman Vuelve* (*Batman Returns*; Tim Burton, 1992), *Parque Jurásico* (*Jurassic Park*; Steven Spielberg, 1993), *El mundo perdido* (*The Lost World: Jurassic Park*; Steven Spielberg, 1997) *Hulk* (Ang Lee, 2003), *Piratas del Caribe. La maldición de la perla negra* (*Pirates of the Caribbean. The Curse of the Black Pearl*, 2003) o *Van Helsing* (Stephen Sommers, 2004). McGreeny se leyó el guión y se reunió con Shyamalan para hablar de los conceptos que tenía en mente. No había demasiado tiempo para hacer pruebas, los costes se iban incrementando y había que tomar decisiones rápidas. McGreeny tuvo la idea de diseñar un monstruo que pudiera construir una persona de aquella aldea es decir, hecho a base de huesos de animales, ramas y añadió el elemento de la caperuza. De este modo, apenas se le veía la cara, el rostro parecía una cabeza de jabalí, lo que provoca que el monstruo tenga algo de Fankenstein, en tanto está hecho de retazos de otros animales y restos de la propia naturaleza. Shyamalan quedó encantado.

El rodaje por lo general transcurrió con bastante tranquilidad, hubo un buen ambiente en el set y los actores se entendieron sin problemas. El único roce surgió entre M. Night Shyamalan y William Hurt. Al protagonista de *Fuego en el cuerpo* (*Body Heat;* Lawrence Kasdan, 1981) le irritaba profundamente el secretismo al que Shyamalan obligó a todo el reparto y equipo técnico, nadie podía revelar ni un solo dato del film más allá de lo estipulado en el contrato. Para Hurt ésta era una medida absurda dado que en su opinión lo sorprendente en una película no era su historia sino cómo está contada. El caso es que Night no dio su brazo a torcer, y éste tira y afloja hizo que la relación entre Shyamalan y Hurt, si bien fue cordial, destapó un pequeño escándalo los días previos al estreno de *El bosque.*

Cuando llegó el momento de la postproducción, Shyamalan puso un especial interés en el sonido, uno de los elementos claves en todas las películas del director. El bosque es en parte una historia narrada desde el punto de vista de una joven que es ciega, por lo que los sonidos fueron todavía más complejos y elaborados si cabe que en *Señales.* Conforme avanza el metraje de *El bosque,* el sonido se va intensificando y por tanto su creación fue particularmente ardua.

Una vez más, James Newton Howard compuso la banda sonora de la película, una música que la crítica en general reconoció como una de las mejores del año y que para algunos, es la mejor que ha compuesto Howard para Shyamalan. Desde luego, no fue ajena a este éxito musical la jovencísima violinista Hilary Hahn, una chica de 24 años con un extraordinario currículo a sus espaldas a quien se le otorgó el primer —y decisivo— violín de la orquesta y que según el propio Howard, terminó por definir determinados aspectos del conjunto final de la música.

La película terminó costando unos 60 millones de dólares. Se estrenó en más de 3.700 salas y en su primer fin de semana recaudó aproximadamente el dinero invertido para su producción. Buena señal. *El bosque* terminó amasando más de 114 millones de dólares, sólo en Estados Unidos y 142 millones y medio más en todo el mundo. En total, más de 256 millones de dólares. Un éxito. Lejos de las cifras de *El sexto sentido* (menos de la mitad) y también a cierta distancia de la recaudación de *Señales* (150 millones más). El dinero se había recuperado, pero nadie estaba demasiado entusiasmado con estas cifras. En Disney empezaban a pensar que la estrella Shyamalan ya no tenía vuelta atrás en su constante y aparente decadencia.

3. Como hemos repetido en varias ocasiones, la inocencia y la ingenuidad son algunas de las armas más importantes de las que un personaje de un film de Shyamalan debe hacer uso si quiere salir bien parado del entuerto en el que se vea inmerso. Esa edad en la que parece que no existen las consecuencias, donde todo parece estar ahí para nuestro deleite, para saciar nuestra curiosidad, donde nada implica dolor, es el caldo de cultivo del universo shyamalaniano, el punto de partida hacia lo extraordinario. Al fin y al cabo, son los niños los únicos que pueden ver una encarnizada lucha entre un mamut prehistórico y un hombre de las cavernas en el filete de carne que a disgusto tienen sobre la mesa. Sólo los niños. O dicho de otro modo, sólo los niños parecen ser capaces de reinventar la realidad sin que esto suponga una traición a la misma.

La niñez es por tanto un momento de evocación paradisíaca, como cuando Adán y Eva disfrutaban del Paraíso, sin percatarse de la existencia del árbol del Bien y del Mal, de igual modo que nada parece afligir el día a día de la comunidad protagonista de *El bosque.* Ataviados con ropajes propios del siglo XIX y siguiendo las costumbres de la época, los habitante s de esta villa viven ajenos a los males del mundo, o mejor aún, viven felices en un mundo que no entienden como malo, al menos en su concepción de partida. La existencia de esta villa tiene mucho de paraíso bíblico donde incluso hay un árbol del bien y el mal con la espesa forma del bosque de Covington.

En esta insólita tesitura, el profesor Edward Walker, tiene mucho de posición divina, de todopoderoso frente a un senado de seguidores que extirpan de un plumazo el derecho y la necesidad del ser humano de ser libre. Lo que ocurre es que esa libertad no es algo que se pueda poner o quitar como un postizo, la Historia nos ha enseñado que la libertad del ser humano es algo constitutivo con lo que nacemos. Pero además, el profesor Walker y su séquito de seguidores han pasado también por alto que si la libertad es una condición *sine qua non* para que pueda haber una vida plena, el mal no está menos arraigado a la condición humana. En el fondo, el profesor Walker sólo pretende proteger a los suyos a través de un gesto exagerado de algo que todo padre ha hecho con su hijo: «Cuando acuesto a mi hijita, la tapo con la colcha y le doy unas palamaditas, y si me dice que tiene miedo le digo que no le va a pasar nada. Ella se siente segura por lo que le acabo de decir. (...) No hay ninguna forma para poder estar seguro de que nadie se va a meter por la ventana. (...) Pero estoy creando un mundo para que ella se sienta segura. Lo que ocurre en la aldea es una versión extrema de lo que hago con mi hijita todas las noches»[39], declaró el propio Shyamalan. De este modo, el personaje interpretado por William Hurt trata a los habitantes de la villa como niños, los cuales nacen en un entorno protegido, con unas reglas ya establecidas que los obliga, casi por decreto divino, a comportarse como niños, con su misma ingenuidad, pero también con sus mismas ilusiones y afán de descubrir, y esto es con lo que no contaba Edward Walker.

De hecho, el primer fracaso del profesor Walker será precisamente la imposibilidad de eliminar ese anhelo de conocimiento que desde el principio de los tiempos ha acompañado al hombre. El mismo anhelo que invitó al hombre prehistórico a abandonar las cavernas, que incitó a Cristóbal Colón a viajar a las Indias por

---

[39] Lerman, Gabriel. «M. Night Shyamalan»en *Imágenes de actualidad,* n.º 239, p. 77.

donde nadie lo había hecho antes, que llevó a Marco Polo a viajar a Asia, o que a día de hoy nos dirige la mirada hacía el espacio en busca de respuestas. La villa protagonista de *El bosque* es una represión de un sentimiento natural que se pregunta sin cesar qué hay detrás de ese bosque, ya que no en vano, el árbol del Bien y del Mal es también el árbol del conocimiento. No pasará mucho tiempo en *El bosque* hasta que uno de sus habitantes, Lucius Hunt (Joaquin Phoenix), pida permiso para cruzarlo. De hecho, será el propio Hunt quien exija respuestas a su madre ante una serie de misteriosas cajas que parecen ocultar algo que turba su día a día. Lucius, como Ivy Walker, viven en un paraíso en el que el árbol del Bien y del Mal, el bosque de Covington, los retiene dentro de los parámetros de un entorno considerado seguro. Pero como hemos apuntado líneas arriba, ese entorno, por el simple hecho de estar habitado por el hombre, acoge por definición la semilla del mal que paradójicamente (al menos para el consejo que gobierna el pueblo), brotará del alma más ingenua e inocente de todas, Noah (Adrien Brody). De hecho, será precisamente Noah el único personaje que veamos ataviado con el disfraz de monstruo tras el ataque a Ivy en medio del bosque, en un plano ejemplar que resulta ser la perfecta visualización de la tragedia de la convivencia humana entre el bien y el mal: la inocencia más pura asomando entre sollozos de entre las garras de lo monstruoso. Esto es lo verdaderamente terrorífico del hombre, no importa cuál sea la parte buena y la parte mala si existe una parcela común en el que ambas conviven.

En realidad, el *statu quo* reinante entre la villa y las criaturas del bosque de Covington tiene mucho de representación real de esa imposibilidad que resulta extirpar la semilla del mal en el hombre. Un entorno supuestamente idílico como el de *El bosque* puede tener en su apariencia todos los elementos necesarios para favorecer una convivencia en paz y sin nada que perturbe la existencia de sus habitantes, pero lo cierto es que eso no es más que un espejismo. Desde el primer momento en el que se prohíbe el paso por el bosque, se está desenmascarando el mal. Si el consejo no quiere que nadie atraviese el bosque de Covington, desde luego lo mejor es prohibir su paso, aunque esto implique necesariamente evidenciar qué es lo malo y dónde se oculta. Es como una señal que indicara no seguir por este camino que es malo. Es una paradoja, un mal necesario si se quiere, pero que pone en evidencia lo inútil que puede llegar a resultar tratar de dejar al hombre sin su ración vital de maldad.

Esto es así porque el profesor Walker, pese a su formación académica, no parece haber reparado en el hecho de que la situación planteada en el bosque de Covington no deja de ser un conocimiento que alimenta ese anhelo de curiosidad innata del hombre. Una curiosidad que arranca de la propia conciencia del ser humano y de su capacidad —y necesidad— vital de ser libres. Un estado que ya no tiene nada que ver con la inocencia porque ésta, quiera o no el profesor Walker, quedó atrás o, como mínimo, no puede ser impuesta. Porque como nos ha dicho M. Night Shyamalan a lo largo de su filmografía, esa visión de inocencia e ingenuidad que el cineasta tanto parece promulgar no es fruto desde luego de la imposición, sino de la esperanza y por extensión de la fe, insisto, no necesariamente en un Dios.

Fue el filósofo alemán Rüdiguer Safranski quien planteó buena parte de la teoría antes expuesta acerca del árbol del bien y del mal en su interesante ensayo *El mal o el drama de la libertad*[40]. Fue también Safranski, en ese mismo volumen, quien afirmó que tras el diluvio universal que relata el Antiguo Testamento, «Dios dejó de ser un fundamentalista para convertirse en un realista»[41] y de este modo aprender una dolorosa lección: había que convivir con el mal, ése es el sino del hombre. Trasladada esta teoría a *El bosque*, el problema del profesor Walker es precisamente que aunque esté actuando como un dios, aún sigue haciéndolo como un fundamentalista. El personaje interpretado por William Hurt aún no ha visto —no

[40] Safranski, Rüdiguer. *El mal o el drama de la libertad*, Tusquets, Barcelona, 2005.

[41] Op. cit.

cree, no puede o se niega a verlo— que el hombre ha de convivir con el mal, aunque uno de los miembros del consejo, August (Brendan Gleeson) afirme en el tercio final del metraje de la película «hicimos esto para huir del dolor, ahora sabemos que tenemos que aprender a vivir con el dolor». El hombre es el único animal que tropieza dos veces con la misma piedra. El consejo que gobierna la villa de *El bosque* parece estar más que dispuesto a volver a tropezar en la piedra de la falsa bondad, de la inocencia tan acartonada como los monstruos que deambulan en el bosque de Convington.

Por todo esto, *El bosque* es la película de M. Night Shyamalan que más se acerca al posmodernismo, aunque sea en un primer momento. Porque lo cierto es que pese al tono mortecino de *El sexto sentido* o la atmósfera gris de *El protegido,* ambas son películas que en última instancia resultan ciertamente optimistas, con un fuerte contenido de esperanza en el ser humano y sobre todo, en lo que habita en su interior. No sabemos qué podría ocurrir en un hipotético *El bosque 2,* pero desde luego Night no tendría que elucubrar demasiado para proponer una intriga, que parece, como mínimo sugerida al final de *El bosque.* Noah descubre uno de los trajes de monstruo y muere en mitad del bosque de Convington y los habitantes de la villa han visto como lo peor del ser humano, el asesinato, ha brotado en lo que parecía una idílica comunidad hecha por y para ser felices. Pero sobre todo, Ivy ha regresado del bosque, pese a su ceguera, con la llama del conocimiento. De este modo, muy posiblemente el profesor Waker se vería en la seria disyuntiva de tener que explicar con detenimiento a su hija Ivy las razones de su decisión, y más aún, una vez que el consejo decide, minutos antes de terminar *El bosque,* continuar con su particular e insólita cruzada de aislar el bien del mal.

4. Cuando M. Night Shyamaln filmó en 2004 *El bosque*, una nueva era para el cine de terror ya había echado a andar. Las cosas habían cambiado diametralmente desde 1999 cuando el propio Night revolucionó el género con la aplaudida *El sexto sentido.* Ahora el cine de terror se sostenía a sí mismo con bastante soltura, aunque fuera una soltura no exenta de altibajos, hacía fluir la propia dinámica interior del genero sin grandes obstáculos. Por las mismas fechas en las que se estrenó *El bosque* llegaron a las pantallas de todo el mundo películas de temática terrorífica tan dispares como *Open Water* (Chris Kentis; 2003), *Komodo* (Michael Lantieri; 1999), *Hellboy* (Guillermo Del Toro; 2004) o *La matanza de Texas* (*The Texas Chainsaw Massacre;* Marcus Nispel 2004) por no hablar del constante torrente de cine de terror oriental que desde entonces hasta nuestros días sigue salpicando las pantallas de toda España.

Esta saturación del género por aquel entonces, que no agotamiento, al menos en pleno 2004 y en según que variantes, provocó que la aproximación al cine de terror, por lo menos, desde una óptica interesante o renovadora, se fuera complicando más y más. Como hemos visto, Shyamalan no es precisamente un cineasta corriente, y aunque sea un director adscrito (por decisión popular) al cine de terror, lo cierto es que una nueva aproximación al género necesitaba de aires nuevos o como mínimo personales, para que un nuevo film de terror resultara interesante para Night. Hemos dicho líneas arriba que *El bosque* es hasta la fecha, la película más posmoderna de Shyamalan. Pues bien, también su aproximación al género de terror es resuelta de forma acusadamente posmoderna —al menos a priori— por más que se echara mano de clásicos como Emili Brönte o King Kong.

En primer lugar, por todo lo que de simulacro acontece en la primera mitad de *El bosque,* un simulacro muy propio de la filosofía de Jean Baudrillard en donde los signos no se han transformado en tópicos al perder su significado a base de la saturación, como sugería Gerard Lennè, sino que los signos ya no existen y simplemente, ya no hay posibilidad de volver a ellos. Esta podría ser al menos una de las razones por las que M. Night Shyamalan plantee *El bosque* en un entorno simulado, donde nada es real, sino un triste reflejo de lo que fue. Como el propio Baudrillard sostenía: «Es el estado de la utopía realizada, de todas las utopías realizadas, sólo nos resta hiperrealizarlas en una simulación indefinida. Vivimos en la reproducción indefinida de ideales, de fantasías, de imágenes de sueños que ahora quedan a nuestras espaldas y que, sin embargo, tenemos que reproducir en una especia de indiferencia fatal»[42].

El bosque es en suma un film, de entrada, tan posmodernista como sus métodos y sus conclusiones. De este modo, todo en *El bosque* resulta ficticio, vacío, sus casas, sus gentes, los monstruos, el miedo e incluso la sensación de seguridad. Todo es falso. Pero la tragedia real se da cuando los habitantes del pueblo de *El bosque* creen a pies juntillas unos en los monstruos y en la seguridad otros. Todos los habitantes de la villa crecen por tanto en una especie de bucle ficticio construido sobre la mentira aunque unos hagan creer y otros crean que se trata de la realidad, en definitiva, todos conviven en la misma burbuja de irrealidad.

Sin embargo, aunque sea cierto que el film parte de un supuesto ciertamente posmodernista, la película de M. Night Shyamalan no reniega de ciertas constantes adheridas al cine del director de origen hindú que en última instancia convierten el film en algo mucho más complejo. La particularidad más fundamental en este sentido es la finalidad del simulacro propuesto en *El bosque.* Lo que hace Night en la película es reconstruir un entorno reconociblemente posmoderno pero con una finalidad completamente distinta a la del propio posmodernismo. Mientras las tesis posmodernas tienen como objetivo explicar la —supuesta— irrealidad en la que vivimos, en *El bosque* estos elementos propiamente posmodernos tienen una conciencia mucho más humana, mucho más esperanzadora, un, como diría Nietzsche, horizonte vital. La fragilidad de la realidad de el largometraje no está ahí para explicar nada, ni para poner de relevancia lo pueril de la existencia humana, la transparencia de lo real

[42] Baudrillard, Jean. *La transparencia del mal.* Anagrama, Barcelona, 2001, p. 10.

en *El bosque* está planteada como método de disección entre el bien y el mal. De hecho, lo que finalmente hace de la película de Night un largometraje diferente al cine típicamente posmoderno es que en suma, si la película es más pesimista que los anteriores largometrajes de Shyamalan es precisamente por el fracaso de las tesis posmodernas en tanto el simulacro planteado en *El bosque* se revela vacío ante una realidad que va más allá de la mera apariencia de las cosas y que penetra de lleno en aquello que habita en nuestro interior que se impone constitutivo del hombre: la bondad, la maldad y en suma, el ser humano.

5. Si lo pensamos un poco lo cierto es que la espesura de un bosque es un lugar ciertamente inquietante. Entre su apabullante frondosidad parece existir una especie de complicidad entre la naturaleza que esconde celosamente sus más intrincados secretos, donde vida animal y vegetal se confunden en un todo que muy bien pudiera servir de muralla, de frontera entre la vida cotidiana de la ciudad y la existencia secreta de las sombras. No en vano, la práctica totalidad del folklore universal nos ha enseñado cómo el bosque es el hogar secreto de las más variadas y extraordinarias criaturas como las hadas, gnomos, brujas o duendes. Buena muestra de esto han dado los relatos de E.T.A. Hoffman (1776-1822) o los hermanos Jacob (1785-1863) y Wilhelm Grimm (1786-1859) así como las pinturas de, por ejemplo, Arnold Böcklin (1827-1901). Incluso el punto de partida de *El bosque* puede llegar a remitir casi de inmediato al relato de Washington Irving (1783-1859) *La leyenda de Sleepy Hollow*.

José Miguel G. Cortés definiría el bosque en su —imprescindible— ensayo *Orden y caos* como «el lugar donde todo parece posible, donde el reencuentro que seres de la razón y la lógica rechazan parece normal; el espacio donde nos perdemos material y moralmente»[43] de hecho, según afirma el propio Cortés, el bosque ha sido mitológicamente asociado a la muerte, al abismo y por extensión, a lo desconocido. Vistos desde el aire, ciertamente los bosques aparecen como abigarrados conjuntos de maleza inexpugnable donde las leyes de la naturaleza muy bien podrían ser otras. El lugar idóneo para esconder los secretos del hombre así como para que afloren las verdades ocultas de la madre naturaleza.

Y Shyamalan sabe muy bien cómo dotar de vida a ese bosque a través de, eso sí, recursos más naturalistas que tramposos. A través de sinuosos planos desde el interior del bosque o de los extraños ruidos que emergen de entre la maleza, el bosque de Covington se transforma en algo temeroso. Vale la pena destacar esa escena en la que Lucius decide entrar en el bosque y Shyamalan lo sigue a través de un estudiado *travelling* que marca una diferencia radical entre la zona de seguridad y el lugar prohibido. La excepcional banda sonora de James Newton Howard, que parece sugerir el movimiento de las ramas, casi como si del abismo del bosque surgiera una extraña pero bella melodía fruto de los temores abiertamente mitológicos que han salpicado al hombre desde que ha pisado la Tierra. O ese momento en el que unos jóvenes juegan a ver quién aguanta más de espaldas al bosque subidos a una piedra a escasos metros de los árboles. El sonido vuelve a ser un arma fundamental en *El bosque,* cuando los jóvenes se retan a ver quién bate el récord que hasta la fecha ostenta Lucius. Únicamente la cámara de Shyamalan, y muy especialmente los sonidos de las ramas, los crujidos, insisto, más naturalistas que tramposos, consiguen alimentar la tensión, tanto de los personajes, como del público, de una amenaza inminente.

Entre esas ramas habitan unos extraños monstruos. Unas figuras que no parecen tener una forma concreta en tanto parecen una mixtura entre lo realista y lo fantástico, es decir, mitológicas, que van

---

[43] Cortés, José Miguel G. *Orden y caos. Un estudio cultural sobre lo monstruoso en el arte.* Anagrama, Barcelona, 2003, p. 170.

perpetuamente cubiertas por una capa roja. Son seres sin nombre que únicamente reciben la denominación de aquellos de los que no hablamos. Lo monstruoso es una aberración física que por lo general lleva emparentada una aberración social. Pero el temor, el asco y la repulsión que despiertan los monstruos son fruto de una manifiesta —y dolorosa— personificación de aquello que el hombre niega a través de regímenes sociales. De hecho, los monstruos de *El bosque,* muy bien podrían ser entendidos como los propios fantasmas interiores del profesor Walker, que por una decisión salomónica, decide hacer de todo el poblado su particular paraíso terrenal.

Pues bien, este complejo escenario de insinuaciones, miedos y metáforas está arbitrado en *El bosque* por dos colores, el rojo y el amarillo. El rojo es el color prohibido, el color de las capas que cubren a las criaturas del bosque. Sinónimo de vida, pero también de muerte visceral, sangre y pasión, el rojo es un color que Shyamalan suele asociar a lo sobrenatural, la presencia de lo extraordinario en el mundo real, algo que ya dejó dicho en *El sexto sentido* donde el rojo ocupaba un lugar crucial a lo largo de todo el metraje. De este modo, los monstruos que habitan en el bosque de Covington son la manifestación de cómo lo extraordinario penetra dolorosamente en la vida cotidiana de los habitantes de la villa de *El bosque.* Por el contrario, el amarillo ejemplifica la bondad, aunque también la protección y la valentía. El amarillo está en las capas de los que vigilan la frontera con el bosque y en las banderas que señalan el perímetro de seguridad de la villa. Pero tal vez lo más interesante sea que tanto el rojo como el amarillo son dos colores hermanados. Dentro del espectro de colores el rojo es una mezcla de varios colores, entre ellos el amarillo, y viceversa. Una nueva muestra mas de cómo bondad y maldad forman parte del mismo universo.

Pero hay más elementos intrínsecamente *shyamalanianos* tales como el uso de los tópicos del cine de terror. Como ya había hecho de forma brillante en *El sexto sentido* o en *El protegido,* en *El bosque* M. Night Shyamalan cogió determinados estereotipos del terror lo suficientemente codificados como para que a todo el mundo les resultara familiares, reconocibles. Nadie pide demasiadas explicaciones cuando se plantea un *status quo* entre monstruos de ribetes mitológicos y humanos en un contexto ritual. La idea suena ligeramente a *deja vù* (la misma *King Kong*) y además resulta lo suficientemente estereotipada como para que sea perfectamente reconocible por el público, a la vez que resulta lo suficientemente insólita y extraña como para despertar su atención. Recordando a Lennè, se trata en suma de un signo cuyo significado aún no ha sido vaciado. El malabarismo a partir de este punto resulta moderadamente sencillo. Si en *El sexto sentido* un fantasma no es exactamente un fantasma y en *El protegido* un superhéroe no es exactamente un superhéroe, desde luego, resulta lógico pensar que en *El bosque* un monstruo mitológico, no sea exactamente un monstruo mitológico. Me explico.

Como ya hemos expuesto, una de las virtudes de Shyamalan es coger los estereotipos y dotarlos de un significado particular. Sucedió en *El sexto sentido,* en *El protegido* y vuelve a ocurrir en *El bosque.* Por supuesto, aunque la estructura sea la misma en los tres casos, esto no significa, ni de lejos, que los resultados ni los objetivos sean idénticos. En *El bosque,* el salto de un significado a otro es probablemente el más radical de su carrera, en tanto que el film cambia diametralmente de signo genérico. Ya no es un film de terror sino una metáfora social. En realidad, ambas cuestiones, terror y discurso social, no son aspectos en absoluto desconectado entre sí, al contrario, el cine de terror, desde prácticamente sus orígenes ha tenido a la masa social como su principal objeto de estudio, de odio y de admiración. El expresionismo alemán, la era de la Universal, la Hammer, Val Lewton, el terror moderno de Polanski, Romero y Carpenter hasta nuestros días han dado sobradas muestras a lo largo de más de cien años de historia del cine de lo vital que puede llegar a resultar el matrimonio entre masa social y terror. En este sentido, M. Night Shyamalan no hizo con *El bosque* un film genéricamente híbrido, más bien al contrario, lo que hizo fue diseccionar el género hasta reducirlo hasta su esencia más fundamental: el discurso social.

Con los monstruos de *El bosque* da la sensación de que M. Night Shyamalan contribuye a esa popular tesis de H. P. Lovecraft (1890-1937) de que el más intenso y poderosos de los miedos es el miedo a lo desconocido. Porque de hecho, cuando los habitantes de *El bosque* «conocen» lo que el bosque oculta, el miedo desaparece. Sin embargo, hay otro miedo, mucho peor en la película, el miedo a eso que conocemos, a la realidad, al mal que habita en la sociedad, los crímenes, las violaciones, los robos... Debido a esto, Shyamalan parece sostener, al contrario que Lovecraft, que el mayor y más intenso de los medios es precisamente el miedo a lo conocido. Para los habitantes de la villa de el film, «aquellos de los que no hablamos» son una presencia desconocida e inexplicable, pero la realidad es muy distinta. Esas criaturas que habitan el bosque de Covington son en verdad una materialización, moldeada a la imagen y semejanza de los demonios y los miedos personales de Edward Walker y todo su consejo de cómplices. O dicho de otro modo, son la materialización de miedos muy conocidos.

6. *El bosque* arranca con un lento *travelling* a ras del suelo encuadrando las ramas de los árboles, como manos siniestras que cubren un secreto. Tras los títulos de crédito, Night arranca la narración con un plano desde las espaldas de un grupo de habitantes de la villa, y al fondo, un hombre que llora sobre un pequeño ataúd. *El bosque* es una película, por decirlo de algún modo, de espaldas. Los personajes dan con frecuencia la espalda a la cámara de Shyamalan y sorprendentemente, también sucede lo contrario, la cámara da la espalda a los personajes. Podemos ver ejemplos de lo primero en el propio arranque del film, cuando el doctor Walker explica a los niños del pueblo en la escuela, cuál es el pacto no escrito entre las bestias del bosque y la villa, cuando Alice Hunt (Sigourney Weaver) explica al pueblo que los animales despellejados son obra probablemente de un coyote desequilibrado, cuando Kitti (Judy Greer) le anuncia a su padre que está enamorada de Lucius entre otros muchos ejemplos. Da la impresión de que con estos gestos Shyamalan es como si quisiera permitirles a los personajes un lujo muy poco habitual en el cine contemporáneo, libertad. Night permite intimidad a las relaciones entre los personajes pero también siembra la inquietud, la desconfianza y la expectación. Cuando Edward Walker explica en las escuela el pacto con «aquellos de los que no hablamos», M. Night Shyamalan parece querer sugerir un segundo rostro, una segunda verdad, ante tantas palabras amables situando la cámara detrás de Edward mientras el personaje nos da la espalda; cuando Alice explica lo de los animales desollados, Shyamalan crea con sus imágenes tanta expectación como los propios asistentes a la reunión ante el misterio de los animales muertos; cuando Kitti habla con su padre, Night permite intimidad. Pero también hay otra cuestión presente, la sensación de que algo se está ocultando.

También sucede, como hemos apuntado líneas arriba, que la cámara de M. Night Shyamalan opte por encuadrar algo más rico o menos obvio que un personaje o una acción. En este sentido, Night ofrece una poderosa pista acerca de sus más profunda preocupaciones cinematográficas. En *El bosque* son muy habituales las panorámicas que abandonan a los personajes y encuadran un objeto inerte, con una inquietante atención especial por las sillas, sillas vacías. Y, ¿por qué sillas, y precisamente vacías? Según afirmó el propio director hay pocas cosas más inquietantes que una silla vacía. Y entiendo que dicho así, pueda resultar, de entrada, un poco chocante, aunque no lo es tanto una vez que escarbamos en la cuestión y hallamos algunas preguntas de difícil respuesta. Tal vez la principal sea el hecho de que una silla está hecha para que alguien se siente en ella. Si un cineasta, un creador de imágenes, fija su atención y subraya un hecho, en apariencia tan banal como este, es que algo se nos está queriendo decir. Una silla vacía es un objeto inanimado, que invita a una acción que nunca se produce: sentarse. La cuestión es que hay algo que no termina de encajar en el relato y algo que no funciona cuando las cosas banales no son empleadas para lo que han sido concebidas, como una simple silla.

Una vez ha arrancado el film, Shyamalan nos ha presentado una comunidad cohibida, atemorizada por el pavor a unas extrañas criaturas de corte mitológico con las que parece existir un pacto, un modelo de comportamiento, un toma y daca entre ambos. Sin embargo, acto seguido, M. Night Shyamalan dedica unos planos a la vida en la villa, el día a día, alejados del temor, con actos cotidianos, ingenuos incluso, donde sus habitantes se divierten, simple y llanamente cuando lavan los platos, pasean con la colada o barren el porche de sus casas. Con estas acciones cotidianas a las que hemos dejado de dar importancia, los habitantes de la villa pasan el día a día, y lo hacen con una sonrisa en la boca. Es precisamente cuando dos jóvenes juguetean en el porche de una casa (filmadas con un elegante plano secuencia), cuando descubrimos uno de esos métodos de comportamiento: el rojo no es un color bien recibido en este lugar. Desde el primer momento, con los títulos de crédito incluso, Shyamalan vincula la naturaleza al bien o el mal que allí anida. El reflejo de la capa de una de las criaturas sobre un charco de agua, el (fundamental) ruido del bosque, el crujir de las ramas, el aullido desde las entrañas de la vegetación, las copas de los árboles agitadas por el viento...

Una vez M. Night Shyamalan nos ha puesto en situación entonces arranca la trama en sí. Un animal desollado aparece en mitad de la villa. Night filma al animal manteniendo la distancia, pero también la inquietud, y acto seguido, contemplamos al doctor Walker aleccionar a sus alumnos, como hemos apuntado antes, con un plano de éste de espaldas a la cámara en mitad del encuadre. No es trigo limpio. Hay algo extraño en ese plano y Walker es el objeto discordante, porque está en mitad de la imagen, porque nos da la espalda y porque sus palabras resultan demasiado amables. Una cuestión de contrastes.

Pese a todo, el día a día en la villa continúa sin grandes acontecimientos. Un consejo legisla el lugar proponiendo costumbres y celebraciones para avivar un poco lo que ya empieza a parecer una existencia un poco aburrida. En ese momento entra en escena uno de los motores fundamentales de la historia. Lucius Hunt, un joven de aspecto retraído, casi infantil (fíjese en como despliega el folio donde lleva escrito todo el discurso, como mira cabizbajo al consejo, el tono de su voz, casi un susurro atemorizado) pide al consejo que le dejen atravesar el bosque de Covington para comprar medicinas en la ciudad y evitar así más muertes innecesarias. Pero dice algo más, asegura estar convencido de que las criaturas del bosque le dejarán pasar porque afirma, «perciben la ilusión y el temor» y por tanto descubrirán en él un hombre puro. Esa misma óptica extrafísica es algo así como esa trascendencia de la realidad de la que hemos venido hablando, sólo que aplicada a los seres humanos. Esa capacidad que Lucius asegura tienen las criaturas del bosque de Covington vendría a ser la misma que esa particular visión que posee la heroína de la historia, Ivy, una chica ciega capaz de atisbar pequeños destellos de luz, de colores incluso, un haz de luz que varía su tonalidad en función de las personas que tenga delante pero que no obstante, no se da en todos los individuos, sólo en algunos elegidos.

Cuando la narración aún está dando sus primeros pasos, Shyamalan hace una de sus habituales llamadas de atención: un secreto. Un extraña caja que la madre de Lucius guarda en su casa y que, por lo visto, no es la única en todo el poblado.

Seguidamente comprobamos como Ivy tiene un comportamiento particularmente maternal con Noah, y descubrimos la presencia de ese temible cuarto aislado, una especie de «cuarto de castigo» para cuando Noah no se comporta como es debido. También veremos como Ivy, pese a ser ciega, es una chica desenvuelta (demasiado, según Lucius), ágil (es capaz de correr sola por el bosque) y decidida. También descubriremos que probablemente Noah ha entrado en el bosque en más de una ocasión y entonces surgirá la sospecha de que hayan sido las excursiones de Noah las que hayan provocado que las criaturas estén desollando a lo animales. Esta sospecha será utilizada por el propio Lucius, dado que si Noah ha entrado y no ha sido atacado por los monstruos, es que éstos son capaces de ver el interior del ser humano, y distinguir entre los puros-inocentes y los malos y en principio, sobre el papel, no hay nadie más puro en la aldea que Noah.

Dado que Lucius parece tenerlo bastante complicado a la hora de que le permitan atravesar el bosque, éste decide actuar por su cuenta y probar suerte entre la maleza. Con un inquietante *travelling*, Night sigue a Lucius hasta que lo encuadra desde dentro del bosque, seguido de un ligero movimiento de cámara hasta un primer plano de Lucius, cogiendo una de las bayas rojas de Noah. En este momento, como en todas las situaciones relacionadas con el bosque así como en otras películas de Shyamalan, el sonido se convierte en un elemento de expresión fundamental; los crujidos, los susurros... El bosque cobra vida.

Poco después tendrá lugar el primer y único ataque estricto del film. Con su habitual brillantez narrativa, M. Night Shyamalan vuelve a demostrar por qué es uno de los directores que mejor planifica las escenas de suspense. Medidos al milímetro, todos los planos están insertados en el momento adecuado y en el orden preciso. Cuando el vigía da la voz de alarma todos corren a ocultarse excepto Lucius que parece demasiado preocupado por conocer lo que oculta el bosque y descubrir si de verdad es una amenaza tan terrible. Se esconde tras una simple esquina y al fondo, desenfocado —magnífico uso de la profundidad de campo—, atisbaremos una figura monstruosa que se acerca a una casa. Mejor aún será la escena en la que Ivy, como Lucius, quiere conocer de qué es de lo que se están escondiendo y en el porche de su casa ella alarga el brazo para tratar de tocar la realidad mientras al fondo, también desenfocado observaremos a una de las criaturas que se acerca a

Ivy. Lucius la cogerá de la mano y con un bella melodía de James Newton Howard situará en un lugar seguro a Ivy. Todo el pueblo permanece oculto, aterrados, todos, excepto Noah, que es el único que parece divertirse, incluso parece saber de qué va la cuestión en realidad.

Al día siguiente, el pueblo amanece salpicado de marcas rojas en las puertas de las viviendas, unas señales que recuerdan a las marcas de sangre de cordero del episodio de la décima plaga de Egipto en el Viejo Testamento. Sin embargo, no serán las únicas señales que enturbiarán la plácida vida de la villa; la boda de Kitti[44] será interrumpida por los angustiosos gritos de unos niños que han comprobado aterrados cómo los animales muertos sin la piel vuelven a hacer acto de presencia en el pueblo, sólo que en esta ocasión, son más numerosos que antes.

Una vez el pueblo regresa en procesión a la villa, Hunt y Weaver mantiene una escueta conversación, el uno le da la espalda al otro —otra vez la idea de darse la espalda los unos a los otros, incluso al espectador, hecho que viene a reafirmar la naturaleza de secretismos que envuelve *El bosque*—. Algo no va bien, estas cosas no deberían estar ocurriendo. En este punto del film los lugares solitarios de la villa ya son una constante, ya sea una silla vacía, un campanario, un porche... por el pueblo se extiende la extraña sensación de que algo no va bien. A base de planos simplemente vacíos de elementos humanos, Shyamalan subraya la inquietante presencia fantasmal de un entorno hostil.

Poco después, Ivy y Lucius se confiesan el amor mutuo —cara a cara— que ambos han estado ocultando en una escena tan sencilla como bella. Cuando van a besarse, Shyamalan desvía su cámara (intimidad), una vez más hacía una silla vacía (inquietud). Acto seguido, el consejo pone en marcha una investigación, no tanto para conocer si alguien ha penetrado en el bosque como para saber

[44] Fíjese en la carne que dos hombres lanzan al bosque en un acto ritual, una especie de ofrenda a las criaturas del bosque.

en realidad qué está pasando y de dónde han salido esos animales muertos y despellejados. Ellos, el consejo, son los que controlan todos los movimientos que se dan dentro de la villa y, sin embargo, ahora algo se les está yendo de la manos.

Una vez se ha corrido la voz de que Lucius y Ivy están enamorados y van a iniciar una relación formal, tiene lugar una de las escenas más cruentas del cine de Shyamalan. Filmada con un sentido muy hitchcockiano pero a la vez muy coherente con el universo de Night, el director de *El sexto sentido* rueda el intento de asesinado de Lucius a manos de Noah con un pie en la sala de montaje y otro en set. Se trata de una escena en la que, como suele ocurrir con Shyamalan, casi todo sucede fuera de campo, sobre todo la acción y contemplamos más bien la reacción: el gesto de sorpresa y dolor de Lucius, el de Noah, pero especialmente el del cuchillo de Noah, saliendo del cuerpo de Lucius, empapado en sangre. Cuando Lucius cae al suelo y Noah lo remata a cuchilladas, la cámara de Shyamalan se aparta de nuevo casi escandalizada, hacia, esta vez, un objeto completamente inerte. Resulta sumamente significativo comprobar cómo precisamente el único personaje que ocupará una silla solitaria en un porche de la villa sea Noah, con las manos llenas de sangre. La inocencia y el mal en un mismo espacio.

Acto seguido comienza en la villa una frenética búsqueda, la sospecha de que alguien está herido sucumbe entre sus habitantes. Ivy, cuando conoce la noticia no se lo piensa dos veces y llevada por su intuición corre al taller de Lucius. Una vez más, Shyamalan filmará la escena de una forma muy similar a la de la agresión de Noah. Un plano desenfocado de Ivy entrando en la habitación hasta que, una vez alcanza la nitidez de la imagen, tropieza con el cuerpo de Lucius. Se trata nuevamente de reacción antes que acción. Ivy exclama entre lágrimas «¡no veo su color!». Lucius se está muriendo.

En este punto del relato arranca uno de los momentos más discutidos de *El bosque*. Buena parte de la crítica ha mantenido que el film de Shyamalan empieza a perder fuelle en el momento en el que Ivy penetra en el bosque. Sin embargo, en mi opinión, es otra cuestión la que hace que este cuarto final de la película se tambalee peligrosamente aunque si bien, desde mi punto de vista, nunca llega a naufragar. Es esa imposición escrita o no, a partir de la cual Shyamalan está obligado a rizar el rizo, a sorprender más allá de la sorpresa. No se trata tanto de la cuestión fundamental del largometraje, sobre la falsedad de los monstruos, no es eso. Es la forma en la que Night organiza la información a partir de este momento. Por un lado nos muestra como Hunt reúne a Ivy y le cuenta algo, cuyo contenido no conoceremos hasta que Ivy no ha penetrado en el bosque y se ha quedado sola. Pero lo peor es, creo yo, que cuando ya sabemos que la presencia de los monstruos es un montaje del consejo, Shyamalan todavía juega con nosotros un poco más y nos hace creer a través de una voz en *off* de Edward que en realidad, los monstruos, sí que existen, cuando uno de ellos ataca a Ivy.

Un malabarismo demasiado arriesgado a mi juicio que no hace más que alimentar esa idea, en su mayor parte errónea, de que Shyamalan es un hombre obsesionado con el factor sorpresa. A *El bosque* no le hacía falta este truco de cartas final, porque sin juegos de engaño, el film hubiera fluido con notable solidez. No obstante, ya lo hemos dicho, estos caprichosos juegos de apariencia no logran desmoronar el conjunto del largometraje porque entre otras cosas, esta parte del metraje sigue acogiendo verdaderos momentos de antología cinematográfica. El viaje de Ivy está alternado con la discusión del doctor Walker con el resto del consejo y donde se pone sobre la mesa, sin ningún tipo de cortapisas, la intención final del film. August llega a decir en uno de esos arrebatos de Night de verbalizar demasiado las cosas (la idea ha rondado todo el metraje): «podemos conservar la esperanza, es lo bueno de este lugar. No debemos huir del dolor. Mi hermano fue asesinado en la ciudad y el resto de mi familia murió aquí. El dolor es parte de la vida, ahora lo sabemos».

Pese a todo, como digo, no es tanto la idea de que Ivy penetre en el bosque lo que a mi parecer desdibuja el cuarto final del film, sino ciertas formas de afrontarlo, determinadas maneras de exponerlo. En cualquier caso M. Night Shyamalan sigue teniendo formidables momentos visualmente espléndidos, tales como esa grúa que encuadra a Ivy en mitad del bosque rodeada de bayas rojas, la excelente utilización del sonido, y cómo el bosque repite los sonidos que provoca Ivy en una especie de diálogo ancestral, el enfrentamiento entre Ivy y la criatura y cómo el bosque se agita en los momentos de tensión, una escena que además está filmada con un sentido del riesgo absolutamente demoledor que además nos regala uno de los planos maestros del film, Noah (la inocencia) vestido de monstruo (el mal mitológico) muerto en lo hondo de un mugriento y oscuro pozo.

Es a partir de este momento cuando tiene lugar la que es,la sorpresa por antonomasia del film. Mientras Ivy parece tropezarse con una especie de pared de arbustos el consejo echa mano de las misteriosas cajas a las que se ha hecho referencia anteriormente. Las abren, y mientras escuchamos en *off* las tragedias de todos los miembros, contemplamos una foto, de la que sobresale un coche, con ropas del siglo XX, en torno a la década de los 60.

7. Con motivo del estreno del film, un critico norteamericano sugirió que *El bosque* era una perfecta metáfora de la situación que atravesaba Norteamérica por aquel entonces en la que el presidente de los Estados Unidos, George W. Bush, veía monstruos donde no los había en relación a las supuestas y nunca encontradas armas de destrucción masiva que sirvieron de excusa para atacar a Irak y derrocar el régimen de Saddam Hussein. Si bien es verdad que esta interpretación de *El bosque* resulta un tanto hilarante no es menos cierto que por primera vez en una película de Shyamalan podemos percibir un significativo peso político.

Es seguro que M. Night Shyamalan no estaría pensando en las armas de destrucción masiva de George Bush, pero parece claro que en *El bosque*, hay una intención política en su fondo. De hecho, si recuperamos aquellas palabras del filósofo inglés Thomas Hobbes (1588-1679) en las que sostenía que el origen del Estado estaba precisamente en el miedo, no parece demasiado complicado hacer los consiguientes paralelismos. Y lo cierto es que tal vez no se trate de un miedo mitológico el que sostiene todo Estado, pero es verdad que algo de miedo hay en el conjunto jurídico-social que supone un Estado. Un miedo distinto, eso sí, pero miedo al fin y al cabo. El miedo a una multa que todos tenemos a la hora de conducir es un buen ejemplo de cómo el temor nos induce a actuar de una forma socialmente aceptable. Y en este sentido, *El bosque* bien puede entenderse como una curiosa metáfora de ese *miedo de Estado* al que aludía Hobbes.

Como en toda sociedad, sea cual sea, los ciudadanos nos regimos por una serie de leyes y de normas que nos indican cómo actuar dentro de la masa social y al mismo tiempo una serie de reprimendas o amenazas penales o administrativas que nos hacen temer por incumplirlas. Y de esto hay mucho en *El bosque*. Pero eso no es todo. Para que exista una, llamémosle, *amenaza* política, ha de existir también una opinión creada en tal sentido. O dicho de otro modo, nadie ha gobernado de espaldas a la población y como sostenía José Ortega y Gasset si «en la física de Newton, la gravitación es la fuerza que produce el movimiento, (...) la ley de la opinión pública es la gravitación universal de la historia política»[45]. Es decir, no puede haber política sin opinión pública y viceversa. Este concepto de opinión pública, aunque pueda parecer baladí, en realidad ha generado no pocas discusiones y encendidos debates desde la filosofía griega hasta nuestros días. De hecho, una buena muestra

[45] Ortega y Gasset, José. *La rebelión de las masas.* Editorial Andrés Bello. Santiago de Chile, 1996 p. 161

de que la cuestión de la opinión pública, explícita o implícita, sigue siendo motivo de preocupación en la sociedad actual —en la que lo que opine la sociedad resulta fundamental— es su mera presencia en una película como la que nos ocupa. El problema concreto en *El bosque* en particular es que esa opinión pública no es activa, ni participa, ni se siente legítima del consejo que los gobierna. Muy al contrario se trata de una masa muda, que no puede ni debe aportar nada a los parámetros básicos que conforman esa idílica sociedad que nos muestra el film de Shyamalan. Pero el caso es que esto también tiene mucho de otros autores que han debatido sobre la política y las sociedades. Bien conocido es, en este sentido, el argumento de Nicolás de Maquiavelo (1469-1527) y su preocupante término, *Razón de estado*.

Según esta expresión acuñada por el filósofo italiano, la *Razón de estado* es una medida excepcional que legítimamente puede ejercer un gobernante con el objetivo de sostener la estabilidad de un Estado, argumentado que su supervivencia está por encima de los derechos individuales de sus ciudadanos. Aunque la *Razón de estado* es una medida más utilizada de lo que podríamos suponer en un primer momento (el desahucio o una evacuación en determinadas circunstancias podrían ser buenos ejemplos de *Razón de estado*), el problema que plantea esta idea de Maquiavelo viene de la legitimidad que los gobernantes tienen o no para aplicarla y de la propia proporcionalidad de esas medidas. De hecho, el término *Razón de estado* se ha ganado a pulso una mala prensa a lo largo de la historia debido a que ha sido una expresión utilizada por ciertos líderes políticos que han degenerado en diversas variantes —todavía visibles en nuestro mundo actual— de totalitarismos más o menos implícitos.

Y es, en este sentido, hacia donde apunta M. Night Shyamalan con *El bosque*. Su *Razón de estado*, o mejor, la de Edward Walker, es la de eliminar los derechos colectivos y del individuo en beneficio de una hipotética seguridad del conjunto de la masa social que allí habita. De este modo quedan completamente extirpados derechos y libertades básicas pero a cambio se les ofrece una —teórica e inexpugnable— seguridad interna. No es de extrañar por tanto que esta visión de la política encaje muy bien con esa particular visión que Maquiavelo tenía de la sociedad, del pueblo: «No es necesario, pues, que un príncipe posea de hecho todas las cualidades mencionadas, pero es muy necesario que parezca poseerlas. Incluso me atreveré a decir que, si las posee y las observa siempre, serán perjudiciales, y si parece poseerlas, le serán útiles»[46]. O dicho de otro modo, todo es cuestión de generar una ilusión, de hacer creer a los ciudadanos lo que no necesariamente es. Se deduce por tanto que desde una óptica abiertamente *maquiavélica* la voz del pueblo es un elemento fundamental a tener en cuenta pero vacío y sin conocimiento de causa en su esencia. La clave está por tanto en hacer creer y en nada más.

Pues bien, Eward Walker tampoco considera que los habitantes de la villa tengan nada sustancial que aportar. Se organizan asambleas y todos los ciudadanos toman partido, pero eso no es más que, nunca mejor dicho, una maquiavélica farsa. El consejo de *El bosque* hace creer que todos los habitantes forman parte de las decisiones que se toman en la villa, pero en realidad no aportan más que nimiedades a una naturaleza política absolutamente despótica. Esta filosofía política, en realidad muy propia del humanismo renacentista, tiene su razón de ser en el propio homocentrismo que tan bien se definió en aquellos años de aparente e indiscutible lucidez. Es decir, lo que denota la actitud de Edward Walker y por extensión, de todo el consejo, es la viva creencia de que antes que nada y sobre todas las cosas está la realidad que nos rodea, el aquí y el ahora. No hay un pasado a reconsiderar, ni siquiera una espiritualidad que conservar, de hecho, en *El bosque* no veremos una sola ceremonia religiosa, ni un indicativo de ello, y sí celebraciones de ribetes paganos (la boda de Kitty) u ofrendas a los monstruos.

---

[46] Maquiavelo, Nicolás de. *El príncipe*. Tecnos. Madrid, 2005.

Debido a esto, el atentado que tanto Edward Walker como el consejo al completo están infringiendo a los habitantes de la villa de *El bosque* no es sólo político o social, si no también espiritual. Edward Walker parece haber cercenado de la vida cotidiana cualquier referencia a Dios, probablemente porque ha perdido toda fe en Dios al comprobar dolorosamente cómo la barbarie campa a sus anchas en la vida cotidiana de las sociedades modernas. Por esta razón, *El bosque* es la película menos espiritual de M. Night Shyamalan, porque el contexto generado por sus protagonistas ha extirpado cualquier mención a dios alguno, a una realidad etérea cualquiera. No obstante, esta convicción por lo extraordinario salpica el relato de *El bosque*, como si luchara por salir, o mejor aún, como si formara parte indeleble de la naturaleza humana. Ivy ve luces en lugar de personas, Lucius está convencido de que desprende bondad. El mal forma parte de la vida, dirá un personaje de *El bosque*, y también lo extraordinario, parece apuntalar Shyamalan.

8. En cualquier caso, lo cierto es que hasta la fecha *El bosque* es la película más pesimista de M. Night Shyamalan. Al final las cosas no se solucionan, de hecho, las cosas siguen más o menos igual que al principio. Todos continuarán sus vidas en aquella modesta aldea cohibidos por la presencia de unos monstruos al otro lado del bosque que los retiene en el villorrio. ¿Todo sigue igual? Bueno, en realidad no, como hemos visto, una película no puede ser entendida como un film de M. Nigh Shyamalan, al menos hasta el momento, sin que la esperanza ocupe un lugar primordial en el metraje. La gran diferencia de esta película en relación con el resto de la filmografía de Night es que la esperanza de la historia queda, por decirlo de algún modo, en *off*, *fuera de campo*. Cuando la película termina Ivy sabe, al menos, parte de la verdad, o dicho de otro modo, la falsedad de aquellas verdades en torno a las que se ha criado. Fundamentalmente son dos las ideas que Ivy saca en claro al final del

metraje. La primera y más clara, que los monstruos son una farsa, no existen, no hay ninguna razón para no cruzar el bosque o para esconder apresuradamente el *color prohibido*. Y en segundo lugar (una nueva manifestación de esa esperanza que inunda todas las películas de Night), una grieta dentro de un contexto de totalitarismo encubierto que pone en evidencia que aquellos que viven en *la ciudad* no son malvados por necesidad. Que el mal no es una cuestión que haya minado a todos y cada uno de los individuos que habitan en *la ciudad*, que también existe bondad fuera de los límites de la villa. Que el mal no habita en espacios concretos, que el mal está en todas partes. El mal, como siempre ha sido, es y será, una opción y no una imposición.

LA JOVEN DEL AGUA

«Mi madre me contaba este cuento como si fuera una oración»

1. El —moderado— éxito de *El bosque* confirmó, pese a todo, a M. Night Shyamalan como una apuesta bastante segura. Complicado a veces, demasiado personal otras, pero en definitiva y en general, potencialmente original y además, sin grandes presupuestos lo que en general suele ser una peculiaridad muy bien recibida por cualquier estudio de Hollywood. Sin embargo, Night empezaba a mostrar ciertas actitudes muy poco bienvenidas en una *major* como la Disney. Además empezaba a correrse la voz por Hollywood de que M. Night Shyamalan era flor de un día, que su gloria se había quedado en *El sexto sentido* y que no había mucho más donde escarbar. El público empezó a sospechar de qué pie cojeaba Shyamalan y ese eslogan de *del director de El sexto sentido*, empezaba a dejar de funcionar. Sin embargo Night seguía empecinado en su convencimiento de que el público le respaldaría, de que él, como ha dicho en infinidad de ocasiones, hace películas no para los críticos sesudos sino para las amas de casa y aquellos que trabajan de sol a sol. Pero lo cierto es que tanto sus películas como la estrategia para venderlas estaba empezando a desinflarse y era inminente un desastre económico o por lo menos una llamada de atención seria.

Pero es que además Night había empezado a crearse una fama de excéntrico, de maniático con ciertas costumbres (como no filmar nunca fuera de Filadelfia) y con determinados modelos de trabajo (las obligadas y escrupulosas lecturas de guión o la elaboración de los *story boards*, donde se prevé hasta el más mínimo detalle de la primera a la última viñeta), que en ocasiones podía ralentizar la producción más de lo estrictamente necesario y por extensión hinchar considerablemente los presupuestos de sus películas, incomodar a más de una estrella y poner en más de un apuro a un productor. En Disney ya lo tenían fichado, habían tenido varios enfrentamientos a causa de guiones, estrategias de comunicación y hasta diseños de publicidad, aspectos en los que muy rara vez un director con un poder digamos, moderado, osa opinar. A Night no le gustaba en absoluto que sus películas se publicitaran como un film *del director de El sexto sentido* y en el caso concreto de *Señales*, Shyamalan se impuso y logró que se retirara esa coletilla de los primeros carteles promocionales de la película. En Disney se estaban empezando a cansar de Night.

En cualquier caso, lo cierto es que M. Night Shyamalan estaba empezando a despertar algunas reticencias en los ejecutivos de uno de los estudios más poderosos del mundo. Además, Shyamalan ya había dejado al descubierto que no era un caballo ganador seguro y según afirman algunas malas lenguas resultaba ser una persona muy poco tolerante con los fracasos en la taquilla. El documental *El secreto de M. Night Shyamalan* no ayudó precisamente a generar la imagen de un director abierto, sin prejuicios y dialogante, al contrario, la película de Nathaniel Kahn lo representó como un tipo obsesivo con su personal universo, obtuso, contradictorio, cínico y hasta malicioso. Un tipo de personalidad un poco al estilo de Francisco Ford Coppola o sobre todo de Stanley Kubrick, celoso de su mundo y poco dado a abrirle la puerta a cualquiera que se acerque y llame.

Todo esto era debido en buena parte a todo lo apuntado con anterioridad y al añadido de su juventud. M. Night Shyamalan ya no era un cineasta completamente libre para hacer lo que le viniera en gana y su siguiente proyecto lo pondría en evidencia. Hacía tiempo que el director de *El sexto sentido* llevaba madurando una idea en torno a un cuento de hadas que noche tras noche le había estado relatando a sus hijas. Night escribió un primer guión y se lo entregó a su representante, Paula M. Mastrocola. Shyamalan, que vive en Filadelfia y rara vez se traslada a Hollywood, esperaba que su texto fuera entregado en mano al responsable en cuestión y probablemente no esperaba mayores complicaciones por parte de la Disney; en definitiva, se trataba de un cuento de hadas para adultos, una película familiar perfecta para unos estudios como estos. Lo que sucedió a partir de entonces varía según las fuentes pero lo que parece cierto es que nadie llegó a entender el guión de *La joven del agua* y la relación entre Paula y Night se rompió tras haber trabajado juntos desde *El protegido*.

M. Night Shyamalan vio asomar los problemas por el horizonte. Había presupuestado *La joven del agua* en unos 60 o 70 millones y estaba dispuesto a poner la mitad del dinero de su propio bolsillo. Tendría que ir a un banco y pedir un crédito, pero tenía un buen aval, era M. Night Shyamalan y por poco que recaudara la película, pensaba Night, rebasaría con toda seguridad la barrera de los cien millones. *Sólo* con eso, Shyamalan recuperaría su dinero. No en vano, los bancos en Estados Unidos están muy acostumbrados a esto de manejar créditos para financiar películas y con el tiempo han terminado por convertirse en unos verdaderos eruditos de la producción cinematográfica. A un banco no le valdría un nombre de éxito como Shyamalan como aval. Seguramente le pedirían algo más, su casa por ejemplo. Night podía dejar a su mujer y sus dos hijas sin saber a dónde ir.

Cuando la Disney leyó el guión de *La joven del agua* se encontró con un buen montón de inconvenientes en las primeras 20 páginas de un libreto de 136. Era un mal comienzo. No había estrellas rutilantes y sí en cambio un tipo muy extraño que ejercitaba sólo uno de sus brazos y unos animales que eran una especie de mutación entre un perro y una hiena. Nada les cuadraba. Además, el hecho de que el propio M. Night Shyamalan interpretara un rol tan importante en la trama del film tampoco fue visto con buenos ojos por la *major*. El relato que la joven coreana Young-Soon iba contando poco a poco era demasiado complejo, había demasiados términos totalmente nuevos, *tartutic*, *narf*, *scrunt*, *Gran Eatlon*, y todo en conversaciones en las que se alternaba el coreano con el inglés. Demasiado confuso. Nadie se iba a enterar de nada, pensaron en Disney.

El representante de Shyamalan, Jeremy Zimmer fue a visitar al director el día de San Valentín de 2005. Night le vio en la cara nada más entrar que había problemas serios con el guión. Shyamalan decidió entonces invitar a cenar en un lujoso restaurante en el corazón de Filadelfia a tres de los peces gordos de Disney, Nina Jacobson, una prometedora ejecutiva de los estudios que se había forjado en Dreamworks, Dick Cook, responsable del departamento de marketing y el publicista Oven Aviv. Según relata Bamberger[47], la cena fue un desastre. Night no tocó su comida, las mesas estaban demasiado juntas, las porciones demasiado pequeñas, nada gustó a los comensales. Pero eso obviamente no fue lo peor. Shyamalan se esforzó por hacerles ver a Nina, Dick y Oven que aquella era una historia *para* Disney, que era un cuento de hadas perfecto para la casa que vio nacer a Dumbo, pero aquello era un diálogo de sordos. Shyamalan no se podía explicar cómo después de haberle dado a Disney algunos de los éxitos más importantes de toda su historia, ahora le negaban la financiación de una película como *La joven del agua*. Era inútil. Jacobson le insistía a Shyamalan que al fin y al cabo él hacía películas *para* la Disney y que si no eran rentables un día dejaría de trabajar para esos estudios. Night por su parte reconoció que *La joven del agua* era un proyecto tan personal que lo haría sin cobrar un solo dólar, que *La joven del agua* lo tenía todo, humor, terror, suspense, efectos especiales, pero nada de ello convencía a unos

---

[47] Op. cit. p. 45.

representantes de Disney que no le veían ni los pies ni la cabeza al guión. Aquella noche, tras la cena, Night le dijo a Cook, «gracias por seis años maravillosos y cuatro películas». Esa misma noche, ya en su casa, a solas, M. Night Shyamalan rompió a llorar.

Shyamalan y su representante sabían que las posibilidades de ofrecerle el guión a cualquier otro estudio y que lo aceptaran eran muy altas. De todos modos Night no quería enviar el guión a varios estudios a la vez y que saliera a la luz pública que había tenido problemas con Disney y así dar el pistoletazo de salida para que las diferentes *majors* de Hollywood pujaran por él. Es cierto que así, quizá Shyamalan hubiera podido sacar bastante más dinero del inicialmente previsto pero a Night no le interesaba crear resentimientos entre los estudios y hacia él mismo. Se trataba de una jugada importante que Night quería gestionar bien. De modo que Shyamalan tomó una decisión, irían a por la Warner Bros.

M. Night Shyamalan conoció al presidente de la Warner Bors., Alan Horn en la *premiere* italiana de *El bosque*, de modo que decidió que no fuera su representante el que diera el primer paso para ponerse en contacto con él, sino que sería el propio Night quien llamara personalmente a Alan. Extremadamente nervioso y tomando profundas bocanadas de aire, Shyamalan llamó a Horn inmerso en un profundo nerviosismo. Alan fue cortés y la conversación fluyó con naturalidad. Quedaron en verse en Los Angeles unos cuantos días después. Night sabía que por aquellos días Horn iba estar en la ciudad y además así él tendría tiempo para volver a pulir un poco más el guión. Dicho y hecho. El encuentro fue cordial, Shyamalan estaba muy nervioso porque temía que sus problemas con la Disney enturbiaran su negociación con la Warner. De todos modos importó poco. Horn era y de hecho es un tiburón del mundo de Hollywood, el directivo de la Warner Bros. ya se había enterado sobradamente de los problemas que Night había tenido con Disney y aquella cita fue interpretada por Horn como el momento idóneo para hacerse con un director muy jugoso y prometedor. Alan le ofreció a Shyamalan 60 millones de dólares —diez menos de lo presupuestado por el director— y libertad absoluta con el *final cut*. Shyamalan ya tenía por dónde empezar.

2. No es de extrañar que un narrador nato como M. Night Syamalan guste de contar historias a sus hijos para dormir. *La joven del agua* se gestó en un primer momento como una de esas historias para dormir. Lo que ocurre es que la historia de *La joven del agua* fue poco a poco ganando volumen, matices y complejidad, hasta convertirse en un elaborado relato. Del mismo modo que J. R. R. Tolkien forjó la semilla de su popular obra *El señor de los anillos* como un cuento para antes de dormir, *La joven del agua* era la historia que todas las noches los hijos de Night querían escuchar. *La joven del agua* fue poco a poco ganando adeptos en el hogar de los Shyamalan, y continuamente sus hijos interrogaban al padre acerca de este o aquel detalle en torno al particular universo que había brotado de la mente del cineasta norteamericano. La idea llevaba cohabitando en la cabeza del director de *El sexto sentido* un año y medio y finalmente se materializó de la forma más inesperada.

Cuando Night decidió que *La joven del agua* iba a ser su siguiente película tenía muy claro el tipo de historia que quería contar, para quién iba dirigida y el *tono* general que deseaba para el conjunto. Por la cabeza de M. Night Shyamalan rondaban títulos como *E.T.* (*E.T. The Extra-Terrestrial*; Steven Spielberg, 1982) o *La princesa prometida* (*The Princess Bride*; Rob Reiner, 1987), películas para toda la familia, con una importante atención para los más pequeños de la casa, pero con un poso general capaz de atraer al público adulto, gracias fundamentalmente a historias universales y a mitos eternos: la infancia y la vida extraterrestre en el caso del film de Spielberg y el amor eterno, así como la aventura heroica y el simple hecho de relatar una historia en el caso de la película de Reiner. Huelga decir que *La joven del agua* terminó pareciéndose muy poco a ambas películas aunque su relato de un personaje extraño en un entorno cotidiano recuerde un poco a las aventuras del pequeño extraterrestre de Spielberg y el tono deliberadamente humorístico y el propio ejercicio de meta-construcción de un relato comparta ciertas conexiones con la divertida película de Rob Reiner.

M. Night Shyamalan comenzó a escribir el guión de *La joven del agua* consciente de que ésta no iba a ser su película más fácil. «Es más rara que las otras que he escrito» admitió el propio Night. Pero lo que probablemente no se esperaba Shyamalan es que la propuesta resultara tan sumamente extraña a ojos del resto del mundo. Según cuenta Bamberger en su libro, cuando M. Night Shyamalan pensaba que ya tenía un primer borrador del guión lo suficientemente pulido hizo una serie de copias numeradas y se las entregó a un selecto grupo de amigos y familiares, entre ellos, su mujer Bhavna. Además del guión, Night les entregó a cada uno de los «elegidos» un cuestionario sobre el libreto que incluía una tabla de calificaciones del uno al diez (una técnica que ya había utilizado en otras ocasiones) y una fecha límite para que les devolvieran el guión.

Hubo opiniones para todos los gustos. Hubo quien le dijo que el guión era extraño, confuso y un tanto ilógico, hubo otros que se quedaron prendados con el texto de Night. El compositor James Newton Howard lo puntuó con un 9,5. El resultado final de lo cuestionarios entregados y de las opiniones recogidas ofrecía un perfil ciertamente extraño. A los hombres parecía haberles gustado más el guión de *La joven del agua* que a las mujeres.

Una vez cuajado el —delicado— tema del guión, M. Night Shyamalan comenzó a pergeñar el reparto de la película. Había un papel que estaba muy claro, Bryce Dallas Howard, con la que ya había trabajado en su anterior película, tenía que interpretar a la joven *narf*. De hecho le ofreció el papel a la hija de Ron Howard antes incluso de terminar el guión de la película. Howard, profundamente agradecida a M. Night Shyamalan por su papel protagonista para

El bosque aceptó encantada la nueva propuesta. Night buscaba actores de formación teatral —como era el caso de Howard—, capaces de aguantar un primer plano durante varios minutos si hiciera falta y también capaces de ofrecer cierto sentido del humor muy sutil a su interpretación. La gran preocupación de Night, una vez hubo terminado el guión de *La joven del agua* era el actor que interpretaría a Cleveland, un personaje completamente alejado de los ecos del cine de acción de Bruce Willis y Mel Gibson. Pero entonces, un buen día, M. Night Shyamalan vio —la excelente— *Entre copas* (*Sideways*; Alexander Payne, 2004), y entonces lo tuvo claro, Paul Giamatti era su hombre.

Puesto en marcha el proyecto y dada la luz verde del estudio, Shyamalan y su habitual dibujante de *story-board*, Brick Mason (también en esta ocasión, director de la segunda unidad), se encerraron en una habitación para decidir el aspecto visual del largometraje. Plano por plano, la película fue dibujada hasta el último detalle con la única —y trascendental— diferencia de que algunas de la viñetas no tendrían dibujados a los personajes. Por primera vez en su carrera, Shyamalan decidió esperar a rodar la escena, a ver a los actores ensayar y a conocer en primera persona el resultado final de los decorados para entonces decidir donde situar la cámara, una mecánica de rodaje que terminaría influyendo de forma decisiva a la hora de impregnar *La joven del agua* de una cierta naturalidad, de determinada sensación de espontaneidad. En cualquier caso para este decisivo momento de la postproducción enfocado a decidir una idea visual de conjunto resultaba imprescindible la presencia del director de fotografía. Para esta ocasión Night prescindió de Tak Fujimoto (con el que trabajó en *El sexto sentido* y *Señales*) y se decantó por un hombre mucho más arriesgado: Christopher Doyle, el director de fotografía habitual de Wong Kar-Way. Doyle, que reside en Hong Kong, pudo coger un avión cuando fue requerido y se encerró con Shyamalan y Mason para tomar decisiones estrictamente visuales a lo largo y ancho de tres intensos meses.

Sin duda, la presencia de Christopher Doyle en el *set* de rodaje de *La joven del agua* jugó un papel fundamental en el conjunto visual de la película, en esos tonos azulados que parecen empapar toda la película, en la propia filmación de las escenas y la descripción visual que se hace del complejo residencial. Doyle, que según parece es un tipo bastante excéntrico, divertido y un punto desconcertante, es además uno de esos profesionales de la fotografía cinematográfica con un elevado sentimiento de humildad, alejado de la prepotencia y la pomposidad que por lo visto domina el gremio en Hollywood. Cercano a los actores y cómplice con el director, Christopher Doyle supo amoldarse a las exigencias de Night dentro de los modelos propios del cine fantástico y de terror sin desmerecer su sensación personal de la fotografía como una expresión artística en sí misma.

Enseguida, director y productores de *La joven del agua* tuvieron que solventar una cuestión nuclear para la película que además se preveía ardua y complicada: el edificio donde transcurría la acción. De entrada, la pregunta era obvia, «¿filmamos en un edificio real o lo construimos a partir de la nada?». Ambas opciones tienen sus ventajas y sus inconvenientes. En un principio, ni el propio Shyamalan tenía muy claro el tipo de edificio que quería para la película, de modo que se tantearon varias posibilidades. Según se apunta en el *Press Book* del largometraje, una opción que estuvo a punto de perdurar fue la de rodar en un edificio de colores rojizos, pero al final se desechó la idea por una entorno más neutro, más blanquecino para que de este modo fueran los personajes las únicas notas de color que lo habitaran. Al final, productor, director, director de fotografía y diseñador de producción optaron por construir un edificio para de este modo beneficiarse de las facilidades que por definición ofrece un *set* construido para tal efecto (iluminación y emplazamiento de la cámara fundamentalmente). Durante ocho semanas se levantó a contrarreloj y sin salirse del presupuesto un complejo de edificios con una piscina en medio que recubría un esqueleto de acero especial para la ocasión.

Como sucedió también con *El bosque*, el momento de confeccionar las criaturas del film fue extremadamente delicado. Incluso cuando el guión estaba cerrado y se empezaron a esbozar las criaturas se dieron algunos pasos fundamentales para el conjunto de la película que no estaban previstos en el guión. Por ejemplo, al principio los *Scrunt* eran más parecidos a un perro de aspecto relativamente peligroso y a todas luces mucho menos amenazador que el resultado final. En colaboración con el dibujante Brick Mason se esbozaron las primeras criaturas y fue en este punto cuando el propio Manson sugirió la idea de que los monstruos fueran una especie de prolongación sobrenatural de un entorno banal: el césped en el caso de los *Scrunt* y los árboles en lo que se refiere a los *Tartutic*. Fue también en este momento cuando se optó por hacer del *Scrunt* un ser mucho más amenazador.

Los *Tartutic*, aludiendo a su entorno, se optó por dotarlos de un movimiento más propio de un gorila, gracias a los actores que se enfundaban los pesados trajes dejando a los *animatronics* para los primeros planos de las criaturas. En el caso de los *Scrunt*, los diseñadores de efectos especiales se fijaron en los movimientos de animales salvajes como hienas o lobos para atribuírselo a estas criaturas extraordinarias. Dado que los *Scrunt* tenían mucho más protagonismo que los *Tartutic*, el equipo de efectos especiales puso un mayor despliegue técnico en la elaboración de los *Scrunt*. Además de cabezas animatrónicas controladas hasta por tres operadores para los diversos movimientos faciales, se construyó también un *Scrunt* a tamaño natural que movía las patas y que situado sobre unos raíles en medio del césped simulaba correr a ras del suelo. Todo esto, claro está, sin dejar a un lado la tecnología 3-D, que sobre todo en el caso de los *Scrunt*, se encargó de hacerlos moverse por delante de la cámara en aquellos planos de cuerpo entero sobre todo, si se desplazaban de un lugar a otro.

También fue la animación 3-D la que diseñó la espectacular águila gigante que recoge a la *Narf*: el *Gran Eatlon*. Eran muy pocos los planos en los que el *Gran Eatlon* aparecía en pantalla pero también eran los más espectaculares. Además se supone que cuando aparece en pantalla lo hace de noche, en mitad de una tormenta, con lluvia y truenos, lo que complicó considerablemente la labor de los animadores. Shyamalan tenía planificada en la cabeza una escena mucho menos espectacular de lo que finalmente se ve en pantalla. Night nunca había trabajado con tantos efectos digitales y por lo visto no se paró ni un momento a considerar que, básicamente, la animación 3-D no tiene límites, salvo la imaginación. Los animadores recrearon un esbozo de la escena con un águila muy simple y Night, al verla, exclamó: «¡Ah! Pero...¿¡podemos hacer eso!?». Descubiertas las nuevas posibilidades de los ordenadores, se diseñó entonces una escena mucho más elaborada y espectacular que ofreciera al *Gran Eatlon* en todo su esplendor cuidando hasta el último detalle de la última gota que resbala por la última de sus plumas.

Una vez hubo terminado la filmación se pasó al montaje, en esta ocasión capitaneado por Barbara Tulliver, una mujer de aspecto de ejecutiva de Manhattan que al parecer congenió con bastante facilidad con Night y con su particular forma de montar una película y más aún si tenemos muy en cuenta la forma de planificar de Night, con el montaje ya preconcebido en la cabeza. Según se apunta en el *Press Book* del film, Shyamalan y Tulliver decidieron hacer algo impensable en el Hollywood de hoy para tratar de dotar al film de un aspecto más humano y menos tecnológico, más artesanal y con menos sensación de un producto manufacturado para su rápido consumo: montar la película a la antigua usanza, con moviola, cortando y empalmando fotogramas. Una experiencia extremadamente enriquecedora pero también demasiado lenta para los tiempos que corren en Hollywood embotados de plazos y presupuestos. Pese a todo, los tres primeros rollos de la película (algo así como un cuarto de hora) fueron montados con moviola. Fue después cuando se pasó al moderno sistema AVID de montaje no lineal dado que seguir con la moviola hubiera ralentizado la postproducción hasta un año.

Quien llevaba trabajando antes de que se filmara el primer plano de *La joven del agua* pese a su apretada agenda era uno de los profesionales imprescindibles de la carrera de Shyamalan desde el rodaje de *El sexto sentido.* James Newton Howard llevaba encerrado en su estudio hacía meses pergeñando la partitura de *La joven del agua.* Este es también un caso muy poco habitual en la composición de bandas sonoras. Aun suponiendo que exista una verdadera complicidad entre compositor y director lo más habitual en estos casos es que el músico no se ponga a trabajar hasta que no se ha empezado a rodar la película y más aún en un caso como el de James Newton Howard que es quizá el compositor más prolífico que trabaja actualmente en Hollywood. Pero lo cierto es que Night y Howard ya habían hablado largo y tendido sobre el tono que el director quería para el film. No había escenas que mostrar pero sí intenciones generales, una atmósfera musical que diseñar. De este modo Howard pudo escribir una partitura con bastante detenimiento, cuidando sus detalles y otorgándole al conjunto ese matiz imprescindible del que se vale toda película de M. Night Shyamalan desde el rodaje de *El sexto sentido.*

Como de costumbre, el estreno de *La joven del agua* despertó una expectación bastante importante. Todo el mundo estaba atento a cuál iba a ser la siguiente ocurrencia del director de *El sexto sentido*, sobre todo sabiendo que la estrella del cineasta estaba cada vez más puesta en duda. Al final la película terminó costando más de 70 millones de dólares. Se estrenó en Estados Unidos el 21 de julio de 2006 en más de tres mil trescientas salas recaudando en total algo más de 42 millones de dólares. 30 millones y medio en todo el mundo. En total, cerca de 73 millones de dólares. Un completo fracaso, el mayor de la filmografía de M. Night Shyamalan desde los tiempos de *Los primeros amigos.* Aunque lejos de los 282.000 dólares que aquella recaudó sólo en Estados Unidos las cifras de *La joven del agua* resultaron ser un auténtico varapalo para la Warner Bros. pero sobre todo para el propio Shyamalan. La crítica, como de costumbre, se dividió, pero los ataques fueron quizá más feroces que nunca hasta la fecha. Brian Lowry de la revista *Variety* escribió: «Tras *El bosque,* Shyamalan continúa con otra decepción. Lenta y autoindulgente». Roger Ebert del *Chicago Sun-Times*, una de las vacas sagradas de la crítica cinematográfica en Estados Unidos, dijo: «Shyamalan dice que esta historia se la iba inventando mientras se la contaba a sus hijas al dormir y precisamente así se siente: improvisada, alargada, sin mucho sentido».

3. Con una magnífica partitura compuesta por el habitual James Newton Howard, *La joven del agua* retrocede a los anales de la historia del hombre para contarnos un relato mágico de complicidad entre los seres humanos y las denominadas *criaturas del agua*. Con unos dibujos premeditadamente toscos, emulando las pinturas rupestres, Shyamalan nos cuenta cómo *al principio* los hombres y las criaturas del agua convivían en armonía. En muchos sentidos, la relación que plantea Shyamalan al comienzo de *La joven del agua* es, como ya hemos apuntado líneas atrás, muy similar a la que mantenían los griegos con los dioses del Olimpo: una relación terrenal, casi de tú a tú, cuando la mitología no había caído en el ostracismo de lo irreal y de lo fantástico. Hombres y seres mágicos convivían sobre la faz de la Tierra, o dicho de otro modo, lo ordinario y lo extraordinario compartían sin fisuras y estridencias una misma dimensión. Pero entonces el hombre comenzó a distanciarse de las criaturas del agua, de lo extraordinario y de lo mitológico y comenzó a olvidarlo, a repudiarlo al limbo de lo banal, de lo intrascendente. El hombre se convirtió en un ególatra que sólo se necesitaba a sí mismo. La ruptura entre lo extraordinario y lo ordinario que hoy día, en opinión de Shyamalan, inunda nuestro mundo, nació entonces. Pero los seres mágicos del agua no dejaron de intentarlo siglo tras siglo, y continuamente han tratado de ponerse en contacto con el hombre, con seres humanos muy concretos, que podrían verter sobre la Tierra un poco de luz y de esperanza.

Lo primero que destaca en este punto de partida de *La joven del agua* es que por primera vez es lo extraordinario quien busca a lo ordinario. Es decir, hasta el momento en la filmografía de M. Night Shyamalan, el hombre se había estado esforzando por comprender esa *realidad esencial* que acompaña nuestras vidas. Las películas de Night nos contaban cómo sus personajes debían aprender a distinguir lo mundano y lo extraordinario. En *Los primeros amigos* el pequeño Joshua quería buscar a Dios mirando al cielo cuando éste se encontraba a su alrededor; en *El sexto sentido*, Cole debía esforzarse por comprender ese *don* que le permitía ver el mundo como es en realidad, con sus hombres, mujeres y fantasmas; en *El protegido*, David Dunn tenía que buscar en su propio interior lo extraordinario que podía llegar a ser, pese a exhibir los trazos propios de un hombre mediocre y en *Señales* Graham Hess debía ensamblar lo banal de su existencia para comprender los dictados extraordinarios a los que le podían conducir.

Por primera vez en la filmografía de Night sería lo sobrenatural lo que se empecinaría en dar una llamada de atención al hombre y recordarle que tiene la capacidad suficiente como para ser algo más que una triste sombra vital. De hecho, en el complejo residencial *The* Cove[48], la práctica totalidad de sus habitantes son meras existencia grises que arrastran una vida a la que, por lo visto, no le encuentran demasiado sentido. Son vidas sin ningún aparente interés, banales e insustanciales, que nada parecen poder aportar a este mundo. Y sin embargo es aquí donde una *Narf*, algo así como una *ninfa*, hace acto de presencia para inspirar *algo* mágico, indescriptible, a una persona muy especial, capaz de reorientar el devenir de las cosas y hacer algo bueno con el hombre, más allá de la guerra de Irak, que dicho sea de paso, es una contienda que ronronea a lo

48 Literalmente *cala* o *ensenada*, es decir, parte del mar que entra en la tierra.

largo de todo el metraje de *La joven del agua* en casi todas las televisiones que aparecen encendidas.

En cualquier otra película esta premisa hubiera supuesto en torno a una media hora de metraje en el que la *narf* hubiera tratado de convencer al hombre de que estamos en realidad ante una cuestión extraordinaria, donde median *ninfas*, monstruos y águilas gigantes. Sin embargo eso no le interesa a M. Night Shyamalan. Si Night dijo que *La joven del agua* era un cuento de hadas para adultos es que era un cuento de hadas para adultos con todas las palabras. Esto quiere decir que de igual modo que un niño no hace demasiadas preguntas a la hora de entablar una conversación con, pongamos por caso, un fauno, en *La joven del agua* los adultos actúan con asombrosa ingenua credulidad. Cuando Cleveland Heep (Paul Giamatti) se encuentra en su salón con una joven medio desnuda que asegura ser una *narf*, el personaje no lo pone en seria duda, hay sólo un segundo en el que Cleveland le pregunta si realmente es lo que dice ser, pero acto seguido, se pone manos a la obra. Es más, el propio Shyamalan filma la escena con notoria naturalidad, un síntoma de esa pacífica y lógica convivencia entre lo normal y lo extraordinario. M. Night Shyamalan es consciente de lo asombroso que puede resultar una *ninfa*, también sabe que de entrar un día en nuestro salón nadie se tomaría demasiado en serio las palabras de la *narf* si antes no ha llegado la policía para llevarse esposada a esa insensata desnuda que se ha colado en nuestra casa. Como digo, todo esto lo sabe Night. Pero lo que al director de *El sexto sentido* le interesa es precisamente normalizar la entrada de lo comúnmente denominado extraordinario en lo ordinario. Lo que Night nos quiere decir es que en realidad, no hay nada de particular en lo asombroso, que lo natural y lo extranatural forman parte de la misma realidad. Por todo esto, como muy bien apuntaba Tomás Fernández Valentí, existe en *La joven del agua* un «inteligente y a ratos brillante juego entre fantasía y realismo, de tal manera que ambos conceptos llegan a convivir dentro de un mismo plano, de ahí que momentos planteados de forma realista tienen una extraña atmósfera irreal y, por el contrario, los momentos decididamente fantásticos están presentados de tal manera que su naturaleza *fantastique* es puesta en cuestión por el realizador a través de las sugerencias de la planificación»[49].

Y lo cierto es que algo muy similar a lo que le sucede a Cleveland ocurre con el resto de los personajes que habitan *The Cove*. Cuando Cleveland solicita ayuda a sus vecinos ninguno lo toma por loco, ninguno le recrimina estar perdiendo el tiempo en el bar de la esquina empinando el codo o leer demasiada literatura fantástica en sus ratos libres. Todos, del primero al último, aceptan sus insólitos roles como si estuvieran esperando que algo diferente, acaso, algo extraordinario, irrumpiera en sus vidas. Nadie reacciona con demasiado escepticismo, al contrario, todos se vuelcan en ayudar a la *narf* a regresar a su mundo. Hay vacilación, sí, pero no desconfianza, nadie pone en duda la existencia de las *ninfas*, como mucho, algunos discuten que estén jugando el rol al que realmente están destinadas.

Los personajes actúan en *La joven del agua* con la misma mirada ingenua de la que hemos hablado con anterioridad. Con los mismos ojos que Dev Raman en *Prayer with Anger*; con los mismo ojos con los que Joshua decidirá emprender la búsqueda de Dios y en definitiva con los mismo ojos con los que terminará viendo el mundo que le rodea en *Los primeros amigos*; con los mismos ojos con los que Cole contempla a los fantasmas que enturbian su vida en *El sexto sentido*; con los mismos ojos con los que David Dunn deberá mirarse a sí mismo si quiere descubrir sus asombrosas capacidades en *El protegido*; con los mismos ojos con los que Graham Hess contemplará la banalidad que le rodea en *Señales*; y hasta con los mismos ojos con los que Ivy contempla luces de color en lugar de personas en *El bosque*. Se trata en suma de esos ojos de extrañeza a los que nos

[49] Fernández Valentí, Tomás. «La fábula de la sirena» en *Dirigido por...*, n.º 359, p. 27.

hemos referido en tantas otras ocasiones en este libro, una mirada propia de los niños, que se erige en *La joven del agua* como un mandamiento de oro *sine qua non* es impensable entrar en el torrente que nos propone el relato. Cuando Anna (Sarita Choudhury) se arrodilla frente a Story (Bryce Dallas Howard) para hablar con ella mediante signos, el personaje se enfrenta a la singular misión con el entusiasmo de una niña, incluso recurre a una experiencia de cuando era más pequeña para poder entenderse con la *narf* sin necesidad de que ésta diga nada en concreto, algo que al parecer tiene prohibido. En la antesala del clímax del film, Cleveland espera inquieto sentado en el sillón, con las manos sobre las rodillas, como un niño temeroso de los peligros que le acechan. De hecho, para que la abuela de Young-Soon Choi (Cindy Cheung) le cuente a Cleveland más detalles a cerca del cuento infantil, necesita ver a éste como un niño, un reto al que Cleveland accede, sin poner demasiadas objeciones. Y no por casualidad, será precisamente un niño, Joey (Noah Gray-Cabey), el que ocupe el fundamental rol del *simbolista* interpretando nada menos que los lomos de las cajas de cereales. Puede resultar absurdo, que lo es, pero sin embargo, encaja como anillo al dedo dentro de la lógica narrativa y dramática del film.

4. A lo largo de su filmografía, M. Night Shyamalan ha dejado caer alguna que otra llamada de atención acerca de cómo se debe contar una historia. A veces ha sido una especie de broma privada; en otras ocasiones ha sido un guiño metacinematográfico, pero en todo caso siempre ha sido una constante más o menos regular dentro de su filmografía. En *El sexto sentido* por ejemplo, Cole aleccionaba al doctor Malcom acerca de cómo debía contar una historia, y de una forma totalmente ingenua Cole hablaba al fin y al cabo de la santísima trinidad del cine clásico y por extensión, del cine de M. Night Shyamalan: principio inquietante, interés creciente y final sorprendente. Cuando en *La joven del agua* hace acto de presencia un crítico literario y cinematográfico que pronto comienza a despotricar contra las historias asegurando que, *no queda un atisbo de originalidad en el mundo*, Shyamalan se impone un triple salto mortal sin red: crear una historia ante los propios ojos del espectador, un curioso ejercicio metacinematográfico donde estarán incluidas las pistas falsas y los caminos equivocados pero que situará al espectador en una perspectiva insólita dentro de la creación de historias y también de la vida.

Recapitulemos: una *narf* muy especial es enviada al mundo de los humanos para inspirar a una persona, también muy especial, que provocará un cambio en el devenir de la historia de los seres humanos. Pero como en todos los mundos, en los de fantasía y también en la realidad, siempre hay un reverso tenebroso empecinado en lo contrario: el mal. Para que la *narf* pueda cumplir su misión y más aún, regresar a su mundo, necesitará la ayuda de una serie de personajes, unos roles que algunas personas seleccionadas por sus capacidades personales pueden desempeñar, de algún modo, porque están destinadas a ello. Con esto, de lo que Night nos habla en suma es en realidad de algo tan complejo y espinoso como la vida misma, de aquello a lo que estamos destinados a hacer y del lugar que ocupamos en el mundo. En *El protegido* por ejemplo, había un momento en el que Elijah le decía a David «es lo que más miedo da, no saber para qué está uno en este mundo». Esta misma propuesta es la que sirve de punto de partida para unos personajes que *subsisten* en el residencia *The Cove*, sin ningún objetivo vital aparente hasta que alguien les invita a formar parte de algo maravilloso, si acaso, la vida misma. Pero encontrar un rol en la historia de *La joven del agua*, como en la vida, no es algo necesariamente fácil y más aún cuando se acude a un desencantado crítico *de historias* que no cree que haya nada nuevo que decir en este mundo.

A lo largo de todo el metraje, Cleveland irá recurriendo a la abuela de Soon Choi, quien parece conocer todos los detalles acerca de la leyenda de las *narfs*. Como el público, Cleveland irá conociendo la historia por episodios, y como el público deberá ir reconstruyendo, o mejor, organizando la información que la señora Choi (June Kyokolu) le va suministrando con cuenta gotas. Es decir, Cleveland deberá adaptar a la realidad lo que para el resto no sería más que un insustancial cuento de hadas. Cleveland deberá deducir los escenarios, los personajes y hasta el destino de los implicados en la trama que él, con la sensible ayuda de la *narf*, irá dotando de forma. Para enfrentarse a semejante empresa, Cleveland comete un error: recurrir a la misma persona que ha dejado de creer en las historias, el crítico, el señor Farber (Bob Balaban).

En un acertadísimo montaje paralelo Farber va escudriñando a los personajes/roles del relato con preocupante facilidad. Del Simbolista dirá que es «alguien que hace algo mundano pero que requiere una importante capacidad de análisis» y del Gremio asegurará que deberá ser un grupo de gente «que mantiene conversaciones aparentemente irrelevantes con un diálogo tedioso». Absolutamente en nada acertará el señor Farber y no sólo eso, sino que además será la única víctima de los *Scrunt*, en una escena en la que por cierto, Farber tratará de describir antes de que vayan sucediendo las cosas mientras dice en voz alta sus pensamientos, una actitud que el mismo Farber había criticado de una película que había visto días atrás.

La historia por tanto va avanzando a trompicones gracias a la insólita lectura que hace de un crucigrama el señor Dury —en una escena en la que por cierto, vale la pena prestar atención a los comentarios y la actitud de Anna, el personaje más convencido de que está haciendo lo correcto en el momento correcto y también el que más exterioriza su *necesaria* ingenuidad infantil—, los recién adquiridos personajes para esta particular historia dentro de una historia, deciden organizar una fiesta como herramienta bastante descabellada para conseguir su objetivo. Conforme se va acercando el momento de la partida de Story, las cosas no parecen terminar de encajar y el universo no se termina de alinear como estaba previsto para decirles a los personajes que van por el buen camino. Algo está fallando. Es en este punto, cuando Story será atrapada por un *Scrunt* hasta el punto de quitarle la vida. La escena no está rodada con ningún tipo de truculencia de hecho, sabremos que Story está muerta porque lo dicen los personajes y no por lo que veamos. No hay sangre más allá de unos pequeños —y simbólicos— rasguños. Los personajes plantean una reunión de emergencia, no hay armonía en el conjunto, los roles están equivocados, las cosas no pueden salir bien porque no hay relación alguna entre hombres y roles. Hay personas que están ocupando un rol que no es el suyo. Era algo que algunos de ellos ya estaban sospechando desde el principio, como es el caso del señor Dury, «yo no veo nada en estas palabras, no lo veo ahora ni lo veía antes». Desde ese momento, el castillo de naipes que se había construido a partir de las descabelladas propuestas del señor Dury se desmorona en picado, nada sale bien. Ni siquiera la Curandera es quien parecía ser. Story parece estar perdida pero es entonces cuando las piezas empiezan a encajar por sí solas.

De pronto alguien recuerda que el Simbolista debe ser una persona que «que vea pureza en lo mundano» (una vez más esa necesidad de conectar lo extraordinario con lo ordinario) y el señor Dury cae en la cuenta. Su hijo, Joey (Noah Gray-Cabey), tiene la inexplicable capacidad de intuir mensajes en soportes tan mundanos, tan banales y tan aparentemente insustanciales como una caja de cereales. Desde luego, este fue uno de los grandes riesgos de Shyamalan. Cuando en la escena siguiente vemos a los personajes arrodillados (como en una oración, de esto hablaremos más tarde) tras el pequeño Joey, mientras el niño lee algo fuera de campo y al plano siguiente comprobamos como lo que está leyendo son cajas de cereales, muchos decidieron no seguir en la sala de cine. Pero lo cierto es que la propuesta de Night resulta en este sentido y en la misma línea que hemos viniendo subrayando hasta el momento, absolutamente *shyamalaniana*. No puede haber algo más ordinario con un cometido más extraordinario y eso es M. Night Shyamalan.

En ese momento todo empieza a adquirir otro matiz. El Gremio no es quien parecía ser y el Curandero termina por ser el propio Cleveland. Este es un hecho curioso que de hecho explica por qué el personaje de Giammatti es elegido por la *narf*. Porque si como nos dicen al principio del film, el hombre ha dejado de escuchar, ¿qué tiene Cleveland Heep que le hace ser el personaje idóneo para recibir y ayudar a una *ninfa* del mundo azul como finalmente sucede? Como iremos descubriendo a lo largo del metraje, el protagonista de *La joven del agua* es —como también es una costumbre en los protagonistas del cine de Shyamalan— un hombre roto por una terrible pérdida. Años atrás era un médico con una familia que tuvo la trágica suerte de perder cuando alguien entró a robar a su casa y mató a su mujer y a su hija.

Cleveland se mueve por las dependencias de *The Cove* sin demasiado entusiasmo, no considera que esté haciendo nada particularmente importante y lo que es más, no tiene nada por lo que levantarse cada día. Sin embargo, es un personaje que tiene algo que siempre ha impregnado el cine de M. Night Shyamalan: esperanza. En un momento de la película, el propio Cleveland explicará que el rol del Curandero es para «una persona tan llena de esperanza que es capaz de devolverle la vida a todas las cosas». Él aún no lo sabe, pero es esa persona. De hecho, una persona sin esperanzas jamás se hubiera implicado en una historia tan descabellada como la que le propone Story. Y es que, en cierto modo, el personaje interpretado por Paul Giammatti es un poco como el señor Leeds (Bill Irwin), cuando éste dice cerca del final de la película, cuando las cosas no terminan de encajar, «yo quería creérmelo más que nadie, yo quería volver a ser un niño». Como Leeds (en palabras de Shyamalan, «una posible versión futura de Cleveland»), y probablemente como el resto de los personajes, son hombres que sienten esa necesidad de creerse una historia por descabellada que sea, si eso les aporta un horizonte vital, un poco de luz. En el caso de Cleveland, el personaje en realidad quiere que la historia que le propone la *narf* sea cierta aunque su sentido común le diga lo contrario porque así su vida puede que empiece a cobrar un poco de sentido, pero para eso hay que estar mínimamente predispuesto, hay que tener al menos, una gotas de esperanza diseminadas por el cuerpo listas para ser reactivadas. De hecho, en este sentido, Cleveland Heep es hasta la fecha el personaje menos escéptico de la filmografía de Shyamalan. Prácticamente todos los personajes diseñados por Night, desde Dev Raman hasta Graham Hees, pasando por el doctor Malcom se resisten hasta prácticamente el final de la película a creer que algo extraordinario puede esta ocurriendo en sus vidas. De esto, precisamente, han versado las anteriores películas de M. Night Shyamalan, y por esta misma razón, y en este sentido, *La joven del agua* supone un paso hacía adelante dado que no se trata de demostrar que hay algo extraordinario ahí fuera, sino que nosotros formamos parte de ese universo insólito, que debemos de acoplarnos y de acoplarlo a lo que llamamos cotidianidad para descubrir qué somos realmente.

Y es que si decíamos al principio que *La joven del agua* era la única película de Night hasta la fecha en la que lo extraordinario buscaba a lo ordinario, esto se completa con el hecho de que es un hombre común quien debe encajar las piezas de la fantasía en la realidad que le rodea para que de este modo pueda vislumbrar la asombrosa variedad de hechos extraordinarios que le rodean. Algo así como lo que hacía Joshua con la realidad que le rodea, o lo que hace Malcom con el niño que ve fantasmas, o David Dunn con su propio pasado o Graham Hess con la tristeza a la que se ha confinado. Como en todas las películas de M. Night Shyamalan la banalidad es cuna de lo extraordinario, sólo hace falta mirar con los ojos adecuados y estar atentos a acontecimientos en principio, intrascendentes. Una piscina comunitaria puede ser el seno[50], el ojo (su forma la delata) hacía un nuevo mundo, su propio filtro en

[50] *The Cove* además de ensenada, también puede significar dispuesto a manera o en forma de seno.

el fondo puede ser la vía de acceso al cobijo de una *narf*; el simple césped puede ser la piel que envuelve a fantásticos animales de peligrosa ferocidad, y los mismos árboles pueden ser en realidad un elaborado camuflaje de grotescos seres con un único objetivo, preservar el equilibrio entre el mundo azul y los seres humanos. Si esto es así, no menos posible puede resultar que entre los habitantes de una apacible comunidad de vecinos se encuentre un Guardián, un Curandero, un Guía o un Intérprete. De hecho, si la realidad puede esconder semejantes maravillas de otro mundo, ¿por qué no pueden esconderse mensajes cifrados en algo tan increíblemente banal como una etiqueta de una lata de conservas o una caja de cereales? En realidad no por extrema, la propuesta deja de ser la misma. Como apuntábamos líneas arriba, la realidad puede ser la cuna de lo extraordinario si, insisto, se observa con los ojos adecuados.

5. Los héroes *shyamalanianos* siempre han sido unos personajes bastante desafortunados pero también bastante discretos. Night consiguió convertir a un héroe del cine de acción como Bruce Willis en un tipo inseguro y frágil e hizo lo mismo con otro icono del cine de acción de los 80 como Mel Gibson. Paul Giamatti, podemos decirlo ya, podría ser muy bien el modelo ideal del personaje *shyamalaniano*. Un poco lo que Jack Lemmon supuso para Billy Wilder o James Stewart para Alfred Hitchcock. Paul Giamatti corresponde a la perfección con ese perfil humano y heroico que le interesa a Shyamalan. Resultaría bastante complicado imaginarse a Paul Giamatti saltando de un camión en llamas o descargando cartuchos enteros contra milicias armadas hasta los dientes. Paul Giamatti parece encajar con suma comodidad en un papel como el que interpreta en *La joven del agua*; lo suficientemente melancólico y frágil como para acceder a su tristeza y lo suficientemente ingenuo y entusiasta como para encabezar una fantástica historia de mitos y leyendas.

Cleveland Heep es un hombre común, hundido por una tragedia que le quitó a su familia de un zarpazo. Escribe en un diario sus reflexiones, sus tristezas y sus sentimientos. De algún modo Cleveland (cuyo nombre significa «De los acantilados», nueva referencia a los límites que unen tierra y mar) es algo así como una esponja, sensitivamente muy receptiva. Sus heridas hacen de él un personaje extremadamente frágil, pero también un objetivo perfecto para la *narf*. Cleveland, que vive sumido en un mar de tristeza, es probablemente el personaje más necesitado de encontrar una luz al final del túnel, algo que le haga entrever al menos que existe una razón por la que seguir adelante. Sus heridas han hecho que sus sentimientos estén a flor de piel.

M. Night Shyamalan nos presenta al protagonista de la historia, al héroe del relato con cierta ironía al comienzo del film. Cleveland se está enfrentando a un extraño animal, pero lo está haciendo en una cocina, con un escoba y ante los chillidos histéricos de las propietarias de la vivienda. No sin un evidente sentido del humor, M. Night Shyamalan hace algo parecido a lo que sucede en las películas de Indiana Jones o de James Bond, presentando al héroe en un momento heroico de acción inicial, aunque claro está, ya desde el principio las distancias quedan muy bien marcadas en este sentido. Obviamente, la diferencia entre Indiana Jones y Cleveland Heep es considerable entre otras razones porque con estas acusadas distancias, Night nos está diciendo qué clase de héroe tenemos ante nosotros. Ante todo, un héroe común, como todos los personajes y hasta como casi todas las situaciones de *La joven de agua*, un héroe casi costumbrista, cuya mayor hazaña al cabo de un día es terminar con la vida de algo parecido a una rata. Cleveland se pasea por los pasillo de *The Cove* con cierta desgana, sensiblemente cabizbajo, dejando entrever la poca ilusión que le proporciona su trabajo, no olvidemos, un refugio que el propio Cleveland se ha buscado para huir de su tragedia personal. Se relaciona con los vecinos con la cortesía necesaria, se disculpa tartamudeando con frecuencia ante un retraso o un olvido, pero nada enciende en él un chispa de ilusión.

Mientras Cleveland Hepp espera, quizá sin saberlo, a que algo fuera de lo normal cambie su vida, Shyamalan le dedica una mirada en su intimidad. Vemos a Cleveland escribiendo por las noches —la persona que escribe es que tiene algo que decir y si tiene algo que decir es que observa el mundo que le rodea, reflexiona y tiene una opinión sobre él— desde la ventana, permitiéndole un momento de intimidad al personaje (algo insólito en el cine contemporáneo pero habitual en la obra de Night), hasta que la cámara de Night se eleva suavemente hasta un cielo azulado, no por casualidad, el reflejo del agua.

Cuando Cleveland escucha un chapoteo en la piscina sale con una linterna dispuesto a echar la bronca de su vida, a terminar de una vez por todas con el tipo que está fastidiando algo tan preciado para *The Cove* como el filtro de la piscina. De hecho, una vez más, Night escribe una escena sumamente costumbrista, algo tan banal y hasta ridículo —y habitual también— como un resbalón al borde de la piscina que será el punto de inflexión para pasar a otra escena. Cleveland abre los ojos y contempla a una joven de mirada extraña pero profunda, de aspecto normal (no tiene aletas ni nada parecido) pero a la vez irreal (nuevo ejemplo de convivencia entre lo fantástico y lo cotidiano en una misma imagen); el tono de su piel, el pelo, su mirada, sus ojos...

Como hemos señalado, Cleveland Heep no pondrá demasiados reparos en la descabellada propuesta que le trae Story, probablemente porque es la única salida que encuentra a su grisácea existencia. A partir de entonces y conforme va avanzando la historia, Cleveland se va transformando en un personaje mucho más activo, mucho más jovial y mucho más vital. Se siente que forma parte de algo extraordinario y de pronto, su trágico destino, el mismo que le llevó a *The Cove* (la pérdida de su familia), cobra un inesperado sentido. Un sentido muy similar al que cobra la vida de Graham

Hess en *Señales*. Ambos personajes pierden a un ser querido, ambas perdidas conducirán tanto a Cleveland como a Graham a un existencia desesperanzada que les llevará a un punto de auténtica catarsis existencial en donde la vida cobrará un sentido y entonces, las cosas se alinearan y algo a nuestro alrededor nos indicará que todo está donde debía estar. Algo así como la alineación del universo a la que hacen referencia en un par de ocasiones los personajes de *La joven del agua* para poner de manifiesto que «vamos por buen camino».

6. El director de fotografía Christopher Doyle debió de sentirse extraño en un rodaje como el de *La joven del agua*. Acostumbrado a los cuidados esteticismos de atmósfera oriental propios de Wong Kar Way, Doyle se encargó de que esa presencia constante que parece *inundar* la película de M. Night Shyamalan de un extraño tono de *fantastique* contenido no rebasara nunca los límites establecidos para, de este modo, conseguir un verdadero equilibrio. M. Night Shyamalan no necesita más que una piscina para colocar la cámara debajo del agua y terminar la película con un plano distorsionado de su héroe para demostrarnos que todo depende del lugar desde el que se miren las cosas.

Con su habitual *tempo*, con su acostumbrada utilización del montaje, los movimientos de cámara, la música, la luz y la profundidad de campo, M. Night Shyamalan matizó con *La joven del agua* un estilo visual que maduró con *El sexto sentido*, pero que ha ido adquiriendo matices en función de la historia que se iba a narrar. Por ejemplo, en *El protegido* la cámara parecía concebir viñetas en movimiento más pendiente de la configuración del plano que de las propias posibilidades de encuadrarlo; en *Señales* la cámara de Night se entregó por entero a una historia de suspense explotando hasta el límite el escenario y el sonido; con *El bosque* M. Night Shyamalan prefirió dotar al conjunto de una extraña tranquilidad que envolvía la insólita existencia de los habitantes de la villa. En *La joven del agua*, Night parece haberse propuesto como objetivo primordial el perfecto equilibrio entre fantasía y realidad.

Sin perder un ápice de su cuidadísima puesta en escena, lo cierto es que *La joven del agua* desprende en determinados momentos cierta espontaneidad en sus imágenes hasta la fecha inexistente en la filmografía de Shyamalan. Cuando Farber conoce a Reggie (Freddy Rodriguez) y su desproporcionado brazo, Night filma la escena con cámara al hombro —un recurso antes utilizado por el director para insuflar inquietud y no al contrario, como es el caso en la escena que nos ocupa—. La cámara de M. Night Shyamalan es tal vez la menos precisa, es decir, la más abierta a las posibilidades que le pueda brindar la acción y los personajes. Es por esto también la más realista, la más costumbrista. Por alguna razón, *La joven del agua* no logra desprender *del todo* esa sensación de producto medido hasta el último detalle. Nosotros sabemos que es así, pero Night ha conseguido quizá por primera vez en su filmografía que un largometraje suyo desprenda cierta espontaneidad. Probablemente se deba al hecho de que la vida en *The Cove* no resulta nada llamativa, o el empeño por parte de Shyamalan por no subrayar de una forma visual los elementos fantásticos de modo que circulen por la pantalla sin demasiados entrecomillados.

La cámara de M. Night Shyamalan se centra en lo mínimo. No hay apabullantes movimientos de cámara, ni un particular uso de la *steady-cam*, tampoco hay un montaje saturado o una particular sensación de aventura excesivamente épica. No, la sensación que parece aflorar de entre los realistas fotogramas de *La joven del agua* es en todo caso el propio de una oración. En un momento, lo dice uno de sus personajes, «mi madre me contaba este cuento como si fuera una oración», afirma Young Soon-Choi a Cleveland y en muchos sentido, eso pienso que es *La joven del agua*. En varias ocasiones los personajes se arrodillan, ya sea para escuchar la interpretación que un niño hace de las cajas de cereales o para escuchar las palabras de la *Narf*. La propia estructura de la historia, con ese comienzo aludiendo a un pasado remoto del que ya nadie se cuerda, la misma música de James Newton Howard y en suma la búsqueda o mejor aún, la creencia de que algo extraordinario habita con nosotros y sobre todo, la esperanza de que algún tipo de orden cósmico le de algún sentido a todo lo que nos rodea, aunque nos duela o nos parezca injusto, parecen querer conformar esa extraña sensación de esperanzadora oración. De hecho, en uno de los momentos culminantes del film, cuando Cleveland asume su inesperado rol de Curandero y trata de reavivar a Story, la escena tiene mucho de liturgia religiosa por cómo está planteada tanto narrativa como dramáticamente: dos personas al centro, abrazadas mientras una de ellas *alude* (que no invoca) a Dios, mientras un grupo de personas extienden sus brazos para tocar a Story, una especie de comunión que busca salvar la vida de la joven *Narf*.

A toda esta impresión general del film de M. Night Shyamalan contribuyen desde luego las imágenes de una película que parece no querer distorsionar la esencia de un film con aspiraciones, en realidad muy peligrosas pero que por fortuna, Night sabe gestionar con la suficiente honestidad e inteligencia como para no resultar pretencioso. Y todo en una historia con un narrador y una cámara que parecen saberlo todo, antes incluso de que ocurra. La imágenes de *La joven del agua* tienen la curiosa actitud de encuadrar lo verdaderamente relevante en su momento, aunque esto implique que durante unos segundos solo veamos un borrón desenfocado en la pantalla. Esto implica que por lo general la cámara de Night prefiera esperar a que sean los personajes los que se sitúen en su lugar, en vez de ir ella a buscarlos con movimientos de *travelling* o *steady-cam*. Esto es interesante porque con su contención, M. Night Shyamalan lo que está haciendo es ofrecerle a los personajes una libertad poco habitual en el cine de Hollywood. La cámara de Night, atenta y pendiente a todo lo que sucede a su alrededor prefiere no obstante no interferir en la mayoría de los casos y conservar una privilegiada mirada de un narrador que contempla y desarrolla los dramas sin inmiscuirse. De este modo los personajes de los largometrajes de Night gozan del lujo de ser libres, pueden permitirse determinados momentos de intimidad y lo que es más, logran ofrecer un perfil muy cercano al de un ser humano.

EL INCIDENTE

«Es un acto de la naturaleza que nunca llegaremos a comprender»

1. Las cosas estaban cambiando de forma radical para M. Night Shyamalan. De aquella época en la que los estudios se lo rifaban y Disney lo adoraba como maná caído del cielo, Shyamalan pasó a mendigar de productora en productora en busca de alguien que le quisiera financiar su siguiente película que a la postre, resultó ser uno de sus mayores fracasos comerciales, *La joven del agua.* La película, que había sido producida por la Warner Bros. no dejó a nadie contento en la cuna de Bugs Bunny, razón por la que parece lógico pensar que los estudios de los hermanos Warner no ardían precisamente en deseos de producir otra película de Shyamalan. En Hollywood suele decirse que uno vale lo que su última película ha recaudado, y por aquel entonces, M. Night Shyamalan valía muy poco.

También en Hollywood es una regla no escrita que después de un fracaso todo director que se precie de ser llamado así lo mejor que puede hacer con su siguiente película es refugiarse en un proyecto de éxito garantizado, es decir, hacer lo que uno mejor sabe hacer y dejar aparcados los proyectos más arriesgados para mejor ocasión. El propio Shyamalan ya tiró de este mandamiento de oro cuando no quedó satisfecho con las cifras de *El protegido* y a continuación filmó *Señales.* Pero lo cierto es que ni aún así, a la Warner no le quedó humor para meter la cabeza en otra película de Shyamalan.

Pese a todo, cuando Night abandonó la Disney todo el mundillo de Hollywood tuvo conocimiento de sus desavenencias con la casa de Mickey Mouse, de modo que además del estudio elegido por Shyamalan, la Warner, otras *majors* trataron de pujar por el director de *El sexto sentido*, y ese fue el caso de la 20th Century Fox y la Paramount. Por tanto no debe resultar muy extraño que cuando Night fuera nuevamente a buscar un estudio para sacar adelante su siguiente película, tanto la Fox como la Paramount se ofrecieran a poner su nombre sobre otra película del director de *El sexto sentido*. Sea como fuere, lo cierto es que fue la 20th Century Fox la que se arregló con M. Night Shyamalan. Además se daba la circunstancia de que para esta ocasión Night llevaba bajo el brazo un guión mucho más accesible para el gran público titulado *The Green Effect* (*El efecto verde*) y con un potencial en taquilla bastante más holgado que el de *La joven de agua*. La Fox leyó el texto y aceptó, pero puso una condición (que en realidad ocultaba otra): que la película tuviera el nivel de violencia suficiente como para que fuera clasificada R (los menores de 17 años deberían ir acompañados de un adulto) para de este modo fijar la atención del público adolescente, el que más dinero se gasta en las salas de cine de todo el mundo y de paso darle otra revisión al guión.

Night, tremendamente celoso de su pequeña isla creativa, se lo pensó. No tenía muy claro hasta qué punto le interesaba claudicar ante unos grandes estudios. Por una cuestión similar se había enfrentado con verdadera ferocidad contra la Disney, al fin y al cabo casi con toda probabilidad la Paramount accedería a financiar su nueva película sin hacer demasiadas preguntas, y si no la Paramount, la Universal o cualquier otro estudio es muy posible que todavía se lo rifaran. Pero a Shyamalan se le debió encender la bombilla. Night debió comprender que algunas de las películas que más adoraba, *Tiburón*, *El exorcista* o *La jungla de cristal*, fueron precisamente eso, encargos, en principio ajenos a sus directores, que posteriormente, Steven Spielberg, William Friedkin y John McTiernan hicieron suyos. Además, la estrella de M. Night Shyamalan ya no era la de años atrás. Night aceptó, pero exigió el derecho al preciado *final cut*. La Fox estuvo de acuerdo.

La 20th Century Fox no obstante fijó un presupuesto de 60 millones de dólares, un cifra demasiado ajustada para una producción de estas características. Night, veía una vez más cómo sus propuestas eran acotadas, un hecho particularmente significativo con *El incidente*, un film logísticamente bastante más complejo que *La joven del agua* que había costado 15 millones más. Era la segunda vez que a Night le rebajaban sustancialmente el presupuesto previsto, aunque después terminara por superarlo.

2. Con la nueva propuesta de la Fox de elevar la intensidad dramática del film hasta alcanzar la calificación R, M. Night Shyamalan se vio obligado a reescribir el guión y de paso, pulir algunas cuestiones de la historia que no terminaban de encajar a ojos de los ejecutivos de la *major*. Con un guión ya aprobado, Shyamalan se puso a seleccionar el reparto, que según parece ya tenía muy claro, y que quería que fuese encabezado por Mark Whalberg. El actor norteamericano, acostumbrado a interpretar a tipos duros y héroes típicamente hollywoodienses (muy al estilo de Bruce Willis) se sintió terriblemente atraído por la idea de enfrentarse a un personaje completamente ajeno a lo que solía interpretar. Además, se daba la circunstancia de que Walhberg llevaba tiempo queriendo trabajar con Shyamalan. Su hermano, Donnie Walhberg, ya había protagonizado una de las escenas cumbre de *El sexto sentido* interpretando a Vincent Grey, el hombre que mata al doctor Malcolm y Joaquin Phoenix, amigo personal de Walhberg, también se había puesto frente a una cámara de Shyamalan en *Señales* y *El bosque*, de modo que no es de extrañar que Mark sintiera un punto de *sana* envidia, según llegó a admitir el propio actor.

M. Night Shyamalan invitó a Mark Walhberg a una generosa cena de *sushi* para agasajarlo y según se apunta en el *Press Book* del largometraje, el intérprete se quedó prendando con las posibilidades que le ofrecía el personaje y el entusiasmo de Night, quien parecía tener muy claro qué quería de ese personaje y lo que es más importante, qué podía aportarle Walhberg. No es de extrañar por otro lado que M. Night Shyamalan se inclinara por un actor de la naturaleza de Walhberg, como ya había hecho con Bruce Willis y Mel Gibson. Night tiene un particular gusto por escoger a actores tipificados como héroes sin ambages para situarlos en contextos más mundanos y tratar de poner de manifiesto sus variantes más humanas. De este modo, Shyamalan caza dos pájaros de un tiro, trabaja con actores que son capaces de ofrecer un perfil duro y valiente cercanos al gran público y además, mantiene el *star system* de cualquier producción de Hollywood que siempre verá con mejores ojos una película interpretada por Walhberg, Willis o Gibson que por Paul Giamatti, por más que haya una considerable distancia interpretativa entre ellos.

Como compañera de aventuras de Walhberg, M. Night Shyamalan, tras barajar varios nombres, se inclinó por la casi desconocida Zooey Deschanel, una actriz californiana escasamente popular —había trabajado en papeles secundarios en películas como *Elf* (John Favreau; 2003) y *Casi famosos* (*Almost Famous*; Cameron Crowe, 2000)— cuya tez pálida y ojos profundamente azules debieron encandilar a Shyamalan que buscaba una actriz que pudiera manifestar un conato de infidelidad combinado con un amor incondicional por su marido. Por otro lado, John Leguizamo, el polifacético actor famoso en Estados Unidos por sus monólogos cómicos y sus interpretaciones en la gran pantalla, aportó a *El incidente* tal vez el aspecto más inesperadamente banal, más realista del film, interpretando a un profesor de instituto ataviado con chaqueta de chándal que corre a salvar a su esposa en una carrera tan inútil como desesperada.

Como es bien sabido, el apartado de los actores infantiles suele ser uno de los que más preocupa al director de *El protegido*. Para *El incidente*, Shyamalan quería a una niña muy especial. No tenía a nadie en mente, pero sabía qué era lo que estaba buscando. Night quería a una niña frágil, que emanara inocencia y a la vez verosimilitud ante una situación como la que se plantea en la película. La actriz debía interpretar a Jess, la hija de John Leguizamo que éste deja al cuidado de Elliot (Walhberg) cuando sale en busca de su mujer. La Fox organizó un gigantesco *casting* a nivel nacional. Se presentaron niñas de todos los estados del país. Cuenta el coproductor del film, José Rodríguez, en el *Press Book* de la cinta, que cuando Shyamalan vio a Ashlyn Sánchez exclamó «¡es ella!». Sánchez era una actriz infantil bastante consumada en la profesión a pesar de su edad. Había intervenido en *Crash* (Paul Haggis, 2004) además de haber trabajado en series de televisión como *Alias* (J. J. Abrams, 2001-2006) o *CSI. Las Vegas* (Ann Donahue y Anthony E. Zuiker, 2000-2009) entre otras.

En el reparto de *El incidente* también aparece en pantalla en una inquietante aparición la actriz Betty Buckley, conocida por el aficionado al cine de terror por su papel como profesora de gimnasia en la película de Brian De Palma *Carrie* (1976). Sobre la intervención de Buckley en la película de Night, el *Press Book* del film relata una anécdota muy curiosa. Según parece Buckley se enteró del *casting* que Shyamalan había organizado para interpretar a la excéntrica señora Jones. Por alguna razón Buckley no fue citada, pero aún así, la veterana actriz estaba empeñada en trabajar con Shyamalan de modo que grabó su propio *casting* en un DVD. Al parecer, Buckley fue incapaz de pasar su *casting* a una cinta y desesperada y sin saber qué hacer, le envió a Night la cámara de video al completo por correo. Shyamalan quedó absolutamente sorprendido. Vio la grabación y no se lo pensó dos veces. Betty Buckley estaba dentro.

Como en otras películas de M. Night Shyamalan, el director pronto pasó a definir el estilo visual que quería para su película.

Para ello echó mano de un viejo conocido, el director de fotografía Tak Fujimoto, uno de los profesionales de Hollywood más respetados y solicitados que ya había trabajado con Night en *El sexto sentido* y *Señales*. No obstante, Fujimoto contó con la colaboración de otro director de fotografía, el emergente Carl Shmkin, un profesional que hasta aquel momento sólo había trabajado en la exitosa película de los hermanos Coen *No es país para viejos* (*No Country for Old Men*; 2007). Para el rodaje de la película, según se apunta en el *Press Book* del film, Shyamalan fue muy claro respecto a lo complejo que resultaría retratar en pantalla lo que tenía en mente: «esta va a ser un tipo de experiencia cinematográfica distinta para todos nosotros, una *road movie* en cierto sentido. El ochenta y cinco por ciento de nuestras localizaciones son en exteriores y para completar la película vamos a necesitar la cooperación de la Madre Naturaleza. Nos encontramos a merced de los elementos».

A Fujimoto se unieron viejos conocidos de la filmografía de Night Shyamalan como la diseñadora de vestuario Betty Heiman y muy especialmente el compositor James Newton Howard. Además, entre las nuevas caras presentes en la producción de *El incidente* cabría destacar la presencia de la prestigiosa Jeannine Claudia Oppenwall, diseñadora de producción de películas como *Atrápame si puedes* (*Catch Me If You Can*; Steven Spielberg, 2002), *L.A. Confidential* (Curtis Hanson, 1997) o *Los puentes de Madison* (*The Bridges of Madison County*; Clint Eastwood, 1995) entre otras. Se daba la circunstancia además de que Oppenwall había estudiado muy cerca de la zona donde se iba a rodar el film, razón por la cual no sólo se sintió cómoda rodando allí, sino que además conocía la fisonomía del paisaje, sus colores, sus tonalidades y sus tendencias, de modo que sabía, tal vez mejor que otros, cómo explotar el entorno para aprovecharlo mejor y sacarle el máximo partido a la idea visual que Night tenía en la cabeza.

Por primera vez en una película de M. Night Shyamalan desde los tiempos de *Prayer With Anger*, Night abandonó, aunque sólo de forma fugaz, su adorada Philadelphia para incluir algunas escenas rodadas en Nueva York, en pleno Central Park, además de unos planos que se tuvieron que rodar en Paris para el epílogo del film. El rodaje dio comienzo el 6 de agosto de 2007, justo nueve años después del arranque del rodaje del film que lo diera a conocer en todo el mundo, *El sexto sentido*. Como en otras ocasiones M. Night Shyamalan pudo darse el lujo de rodar la película de forma cronológica. La filmación de *El incidente* se extendió a lo largo de cuarenta y cuatro frenéticos días y cada jornada de trabajo terminó por convertirse en un constante traslado de una localización a otra imprimiendo también en el equipo una idea que Shyamalan quería dejar bien sellada en la pantalla, una constante huida.

El *Press Book* del largometraje resalta además que el equipo de rodaje de *El incidente* tuvo el raro privilegio de poder rodar en la estación de trenes de la calle 30 de Filadelfia, un atiborrado escenario real por el que fluyen todos los días millones de personas al servir de enlace entre tres urbes como Filadelfia, Nueva York y Washington DC, habiéndose convertido en la segunda estación de tren con mayor tráfico de Estados Unidos. La compañía Amtrak permitió a Shyamalan y a su equipo rodar en la vistosa estación de estilo Art Decó de los años 30 siempre y cuando el flujo ferroviario no se viera alterado, por lo que Shyamalan pudo filmar algunas de sus escenas ante la mirada expectante de cientos de personas que iban y venían de las zona más poblada de la Costa Este de Estados Unidos.

Esta escena en la estación de Filadelfia contó además con un nutrido número de extras que aportaron al decorado la necesaria sensación de atiborrado entorno repleto de personas que esperan salir como sea y a donde sea de aquella ciudad. M. Night Shyamalan también quiso implicarse en la elección de los extras, ya que quería que el grupo anónimo de personas que se mueven alrededor de los personajes principales reflejase la idea de que cualquier clase social, ancianos, ejecutivos, granjeros o inmigrantes se encontraba bajo la extraña amenaza que plantea *El incidente*.

Otro interior, de los pocos que hay en la película, complicado de localizar pese a su aparente simplicidad, fue el bar de carretera donde los protagonistas junto a un grupo de personas se detienen sin saber qué hacer ni a dónde ir. El equipo de producción de *El incidente* se recorrió toda Pensilvania en busca de un lugar dejado de la mano de Dios pero que a la vez se encontrara dentro de un área tan poblada como es la Costa Este de Estados Unidos a las afuera de Filadelfia. Al final, el *Press Book* señala que el local elegido fue el restaurante G-Lodge, en Phoenixville, a unos escasos 50 kilómetros de Filadelfia.

Pese a todo, el grueso de la producción de *El incidente* se desarrolló en exteriores, concretamente en las 640 hectáreas de la granja Walker, en Unionville, a casi trescientas millas de la ciudad de Filadelfia. Fue en esa zona donde el equipo de producción tuvo que poner toda la carne en el asador para moldear en la medida de lo posible a la Madre Naturaleza y servirse de ella para representar los terribles temores que se pretendían plasmar en la pantalla. Pero sin duda, el gran reto de la producción de *El incidente* fue el viento. En la película, la banal brisa adquiere diferentes *personalidades* actuando casi como un personaje más que presagia la presencia de la muerte. Controlar el viento y ofrecer las ráfagas en cada momento tal y como exigía cada escena determinada obligó al equipo de efectos especiales de Steve Cremin a utilizar una amplia variedad de ventiladores móviles, algunos de ellos de hasta seis metros de diámetro, para generar las ondas de viento que cada momento exigía. Seguidamente, el diseñador de efectos digitales, Ed Hirsch añadiría unos sutiles retoques para matizar o redondear el efecto creado por los ventiladores. Finalmente, se le añadiría al momento imprescindibles grabaciones de viento real, que combinadas con las imágenes filmadas y los retoques digitales posteriores lograron generar esa pavorosa sensación de *viento asesino* con sus ondas a ras del suelo, el crujido de los árboles y el alboroto de las ramas.

Aún así, el exterior más complejo donde se instaló el equipo de *El incidente* fue precisamente el último *set* utilizado por Shyamalan para la película, la siniestra casa de la Sra. Jones. Oppewall utilizó una granja de más de doscientos años de antigüedad situada en los terrenos de Ridley Creek State Park, una zona aislada del mundanal ruido pese a encontrarse a tan sólo 26 kilómetros del centro de Filadelfia. El equipo de Oppewall enterró líneas eléctricas, construyó un porche y añadió persianas envejecidas. Además se plantó un pequeño huerto de frutas y verduras que, se suponía, debía de alimentar a la inquietante señora Jones y hasta se trajeron varias partidas de gallinas y conejos para un pequeño corral. Paralelamente, el interior de la casa se decoró con numerosas baratijas, algunas de ellas, ciertamente extrañas, compradas en los pequeños comercios de los alrededores.

Terminado el arduo rodaje de *El incidente*, M. Night Shyamalan pasó a la postproducción de la película, un aspecto de todo largometraje del director de *El sexto sentido* en donde entra en juego una de las herramientas más apreciadas por el realizador, el sonido. Tod Maitland, un consumado profesional de Hollywood que ha trabajado en algunas de las producciones más exitosas de las últimas dos décadas y que además ya había colaborado con Night en *Señales* y *El bosque*, fue el encargado de poner en el tímpano de los espectadores de todo el mundo el timbre, la frecuencia y la intensidad del sonido que Shyamalan tenía en mente. No es nada nuevo que en una película de M. Night Shyamalan el sonido sea un personaje más con una importancia capital. El director de *El incidente* tenía muy claro qué tipo de sonido quería que se escuchase en la película, hasta el extremo de que ya en el guión había numerosas y detalladas menciones al sonido que debía aparecer en cada momento.

Con James Newton Howard el director de *La joven del agua* siempre ha gozado del raro privilegio de poder trabajar con él sin la precariedad y el frenetismo que se le supone a un hombre como Howard, del que por ejemplo, sólo en el año 2008, se estrenaron un total de cinco bandas sonoras firmadas por él. Shyamalan y Howard trabajan siempre de un modo similar desde *El sexto sentido*. De entrada, Night le entrega el guión a Howard y después charlan sobre ideas y temas de modo que en un primer momento James Newton Howard comienza a componer sobre cuestiones abstractas y no sobre la película en sí. Shyamalan además, suele proporcionarle a Howard lo que el director llama *música de referencia*, en realidad, fragmentos de otras bandas sonoras o de música clásica que indican a Howard la dirección concreta por la que Shyamalan quiere que deambule la música. Night tenía en la cabeza dos o tres ideas, la primera, la de un «bolero», en el sentido de un *cresccendo* que fuera incrementando su intensidad más y más hasta que terminara atrapando al espectador. La segunda, una base de percusión atonal que reflejase una sensación extraña de pánico y caos generalizado, un poco como la música empleada para *El planeta de los simios* (*Planet of the Apes*; Franklin J. Shaffner,1968) por Jerry Goldsmith. El resto fue cosa de James Newton Howard.

Cuando en Hollywood se da luz verde para el inicio de la preproducción de una película, generalmente, esta luz verde también incluye su fecha de estreno. En ocasiones, uno, dos y hasta tres años después del momento de haber autorizado el rodaje de un film. Y también generalmente el montaje suele ser el mayor problema con el que se enfrenta la postproducción de un film. Se trata de un momento álgido, definitivo, en el cual se puede aprovechar, desarrollar o hasta arruinar todo el trabajo realizado en el *set* de rodaje. El responsable de montar *El incidente* bajo la atenta mirada de M. Night Shyamalan fue Conrad Buff, desde *Abyss* (*The Abyss*; James Cameron, 1986), el *sufrido* montador habitual de James Cameron, incluyendo *Titanic* con la que finalmente ganó un Oscar y la exitosa *Avatar* (2009). Afortunadamente para Buff, Shyamalan tenía muy claro el esquema y el tono general del film y además no quería, de hecho nunca lo ha querido, montajes quilométricos. Night le solía recordar a Buff que un clásico tan aterrador como *La invasión de los ladrones de cuerpos* (*Invasion of the Body Snatchers*; Don Siegel, 1956) sólo duraba 80 minutos. Ése era su punto de referencia. Pese a todo, el propio Shyamalan reconoció que «en conjunto esta es la película más fácil que he hecho nunca y creo que es porque cuenta con una estructura y unos temas muy sólidos desde el mismo instante en el que la idea me vino a la cabeza, y esa estructura y esos temas lo dictaban todo de principio a fin. La pregunta principal después de esto era preguntarse dónde estábamos en una escala del uno al diez en términos de terror y pánico, y nos limitábamos a modularla y a intensificarla».

3. A principios del siglo XXI, con la entrada a un nuevo milenio y ya superados los temores apocalípticos con el cambio de siglo, el mundo, y con él Hollywood, se replantearon que tal vez la supervivencia de la especie humana no dependería tanto de dudosas profecías como de nuestro propio modo de actuar en nuestro planeta. Al fin y al cabo, no hacía falta irse muy lejos para comprobar cómo día a día castigábamos más y más la superficie de la tierra. Además, la raquítica política medioambiental de la Administración Bush no hacía esperar un futuro particularmente alentador. De este modo Hollywood lo tuvo muy claro. Ahí había un filón que explotar. Una nueva forma para meterle el miedo en el cuerpo al público de todo el mundo, una nueva forma de paranoia global con unos símbolos universales perfectamente exportables a todo el planeta.

Fue precisamente la 20th Century Fox uno de los primeros estudios en comprender que la amenaza medioambiental podría resultar muy rentable. De hecho, *El día de mañana* (*The Day After Tomorrow*; Roland Emmerich, 2004), un film preocupantemente simplista pero efectivo a los niveles de mero *blockbuster*, atrajo una inusitada e inesperada atención por parte de los medios de comunicación por tratarse de la primera gran superproducción de Hollywood que jugaba a destruir el mundo, no a través del efecto de una bomba atómica, de una guerra al uso o de una invasión extraterrestre, sino a partir de los efectos, convenientemente exagerados, del cambio climático. Aunque con un punto de partida disparatadamente desmedido y con una celeridad y acumulación de las tragedias naturales impensables en cualquier foro científico, *El día de mañana*, además de recaudar más de quinientos millones de dólares en todo el mundo, también pretendía hacernos mirar hacia nuestro propio planeta como una criatura que debíamos cuidar sino queríamos ser pasto de nuestra propia destrucción.

El éxito de la temática medioambiental del film de Emmerich se vio radicalmente confirmada con el extraordinario recibimiento del documental protagonizado por Al Gore, *Una verdad incómoda* (*An Inconvenient Truth*; David Guggenheim, 2006). Con el permiso de la ironía ácida (y más facilona) de las propuestas de Michael Moore, no se había visto nunca que un documental atrajera tal cantidad de público a las salas de cine con una recaudación total de casi 50 millones de dólares, mucho para un largometraje de estas características. Y más sorprendente aún fue el asunto si tenemos en cuenta que *Una verdad incómoda* era básicamente una conferencia de hora y media impartida por un ex vicepresidente de los Estados Unidos, Al Gore, que para colmo tenía fama de ser un tipo bastante aburrido. Ya no había ninguna duda, el medio ambiente, le interesaba al público.

Lo cierto es que el mundo estaba y sigue dando preocupantes señales de alarma. El tema no tenía ni tiene nada de juego. M. Night Shyamalan confesó que la idea de *El incidente* se le ocurrió con un extraño suceso real que tuvo lugar en los Estados Unidos durante el año 2007. Millones de abejas, sin ningún motivo aparente desaparecieron del planeta. El mismísimo Congreso de los Estados Unidos se puso firme ante una circunstancia que le podría acarrear unas pérdidas de miles de millones de dólares ante la ausencia de polinización en algunos cultivos muy valorados en el país. Los expertos bautizaron el extraño suceso como el Problema de Colapso de las Colonias (CCD en sus siglas en inglés), un acontecimiento que además se veía aderezado por un hecho aún más raro, las abejas desaparecían sí, pero es que además, no había ni rastro de sus cuerpos. Por si fuera poco, los insectos comenzaron a actuar de forma ciertamente atípica y muchas abejas obreras comenzaron a abandonar a la abeja reina, algo sumamente insólito en una colonia. Lo peor del asunto es que los científicos no le encontraban explicación al suceso. El asunto terminó de ponerse peliagudo cuando, no se sabe bien de dónde, apareció una frase atribuida según parece al científico Albert Einstein, que venía a decir «si las abejas desaparecen de la Tierra, al ser humano le quedan cuatro años», una cita que por cierto, también aparece en una de las primeras escenas de *El incidente* en la pizarra del profesor Elliot Moore (Mark Walhberg).

El temor y hasta la frase atribuida a Einstein lo cierto y verdad es que tenían su razón de ser. Si las abejas no polinizan, muchos cultivos dejarían de germinar, si esto ocurre muchos animales no encontrarían su alimento, y sin determinadas especies, otros no podrían alimentarse de ellos, y así hasta llegar a los seres humanos. Pese a todo, hay que ser honestos y lo cierto es que la realidad es mucho menos inquietante, al menos por el momento. Años después se descubrió que las abejas se habían comportado de un modo extraño debido a un parásito de origen asiático conocido como *Nosema ceranae*, una infección que provoca un debilitamiento en los insectos que al sentirse sin fuerzas, como mecanismo de defensa, se alejaban de la colmena, muriendo en zonas alejadas y siendo devoradas por reptiles y otros insectos de forma que no dejaban rastro. Por si fuera poco, estudios recientes han podido demostrar, casi al cien por cien, que la célebre frase atribuida a Einstein sobre la relación entre la desaparición de las abejas y la consecuente desaparición del hombre de la faz de la Tierra, lo más probable es que no sea cierta o que al menos no la pronunciara Einstein en ningún momento de su vida.

Pese a todo, a nadie se le escapa que el suceso de la desaparición de las abejas tiene su potencial cinematográfico. Y como ya ocurrió con *Señales*, M. Night Shyamalan volvió a demostrar que tenía un ojo tremendamente intuitivo a la hora de escoger inquietantes puntos de partida para sus películas rescatados del mundo real, aunque como sucedía en el film protagonizado por Mel Gibson, al final la película fuera por otros derroteros. Al principio de *El incidente*, asumiendo que la desaparición de las abejas es un hecho misterioso aún sin respuesta, un joven de la clase de Elliot dice «es un hecho de la naturaleza que jamás llegaremos a comprender». Esta, es la médula espinal de *El incidente*.

4. M. Night Shyamalan no se anduvo con rodeos: «me he propuesto hacer el mejor film de serie B que jamás se haya hecho» aseguró el director. No obstante resulta obvio que cuando Shyamalan habla de cine de serie B, no se refiere tanto a aquellas películas de presupuesto limitado que hacían las delicias de la clase media americana en sesiones doble, como al espíritu de las mismas. Ahora bien, hablar del «espíritu» de una película es siempre una empresa delicada. Para unos podrá significar una cosa y para otros, otra bien distinta. A efectos generales y para lo que aquí nos interesa, la serie B originaria de Estados Unidos ha estado ligada a una etapa temporal muy concreta (entre los años 30 y 60) y generalmente vinculada a la ciencia ficción y el terror. Hay por supuesto —formidables— films de serie B de género bélico, *western* o *film noir* entre otros, pero donde la serie B ha calado más hondo entre el imaginario popular ha sido sin duda en el cine de ciencia ficción y el de terror.

El cine de serie B es además un cine que por su naturaleza periférica generalmente se desarrolla fuera del flujo impuesto por las *majors* de Hollywood. Esto permitía ser mucho más incisivos en determinadas cuestiones y a la vez no preocuparse demasiado por conceptos que hoy tanto preocupan a algunos, como la mera verosimilitud de la propuesta. De hecho, una de las características fundamentales de este tipo de cine es la tremenda ingenuidad con la que se abordan temas ciertamente complejos. Esto ha provocado que cuando un espectador del siglo XXI ve una película de serie B la contemple con cierta simpatía ante determinadas posturas, en muchos casos, hilarantes. Sin embargo, esta no era la idea real de los grandes realizadores de la serie B americana de los años 30, 40 y 50. Ellos no consideraban que estuvieran siendo particularmente ingenuos, ni pretendían que sus películas se vieran manejando conceptos como simpatía, diversión o hilaridad. Para ellos el asunto a proponer era un tema muy serio.

Es por esto que hoy día, cuando hablamos de serie B, nos referimos a un producto donde la seriedad tiene escasa cabida. De hecho, hoy día son escasos los realizadores que filman cine de serie B con seriedad, con el verdadero espíritu de los padres del género. Tal vez John Carpenter y alguna producción ocasional del estilo de *Saw* (James Wan; 2004). Pero por lo general, insisto, el cine de serie B se aborda hoy día con una determinada visión de asumida diversión, dando por supuesto que lo que estamos viendo hay que tomárselo como lo que es, un disparate, un poco al estilo de por ejemplo *Arack Attack* (*Eight Legged Freaks*; Ellory Elkayme, 2002).

Y lo cierto es que, en buena medida, y en este sentido concreto, el cine de serie B siempre ha acompañado a la filmografía de M. Night Shyamalan, sobre todo a partir de *El protegido* y de forma mucho más significativa en *Señales*. De hecho, y no es casualidad, *El incidente* guarda más puntos en común con el film protagonizado por Mel Gibson que con cualquier otra película del director. Primero porque ambas películas son dos largometrajes de un género muy asociado al cine de serie B, el terror, segundo porque en ambos films se aborda una cuestión muy recurrida entre las producciones clásicas de la serie B, la paranoia social, el desmoronamiento de la sociedad a causa de un incidente global, una invasión extraterrestre en *Señales* y una neurotoxina en *El incidente*. Además, ambas propuestas tiene muy presente una obra literaria legendaria y decisiva, *La guerra de los mundos*, la obra de H. G. Wells que inspiró una de las películas más populares de los años 50, *La guerra de los mundos,* del mismo título y dirigida por Byron Haskin en 1953, un film que sentó determinadas bases acerca de cómo y de qué manera se tenía que filmar una invasión extraterrestre. De hecho, ambas películas, *Señales* y *El incidente* se desarrollan en entornos rurales, como buena parte de la novela de Wells. Pero es que en el caso de *El incidente* los paralelismos con *La guerra de los mundos* van más allá porque al fin y al cabo los protagonistas de la película de M. Night Shyamalan arrancan la acción en una gran ciudad, como en la novela de Wells, para pasar a una huida desesperada fuera del entorno urbano, alejados de la civilización, como en la obra de Wells, para esconderse en casas abandonas y en cabañas en mitad del campo, como en *La guerra de los mundos*. Pero es que además, como en el relato de H. G. Wells, el ataque de la neurotoxina de *El incidente* concluye de una forma abrupta, sin demasiado sentido aparente, como sucede en *La guerra de los mundos*, aunque en el caso de la obra de Wells, después se nos explique que ha sido una bacteria terrestre a la que los *aliens* no eran inmunes, la que ha acabado con ellos.

Pero el caso es que en *El incidente*, en principio, no hay ni rastro de extraterrestres, aunque, la verdad sea dicha, tampoco hacían falta. La propuesta, tal cual está planteada, no hace más que sustituir a los *aliens* por un villano microscópico generado por las plantas de nuestro propio planeta. Una especie de mutación natural que en realidad ha sido provocada por el hombre a base de castigar el planeta, en el fondo, una variante muy propia de otras películas de ciencia ficción de serie B como *Tarántula* (*Tarantula*; Jack Arnold, 1955), *La humanidad en peligro* (*Them!*; Gordon Douglas, 1954) o *Japón bajo el terror del monstruo* (*Gojira*; Ishirô Onda y Terry Morse, 1954).

Pero además, *El incidente* es una película seria. Quiero decir, no es una aproximación al cine de serie B típica de nuestro tiempo, una de esas películas que como hemos explicado antes se acerca a una cuestión hilarante de una forma divertida sin tomarse demasiado en serio. No, Shyamalan es ciertamente fiel al espíritu y aborda una cuestión, en principio disparatada, con seriedad. Esto no significa que M. Night Shyamalan no sea consciente de lo delirante de la película, sólo implica que el director la está tratando con seriedad. Es cierto que hay sentido del humor en la película (cuando Elliot habla con una planta de plástico), pero como un mecanismo de relajación entre las escenas de tensión, una fórmula maestra para llevar al espectador de una situación limite a un momento de relax donde pueda tomar aire. Porque en *El incidente*, como digo, las cosas se toman muy en serio.

5. Cojamos una escena mítica, el acoso por parte de un avión fumigador a Cary Grant en *Con la muerte en los talones* (*North by Northwest*; Alfred Hitchcock, 1959). ¿Qué fue lo que hizo allí Alfred Hitchcock? Como es bien sabido, el director de *Psicosis* se propuso un particular *tour de force* y probó a filmar una escena típica en un entorno ajeno. Es decir, según parece el guión original de *Con la muerte en los talones* preveía que Cary Grant fuera citado en un callejón oscuro, en mitad de una gran ciudad, el lugar ideal para una cita trampa que hemos visto en un millar de películas montones de veces. Pero entonces Hitchcock propuso: ¿y por qué no cambiamos el entorno?, ¿por qué no, en vez de situar al personaje en un decorado tipificado para una situación como esta, lo situamos en un entorno en principio ajeno a un suceso como este? Los resultados son de sobra conocidos.

Pues bien, creo que M. Night Shyamalan hizo algo parecido con *El incidente* pero a mayor escala. En vez de desterrar un decorado concreto de una situación tipificada, el director de *El bosque* desterró una película entera de las herramientas establecidas para alcanzar el fin que se proponía, hacer pasar miedo. En realidad, aunque las opiniones puedan estar repartidas, pienso que no cabe quitarle mérito al experimento propuesto por Night: contar una historia de miedo obviando los entornos cerrados, los crujidos, los fantasmas y los asesinos enmascarados, incluso los extraterrestres o los monstruos, obviando la oscuridad y muy al contrario filmando *El incidente* casi totalmente en campo abierto, a pleno sol y sustituyendo al villano del relato por algo que no podemos ver.

Esto es interesante porque cuando el *villano* te ataca no le ves venir. En *El incidente*, como señaló el propio Shyamalan, «si escuchas un crujido y matan a alguien en la casa y después escuchas otro crujido y matan a alguien en la casa, sólo tienes que oír otro crujido..., nuestro crujido ha sido el viento»[51]. De este modo, en *El incidente* el único signo que anticipa que el *villano* está encima de nosotros es el viento que sustituye al tradicional crujido o a la popular puerta que se cierra en la consabida mansión encantada. Se trata por tanto de una hábil artimaña del habitual juego de significados y significantes a los que en el fondo, M. Night Shyamalan nos tiene muy acostumbrados como hemos visto páginas atrás. No obstante, la nueva propuesta de Night en este sentido implica su novedoso matiz. Si en otras películas Shyamalan había cogido un elemento reconocible como un superhéroe o un monstruo mitológico del bosque y lo había desnudado para finalmente ofrecer una cosa distinta, lo que ahora hace M. Night Shyamalan es escoger una herramienta tipificada del género y alterar su continente. Si el continente habitual era un crujido y su contenido la amenaza de que el *villano* lo teníamos encima, ahora el continente sufre una mutación, ya no es un crujido, sino el viento que sopla, aunque eso sí, el contenido sigue intacto.

De este modo, el *villano* de *El incidente* termina adquiriendo unos rasgos muy particulares, propios de una entidad, más que de un sujeto, un monstruo o una ola gigante. El *villano* de *El incidente* en cierto modo está en todos sitios y en ninguno, y nunca lo podemos ver. En muchos sentidos es como el Dios bíblico, un ser que está, según la tradición cristiana, en todos sitios pero que casualmente no lo podemos ver, ni oler, ni mucho menos tocar. Esto

[51] Entrevista a M. Night Shyamalan en la edición en DVD de *El incidente*.

tiene mucho sentido en la filmografía de un director como M. Night Shyamalan que como hemos visto, siempre ha tenido muy presente la cuestión, no vamos a decir religiosa, pero sí espiritual. Por tanto, si en las anteriores películas de Night lo habitual era que sus personajes experimentaran la, por lo general, traumática experiencia de ver más allá de la mera realidad y entrever lo que de extraordinario tenía la banalidad, en esta ocasión esa naturaleza extraordinaria se impone, por primera vez en un film de Shyamalan, de forma violenta sin dar opción a mirar a otro lado.

Lo habitual en una película del director de *La joven del agua* era contemplar cómo sus personajes experimentaban una llamada de atención de que algo más habitaba en la cotidianidad y entonces se iniciaba del proceso de vislumbramiento. Pero en el caso de *El incidente* la mecánica cambia sustancialmente y ahora no se trata tanto de un proceso interno, casi intimista de un solo personaje que debe aprender a ver *más allá* de lo que ven sus ojos. Ahora, en *El incidente* lo que hay de extraordinario en la cotidianidad se impone, porque aún cuando se nos explica que el terror viene de la mano de una neurotoxina vegetal, la puesta en escena y la atmósfera del film sugieren a un villano etéreo que está, pero no lo podemos ver, un villano que debemos identificar siendo capaces de *mirar más allá* de un simple arbusto, un campo abierto, una pradera o un árbol. En realidad, el ejercicio de percepción que nos propone Shyamalan en *El incidente* es plenamente fiel a sus principios que giran en torno a aquello extraordinario que no vemos pero que, sin embargo, cohabita con nuestra cotidianidad.

Un buen ejemplo de esa irrupción violenta de lo extraordinario en la cotidianidad es la escena que abre el film. Una apacible postal de un día cualquiera en el Central Park de Nueva York. La gente pasea por el lugar y una pareja de amigas conversa en un banco. No hay nada más aterrador que un grito, sobre todo si lo escuchamos en un lugar público. Esto es así porque como es bien sabido, la cotidianidad es una forma de protección muy propia de la sociedad occidental, nos sentimos seguros porque sabemos qué hacer todos los días, porque tenemos amigos con los que hablar, lugares a los que ir. Pero cuando esto se resquebraja nos entra el pánico. Un grito supone un pavoroso indicio de que algo no va bien, de que las cosas no fluyen como esperábamos, y eso da miedo. Una de las jóvenes del banco gira su mirada hacia donde ha venido el grito, su compañera permanece inmóvil, parece que no lo ha oído, parece estar en trance. Entonces, comienza a decir cosas sin sentido (segundo indicio que vulnera nuestra cotidianidad), agarra un objeto pueril, banal, como una horquilla para sujetar el pelo y se lo clava en el cuello. Terrible.

Shyamalan, que sabe muy bien cómo y cuándo nos sentimos más seguros resguardados en las situaciones más banales, continúa con esta tónica de vulneración acudiendo a los lugares más mundanos. El siguiente lugar es un edificio en construcción, una obra. Los trabajadores, personas normales que trabajan de mala gana y probablemente mal pagados de sol a sol, aprovechan un instante para intercambiar chistes y comentarios graciosos. De pronto lo extraño, lo insólito, irrumpe una vez más con violencia en el entorno. Un cuerpo cae de la azotea. Pero esto no es lo peor, detrás cae otro, y otro, y otro... Lo insólito, ha dado paso a lo extraordinario y todo, sin movernos de una vulgar obra. El plano de los obreros saltando al vacío, quizá el mejor de toda la película, no tiene precio, muy especialmente cuando Night lo contrapone al rostro de ese obrero que antes que expresar sorpresa su semblante se torna aterrorizado, lastimoso, casi con lágrimas en los ojos. ¿Qué está pasando?

Un atasco, un hombre en un zoo, una cortadora de césped, los utensilios empleados por Night y las situaciones expuestas en la película en las que la gente muere siempre tienen acusadas connotaciones cotidianas. La atrocidad se abre paso a golpe de banalidades, en escenarios perfectamente reconocibles, con herramientas completamente cercanas, a la mano de cualquiera. En este sentido, también tienen una gran importancia en *El incidente* los móviles. El revolucionario artilugio que se ha convertido en un utensilio imprescindible dentro de la sociedad moderna occidental ocupa en el film de Shyamalan un papel decisivo. No solo para contemplar las horribles consecuencias de la extraña neurotoxina, sino para comunicarse entre los propios personajes y de paso poner en evidencia la fragilidad del invento.

Un poco como hizo Bra m Stoker (1847-1912) en su celebérrima novela *Drácula*, en donde los artilugios más modernos de la Inglaterra victoriana se enfrentaban a un ser que ejemplificaba todo lo contrario, la naturaleza en estado puro, cruda, cruel y a la vez fascinante, Shyamalan propone a ras de suelo una equivalencia similar, en tanto la tecnología es empleada por el hombre para huir del *villano*, tornándose ésta en un arma letal para los propios seres humanos. En *El incidente* los personajes usan, como ya hemos dicho el móvil, el iPhone, el tren, las armas de fuego, la radio y el coche, pero nada sirve para contrarrestar la fuerza del mal expulsado por la naturaleza en un acto de, suponemos, agria venganza contra la especie humana. Los móviles se quedan sin cobertura, el tren se detiene porque allí a donde van no hay nada que hacer, las armas de fuego son empleadas por los propios humanos para agujerearse el cráneo, la radio no encuentra señal y una mínima rasgadura en la capota de un coche convierte el automóvil en un arma perfecta para asesinar a sus ocupantes.

De hecho, el único personaje que sirve de refugio a los personajes de *El incidente* es una solitaria e inquietante señora que vive apartada y desconectada del mundo sin electricidad ni nada que venga dado por una energía generada y distribuida por el hombre, la señora Jones (Betty Buckley). El propio M. Night Shyamalan veía en este tercer acto del film una especie de «cortometraje de terror, casi independiente del resto, para cerrar la película»[52]. Y no le

[52] Entrevista a M. Night Shyamalan en la edición en DVD de *El incidente.*

falta razón. De hecho, aún a quien no le gustó nada la película, que hay unos cuantos, suelen admitir la tremenda inquietud que supura este fragmento del largometraje repleto de momentos inquietantes e imágenes para alimentar las peores pesadillas. Pero lo mejor del asunto es que este último *episodio* está lo suficientemente bien enlazado al resto del largometraje para no provocar la sensación de *pegote final*, sino que además resulta un interesante e inquietante colofón a lo que hemos estado viendo hasta ese momento.

Esto es así, fundamentalmente, porque en realidad la señora Jones personifica lo peor de la especie humana. Es un personaje solitario, aislado de las urbes, perfecto en teoría para no ser atacado por la neurotoxina. Lo que ocurre es que la señora Jones está loca, es desconfiada, piensa mal, no tiene nada que merezca la pena preservar a ojos de una naturaleza vengativa. Por esto muere al final de *El incidente* en uno de los momentos más aterradores del film.

6. Como es bien sabido, los trágicos atentados del 11 de septiembre en el World Trade Center de Nueva York cambiaron el mundo. Y de paso, el cine también. A partir de esa fatídica fecha, Estados Unidos agitó la bandera de la *seguridad nacional* a favor de la consecución de objetivos en ocasiones lejanamente emparentados con la lucha antiterrorista. La libertad individual quedó reducida al mínimo y los derechos humanos salieron volando por la ventana con ocurrencias como la prisión de Guantánamo. La sociedad norteamericana primero lloró a sus muertos y a renglón seguido le entró paranoia, después miedo, seguidamente llegó la reflexión y posteriormente la crítica, la autocrítica: el 11-S no se había, ni se estaba gestionando bien.

Con la sociedad norteamericana, el cine de Holllywood siguió al dictado el sentimiento generalizado de los estadounidenses primero, con la producción de películas que manifestaban el lamento de una nación, seguido por el sentimiento generalizado de temor irracional a todo lo ajeno a Estados Unidos hasta llegar a esas películas con alto índice de reflexión sobre la respuesta de Norteamérica a los atentados del World Trade Center para concluir a una abierta crítica a la por entonces administración Bush.

El incidente se sitúa en medio de este maremágnum de sensaciones repartidas por toda una nación. Hay en el film de Shyamalan paranoia general, miedo, reflexión sobre lo que está ocurriendo y por qué está ocurriendo, y por último, una sentida crítica al comportamiento humano en relación con la madre naturaleza. En efecto, la película arranca con una sensación general, primero de miedo, después de paranoia. La primera respuesta a los extraños sucesos que está teniendo lugar en Manhattan es que se trata de un *ataque terrorista*, pero cuando la cosa empieza a salirse de madre y lo que ocurre empieza a parecerse muy poco a un ataque terrorista, hay quien pregunta incluso: «¿pero qué clase de terroristas son estos?». Es en este punto cuando la cuestión terrorista pierde fuerza, es cuando se inicia un periodo de reflexión, en el que los personajes del film de Night comienzan a preguntarse qué está ocurriendo realmente, ¿por qué los sucesos están teniendo lugar donde hay significativas acumulaciones de personas?, ¿por qué estos incidentes parecen emerger de los jardines para después pasar al campo?, ¿qué relación hay entre los preocupantes suicidios en masa y las plantas? Cuando lo imposible se vuelve invariablemente cierto, es entonces cuando el hombre se pregunta qué es lo que ha hecho y por qué ha sucedido esto.

No por casualidad, *El incidente* arranca en Nueva York. Su particular geografía urbana, reconocible por cualquier habitante de la Tierra aunque no haya pisado jamás la Gran Manzana, no sólo resulta un escenario fácilmente reconocible y familiar para el espectador de cualquier rincón del planeta, sino que además asocia de nuevo una ciudad como Nueva York a un trágico suceso de muerte en masa. La ciudad, ya está confirmado, parece tener una inexplicable atracción para los acontecimientos verdaderamente dramáticos dentro y fuera de la gran pantalla. Pero en cambio, la ciudad ha cambiado, ya no es el Nueva York en tonos grises que retrató Woody Allen a ritmo de George Gershwin en *Manhattan* (Woody Allen, 1979), ni el excitante escenario que visitaban tres alegres marineros en *Un día en New York* (*On the Town*; Stanley Donen y Gene Kelly, 1949). Ahora, Nueva York es una ciudad herida y en cierto modo, aún traumatizada.

AIRBENDER. EL ÚLTIMO GUERRERO

«Tienen muchos nombres, ying-yang, tira y afloja»

1. Una vez más se repetía la historia. A ojos de muchos M. Night Shyamalan no levantaba cabeza y algunos aseguraban ya estar ante la indiscutible decadencia del director de *El sexto sentido*. *El incidente* no funcionó mal, pero nadie, ni el propio Shyamalan, quedó contento con el resultado en taquilla. La película además de haber servido de blanco para enfurecidas críticas recaudó poco más de lo que había costado. Probablemente nadie terminó perdiendo dinero pero muy lejos se veían las abrumadoras cifras de la aplaudida *El sexto sentido*. M. Night Shyamalan, ciertamente preocupado, comenzó a plantearse determinadas cuestiones que tal vez debería haber abordado hacía tiempo.

La primera que, pese a la declarada legión de enemigos acérrimos de su cine, M. Night Shyamalan tenía un buen número de defensores, eso es cierto. El director de *El protegido* debió de darse cuenta más tarde que pronto que no es que su cine fuera cada vez más odiado, sino que las distancias entre los defensores y los detractores de sus películas se estaban haciendo cada vez más insalvables. Por esta razón Night tanteó la posibilidad de poner en marcha una serie de películas que tuvieran como objetivo último exprimir la comercialidad de su universo. Así, bajo el título genérico de *The Night Chronicles*, Shyamalan puso en marcha una serie de historias ideadas o sugeridas por él mismo que dieran pie a películas dirigidas por otros directores. La mecánica en realidad era muy sencilla y se pretendía que fuera igualmente efectiva. Invertir poco dinero y obtener el máximo de beneficios, una regla de oro que ha mantenido en pie a multitud de directores, guionistas y hasta estudios de cine. Aunque pueda parecer una nimiedad, el asunto tiene su importancia sobre todo viniendo de un director como M. Night Shyamalan, celoso de sus ideas y de su universo y capaz de —y no digo que lo haya hecho aunque no me extrañaría— entregar un guión en una caja cerrada bajo una combinación secreta. De este modo vio la luz *La trampa del mal* (*Devil*; 2010), dirigida por John Erick Dowdle y Drew Dowdle, los mismos responsables de *Quarantine* (2008) como es bien sabido en España, el *remake* americano de la exitosa *[REC]* (Jaume Balagueró y Paco Plaza; 2007).

La película, que partía de una propuesta terriblemente inquietante y que estaba presupuestada en no más de diez millones de dólares, suponía una agradecida golosina para aquellos estudios que quisieran producir o distribuir la película. El problema de fondo era que de un modo u otro Shyamalan había «quemado» ya varias opciones en Hollywood. Las cosas no terminaron bien con la Disney, Warner no quedó nada satisfecha con *La joven del agua* y para 20th Century Fox *El incidente* era casi una película fantasma, 163 millones de dólares de recaudación le hicieron ganar algún dinero sí, pero nada para tener en cuenta a un director con los antecedentes de M. Night Shyamalan. De modo que el director de *El bosque* decidió que su serie *The Night Chronicles* sería producida por sus propia productora, la Blinding Edge Pictures y una productora independiente, la Media Right Capital, responsable entre otras de *Babel* (Alejandro González Iñárritu; 2006), *La huella* (*Sleuth*; Kenneth Branagh, 2007) o *The Box* (Richard Kelly, 2009). De este modo, Shyamalan le evitaría a un gran estudio el desembolso de la producción de la película y únicamente necesitaría una distribución. Universal Pictures, con quien Shyamalan aún no había trabajado se prestó a distribuir la película por Estados Unidos y determinados países de Europa y Asia.

Paralelamente, no muy lejos de Filadelfia, en Nueva York, en la sede central de la cadena de televisión para niños Nickelodeon, se estaba cocinando la que sería la siguiente película de M. Night Shyamalan. En 2005, Scott Aversano trabajaba en Paramount Pictures para quien había producido películas como *Team America: La policía del mundo* (*Team America: World Police*; Trey Parker, 2004) o *Una serie de catastróficas desdichas de Lemony Snicket* (*Lemony Snicket's A Series of Unfortunate Events*; Brad Silberling, 2004). Ese mismo año, cuando la nueva serie de Nickelodeon *Avatar. La leyenda de Aang* (*Avatar: The Last Airbender*; Michael Dante DiMartino y Bryan Konietzko, 2005-2008) comenzó a emitirse el 21 de febrero a Aversano le pilló de vacaciones. Pero mientras descansaba vio los primeros capítulos de la serie creada por DiMartino y Konietzko y de pronto lo vio claro: ahí había una película, antes incluso de conocer si la serie sería bien recibida por el público. Al regreso de sus vacaciones y puesto que Nickelodeon y Paramount Pictures son estudios primos hermanos (ambas propiedad de Viacom), Aversano propuso llevar a la gran pantalla aquella serie de animación sobre un niño y su lucha por dominar los elementos. La idea no era mala, pero nadie en Paramount ni en Nickelodeon se lo tomó demasiado en serio, fundamentalmente porque *Avatar. La leyenda de Aang* no llevaba ni una temporada en antena y nadie sabía exactamente qué iba a pasar con ella, y llevar a la gran pantalla un film de acción real basado en la serie de televisión supondría un importantísimo desembolso de dinero. Afortunadamente el destino jugó a favor de Averson y seis meses después de aquella propuesta Scott Averson fue nombrado jefe de la división Nickelodeon MTV Movies. Tenía la sartén por el mango.

Por si fuera poco, el éxito de la serie también jugó a favor de Aversano y *Avatar. La leyenda de Aang* terminó por convertirse en todo un fenómeno de pequeños y no tan pequeños en las televisiones de todo el mundo. Aquella serie enganchó a la audiencia con un promedio de más de tres millones de espectadores sólo en Estados

Unidos. Además de numerosos premios y de recibir críticas muy halagadoras, en el año 2007 la serie comenzó a emitirse en más de cien países de todo el mundo. El éxito fue tal que se ordenó, nada más concluir la primera temporada, realizar una segunda y después una tercera.

Avatar. La leyenda de Aang es lo que muchos conocen como un falso *anime*, es decir, una serie de dibujos animados concebida y producida fuera de Asia pero que sigue al dictado la estética y hasta buena parte de la filosofía asiática. No obstante, esto era y es una verdad a medias. *Avatar. La leyenda de Aang* en efecto, fue creada por dos norteamericanos, Michael Dante DiMartino y Bryan Konietzko y en efecto, la serie se produce en los estudios que Nickelodeon tiene en Burbank, California. Ahora bien, no es menos cierto que para conservar ese trazo y esa particular animación *anime* la serie de Nickelodeon se dibujó en estudios de Corea del Sur. Si quieres imitar a tu vecino, nada mejor que invitarlo. De esta forma, cuando el éxito de la serie de animación comenzaba a asomar por el horizonte, la posibilidad de hacer una película de acción real con ella ya no pareció tan descabellada. Además, un film como *Avatar* podría ser una buena idea para lanzar de una vez por todas a la marca Nickelodeon Pictures a la primera fila de los estudios de Hollywood tras varios intentos infructuosos[53].

La entrada de M. Night Shyamalan en el proyecto no estuvo exenta de tiras y aflojas dentro de las oficinas de Nickelodeon y Paramount Pictures. Algunos afirmaban saber de primera mano que Shyamalan se había convertido en un fan de la serie gracias a sus hijas y que sería la opción adecuada, a otros en cambio le resonaban en la cabeza las desastrosas cifras de *La joven del agua* y las duras

[53] Entre otras, hasta la fecha, Nickelodeon Pictures había producido títulos con escasa repercusión en taquilla como *Jimmy Neutron. El niño inventor (Jimmy Neutron. Boy Genius;* John A. Davis, 2001), *Super Nacho (Nacho Libre;* Jared Hess, 2006), *La telaraña de Carlota (Charlotte's Web;* Gary Winick, 2006) y *Las crónicas de Spiderwick (The Spiderwik Chronicles,* Mark Waters, 2008) entre otras.

críticas que Night parece no dejar de cultivar en Estados Unidos desde los tiempos de *El bosque*. Por otro lado, los ejecutivos de Paramount sabían que de ofrecer a Shyamalan un proyecto como este, el director de *Señales* se dejaría la piel en la película, pues su situación en Hollywood no era todo lo plácida que pudiera desear.

El propio Scott Averson habló personalmente con M. Night Shyamalan y le propuso la idea y entonces se destapó la caja de los truenos. Resulta que Shyamalan había terminado por convertirse en todo un fan de la serie aunque fuera a costa de sus hijas. Capaz de decir cosas como «Temporada 1. Episodio 16» y recitar una frase del guión al dictado, Night le contó a Averson los avatares de una víspera de Halloween que según relata, pasó buscando unos trajes de la serie para sus hijas. Shyamalan y Averson llegaron a un acuerdo que contó con el control del *final cut* para el director de *La joven del agua* y la garantía para Shyamalan de que en los créditos aparecería como director, sería guionista y productor. Eso es mucha responsabilidad para una sola persona que jamás se había enfrascado en un producto de esta envergadura pero Shyamalan se veía capaz.

2. Puesto que se trataba de una película de Paramount, los dirigentes de los estudios no tuvieron ningún inconveniente en que a Shyamalan lo acompañaran en tareas de producción Frank Marshall y Kathleen Kennedy. La pareja de productores —marido y mujer en la vida real— eran unos viejos conocidos de los estudios para los que habían producido las cuatro películas de Indiana Jones además de éxitos recientes como *El curioso caso de Benjamin Button* (*The Curious Case of Benjamin Button*; David Fincher. 2008).

Desde un momento muy temprano de la gestación del proyecto, Aversano y Shyamalan, junto a los estudios Paramount, quisieron dejar muy claro cuál era el público hacia quien estaría dirigida la película. En un principio la programación de Nickelodeon tiene un público objetivo que se encuentra entre los siete y los doce años, pero lo cierto es que *Avatar. La leyenda de Aang* había engatusado de forma inesperada a un público bastante más adulto. Sin embargo las cosas en Hollywood no son tan sencillas. Según se cuenta entre los pasillos de las principales *majors* de la Tierra de los Sueños, desde el estreno de *Piratas del Caribe. La maldición de la Perla Negra* (*Pirates of the Caribbean. The Curse of the Black Pearl*; Gore Bervinski, 2003) la cuestión de *a quién va dirigida una película* sufrió un pequeño pero decisivo cambio. Antes del film de Verbinski, una producción Disney tenía fijado su público por debajo de los doce años, pero a partir de *Piratas del Caribe*, Disney, y con ella todo Hollywood, descubrieron que no es lo mismo dirigirse a un público infantil —con lo que se discrimina a un sector importante del público— que hacer una película «para toda la familia», esto es, para los niños, pero también para los hermanos mayores y los padres que llevan a esos niños al cine. Éste sería el objetivo de *Avatar*.

Otra cuestión que se planteó desde un primer momento es que *Avatar* sería una trilogía compuesta por tres libros que abarcarían las naciones del Agua, la Tierra y el Fuego, como cada una de las tres temporadas estrenadas en la serie de animación original. Dicho esto, se llegó a la conclusión de que lo mejor sería cambiar el título de la película para no personalizar demasiado una película que tenía en los fans y en los que no conocían la serie en absoluto a su público objetivo. De haberse titulado *La leyenda de Aang* muchos, demasiados, se hubieran preguntado quién diablos era ese Aang y eso de entrada, no era una primera impresión interesante. Tanto Paramount como Shyamalan consideraban que retitular el film sería lo más adecuado. La idea era ofrecer un título que les diera a los fans de la serie un guiño de complicidad y que a la vez que fuera capaz de invitar al resto a acercarse a ver una película de aventuras fantásticas. El título elegido fue *Avatar. The Last Airbender*, es decir, *Avatar. El último maestro del aire*, pero como es bien sabido por todos, el proyecto empezó desde el principio con mal pie.

Resulta que James Cameron, el director de *Terminator* (1984) *Alien's el regreso* (*Aliens*; 1986) y *Titanic* (1997) también estaba preparando una película bajo el título de *Avatar*. No había ningún tipo de conexión dramática, formal o narrativa entre ambas películas, pero todos en Paramount sabían que si Cameron estaba detrás de una películas titulada *Avatar*, al final el asunto podía volverse en su contra y entrar en una absurda guerra de parecidos y rencillas que no tenía ningún sentido empezar. El asunto era muy sencillo, comercialmente no era una idea interesante estrenar dos películas tan cercanas en el tiempo con el mismo título. Ya era la segunda vez que Shyamalan se veía obligado a cambiar el título de su película. Le pasó con *El bosque*, cuyo titulo original *The Woods* (cuya traducción literal es, paradójicamente, *El bosque*) tuvo que ser cambiado por el actual *The Village* (insisto, paradójicamente, *La aldea*) y todo debido a un pequeño film que nadie sabía cómo iba a responder el público pero que hizo temer al respetable un éxito sorpresa. El director de *May*, Lucky McKee estaba rodando una interesante película titulada *The Woods* que una vez más, de forma paradójica, se tituló en nuestro país con el poco estimulante título de *El bosque maldito*. El caso es que *Avatar. The Last Airbender* pasó a titularse simplemente *The Last Airbender*, es decir, *El último maestro del aire*.

Llegados a este punto, Shyamalan cogió el teléfono y comenzó a congregar a algunos de sus colaboradores. James Newton Howard fue uno de los primeros, de hecho, el compositor norteamericano tenía conocimiento desde mucho antes que el proyecto se pusiera en marcha de que Night estaba negociando su participación en una adaptación a imagen real de la serie de animación *Avatar. La leyenda de Aang*. Shyamalan y Howard mantuvieron varias reuniones sobre cómo enfocar la música de esta nueva producción aunque había una premisa de base que estaba muy clara para ambos, esto no era la banda sonora de *El protegido*, *El bosque* o *La joven del agua*, ni siquiera iba a ser una música similar a la compuesta por Howard para *Señales*, esta colaboración entre director y compositor iba a aflorar unos resultados completamente diferentes. Si hasta la fecha James Newton Howard había compuesto para M. Night Shyamalan una música sutil, casi como una neblina que impregnaba los largometrajes del director, ahora tanto Howard como Shyamalan sabían que la música iba a ser mucho más grandilocuente, o dicho de otro modo, más operística. Night no quería que Howard compusiera una música demasiado étnica que con sólo escucharla recordara a la cultura asiática, Shyamalan entendía la historia de Aang como un relato universal al estilo de *La guerra de las galaxias* (*Star wars;* George Lucas, 1977), de modo que le pidió a Howard que compusiera una música más ancestral que étnica, más universal que específicamente cultural.

Para el —decisivo— apartado del montaje, M. Night Shyamalan volvió a requerir de los servicios de Conrad Buff, que ya había trabajado con él en su anterior película, *El incidente*. Lo cierto es que no resulta extraño que ante un proyecto como *Airbender. El último guerrero*, Shyamalan echara mano de un montador como Buff. Hemos dicho páginas atrás que la elección de un puesto tan decisivo como el de montador había ido variando en el cine de Night en función de las perspectivas artísticas de cada película. A partir de *El protegido*, M. Night Shyamalan recurrió a montadores muy específicos con currículos muy particulares que según su visión de cada film encajaban a la perfección. Así, Dylan Ticheron editó *El protegido*, Barbara Tulliver, *Señales* y *La joven del agua*, Christopher Tellefsen hizo lo propio con *El bosque* y Conrad Buff con *El incidente* y el film que nos ocupa, no por casualidad dos películas con la mira puesta fundamentalmente en satisfacer a un público mayoritario, es decir, películas no demasiado preocupadas en ofrecer vistosos pulsos estilísticos al modo de *El protegido* o *El bosque*. A Shyamalan, pese a sus particularidades, le interesaba más un profesional impecable del montaje que le aligerara el trabajo lo máximo posible (en producciones tan caras como estas el tiempo es un bien muy preciado) y que supiera solventar con rapidez y eficiencia las ideas estilísticas del director y sin duda, Conrad Buff era su hombre.

Prácticamente lo mismo se puede decir en lo tocante a la dirección de fotografía. Para *El protegido*, Shyamalan contó con los servicios del portugués Eduardo Serra, para *El bosque* el elegido fue Roger Deakins, para *La joven del agua* Night se puso en contacto con Christopher Doyle y Tak Fujimoto ha sido lo más parecido a un director de fotografía habitual en su cine habiendo trabajado en *El sexto sentido* y *Señales*. Night Shyamalan lo diría en multitud de ocasiones: para él, *Airbender* era una trilogía al estilo de *La guerra de las galaxias* y *El señor de los anillos,* y tal vez por cercanía argumental no debe resultar demasiado extraño que Shyamalan llamara al director de fotografía de la trilogía de *El señor de los anillos*, David Tattersall.

En lo que se refiere al apartado interpretativo Shyamalan quería para la ocasión actores que no fueran demasiado conocidos. Night consideraba que de igual forma que en *La guerra de las galaxias*, Harrison Ford, Mark Hamill o Carrie Fisher no eran en su día intérpretes conocidos, él quería también a actores que no tuvieran películas demasiado populares a sus espaldas. La primera decisión era también la más complicada, encontrar a un actor que interpretara a Aang, el niño protagonista. Para la ocasión el equipo de Douglas Aibel —otro colaborador de Shyamalan desde los tiempos de *El protegido*— organizó un gigantesco *casting* en Austin, Texas, para encontrar un niño que diera la talla y el tipo para interpretar a un guerrero de los elementos como Aang. El elegido fue Noah Ringer, un chaval de trece años con un flamante cinturón negro en Taekwondo. Para interpretar el papel de Zuko, el temible príncipe de la nación del Fuego, Shyamalan quería al músico norteamericano Jesse McCartney, un joven de veintipocos años que había alcanzado la fama con la banda *Dream Street* y que había hecho sus pinitos en la interpretación. Sin embargo el destino le tenía preparada a Night una desagradable sorpresa. Cuando se anunció la puesta en marcha del proyecto de *Airbender*, sobre la película cayó una lluvia de críticas a propósito de la raza de sus intérpretes. Ya hablaremos de esto más adelante, pero a grandes rasgos el problema básico era que para tratarse de una película que se suponía transcurría dentro de la cultura asiática, los actores blancos abundaban demasiado en detrimento de los intérpretes de otras etnias. No está claro que pasó, la versión oficial dice que McCartney no se pudo comprometer con el rodaje de *Airbender* debido a otros compromisos. Puede que fuera cierto. Pero la verdad es que Jesse McCartney abandonó definitivamente la película y Shyamalan llamó a un actor, este sí, casualidad, de rasgos asiáticos, el intérprete británico de origen indio Dev Patel, a quien había visto en *Slumdog Millonaire* (Danny Boyle; 2008), una elección que según parece Night llevaba manejando en su cabeza desde el principio.

3. M. Night Shyamalan todavía agradece a los directivos de Paramount que le dejaran escribir el guión del film desde la primera a la última palabra. Night quería, y además necesitaba, adaptar aquella historia ajena a sus intereses y a sus sensibilidades. La cosa no era fácil. Los creadores de *Avatar. La leyenda de Aang* tardaron más de seis años en construir el mundo fantástico que supone una serie de la complejidad dramática y narrativa de *Avatar*. Además, M. Night Shyamalan se enfrentaba también al siempre espinoso mundillo de los fans. Muy agradecidos o terriblemente virulentos, los admiradores de la serie que se repartían por todo el mundo esperaban con ansia el estreno de la película a partir del día exacto en el que se anunció el proyecto. Shyamalan por tanto se vio en la coyuntura de equilibrar un delicado triángulo de intereses, los suyos propios como creador, las expectativas de los fans y la necesidad empresarial de llevar la película a la mayor cantidad de público seguidores o no de la serie original, para recaudar la mayor cantidad de dinero posible. Así las cosas, DiMatrio y Konietzko, siguieron muy de cerca la evolución del guión de Night y fueron constantemente torpedeados con mil y una preguntas del director de *El sexto sentido* acerca de, sobre todo, cómo reducir tramas o qué historias anular de la serie original para convertir todo el ingente material que suponía *Avatar* a una película de no más de dos horas.

Por otro lado, M. Night Shyamalan vio en *Airbender. El último guerrero*, la posibilidad de hacer su propia saga épica al estilo de *La guerra de las galaxias* o *El señor de los anillos*, dos títulos que serán constante referencia a la hora de hablar de *Airbender* como trilogía. Esto es un dato curioso, el hecho de que Shyamalan abordara con tanta ilusión una trilogía de películas cuando años atrás, había dicho públicamente que no quería hacer *El protegido 2* para no convertirse en uno de esos directores que se nutren de sus propios éxitos una y otra vez y que cada película suya quería que fuera algo totalmente diferente. Con *Airbender. El último guerrero* se dieron los dos elementos en apariencia contradictorios, se trataba de un proyecto completamente diferente que como tal implicaría, al menos en su concepción inicial, tres películas.

Con el guión terminado, a M. Night Shyamalan le preocupaban sobre todo los fans de la serie. Al fin y al cabo, Night había llegado relativamente tarde al universo *Avatar* y sin duda se trataba de una empresa completamente distinta a lo que había hecho antes, por lo que había un factor de riesgo importante a la hora de calibrar la fidelidad o no a la serie original. Shyamalan podría y debería gestionar él mismo la respuesta del público en general y hasta podría valorar su propia impronta como autor en la película final, pero sobre la opinión de los fans tenía un alcance limitado. Aunque M. Night contó con la estrecha colaboración de los creadores de la serie, DiMatrio y Konietzko, el director y guionista estaba muy preocupado por no contentar a los seguidores de la serie y que no admitieran los necesarios cambios que implica una adaptación de una temporada de veinticuatro episodios de veinte minutos cada uno a un largometraje de no más de dos horas. A Night se le ocurrió publicar en

Internet los cambios que se habían llevado a cabo en su película con respecto a la serie de dibujos animados y las razones que le habían llevado a ejecutarlos. Nadie en Paramount vio con buenos ojos aquella propuesta. Publicar qué se había respetado de la serie y qué se había alterado o simplemente había desaparecido, le debió parecer a Paramount una rara estrategia para excusarse antes de ser acusado de nada. No se publicaría nada de eso y Shyamalan debería correr el riesgo. Uno más, y ya iban unos cuantos para un director que no estaba atravesando su mejor momento.

Una vez Shyamalan había impreso al final del guión de *Airbender. El último guerrero* las palabras *The End*, el director pasó a reunirse con su amigo y colaborador, el dibujante Brick Mason. Shyamalan y Mason dibujaron viñeta por viñeta la totalidad de la película. El director de fotografía Andrew Lesnie se incorporó a la película con el tiempo suficiente como para dar su visión sobre el detallado *story board* de Shyamalan y Mason y de paso dejar caer su valiosa experiencia sobre el terreno de las sagas épicas del cine moderno.

Al tratarse de un largometraje logísticamente tan complejo con numerosas localizaciones, un buen número de decorados que había que levantar de la nada y un constante chorreo de efectos especiales, Shyamalan optó por un método cada vez más extendido en Hollywood pero que él no había empleado antes, la previsualización de las escenas. Esto es, a través de un programa informático, la ILM reproducía por ordenador con bastante exactitud cómo quedarían las escenas ya montadas y planificadas con sus efectos especiales. La idea resultaba atractiva, pero esto implicó que Shyamalan volviera a revisar el *story board*, esta vez con Pablo Helman, un argentino nominado a dos oscar por *La guerra de las galaxias. Episodio II - El ataque de los clones* (*Star Wars. Episode II – Attack of the Clones*; George Lucas, 2002) y *La guerra de los mundos* (*War of the Worlds*; Steven Spielberg, 2005). Helman —quien por cierto dijo de Shyamalan que era un tipo que sencillamente, o te caía bien desde el principio o no— se reunió con Night seis meses antes de empezar a rodar un solo plano y revisó viñeta por viñeta toda la película. El director tenía una premisa sobre todas las cosas, quería que los efectos especiales fueran realistas y que no parecieran una forzada recreación gráfica en tres dimensiones.

Mientras Shyamalan revisaba una y otra vez el guión a través del *story board*, los actores comenzaron a entrenarse en las artes marciales. Night, según cuentan fan incondicional de *Operación Dragón* (*Enter the Dragon*; Robert Clouse, 1973), quería que los modelos y las formas de cada técnica de defensa y ataque tuvieran sus particularidades en función de la tribu a la que pertenecieran. La comunidad del Agua tenía unas formas asignadas, así como las de la Tierra, el Fuego y el Aire. Nada fue dejado al azar. El director de *El bosque* tuvo la suerte de contar con dos actores que tenían un cinturón negro en Taekwondo pero lo que Shyamalan quería iba un poco más allá. Según se apunta en el *Press Book* del film, el director de *La joven del agua* quería que los actores emplearan el mismo tipo de lucha que en la serie original, el *wushu* que a su vez se divide en multitud de subestilos diferentes. De este modo, en la película se seguirían al dictado los mismos estilos de *wushu,* que en la serie de animación: *baguazhang* para controlar el aire, el *taichi* para el control del agua, *hung ga* para el la tierra y el *kung-fu shaolin del norte* para controlar el fuego.

Los actores dieron el tipo antes y durante el rodaje, de eso no cabe duda, pero cuando la acción frente a la cámara se ponía demasiado exigente una tropa de más de sesenta especialistas capitaneados por el veterano coordinador Jeff Habberstad —también director de la segunda unidad y un viejo conocido de Night con quien ya había colaborado desde los tiempos de *El sexto sentido*— y cerca de un centenar de extras salían a escena para facilitar la tarea y ayudar a ofrecer la impresión final que se puede contemplar en la película. Cada actor principal tenía un doble en la película con la única excepción de Noah Ringer, que tenía dos. Durante cuatro meses antes del inicio del rodaje, actores, extras y especialistas estuvieron trabajando en las complicadas escenas de lucha. Shyamalan quería que la acción fuera todo lo física posible y dejar a un lado, en la medida de lo posible, el uso de cables y trucajes digitales. De hecho, Habberstad se empleó a fondo con los actores y especialistas estudiando cada movimiento y exprimiendo hasta el límite las posibilidades del cuerpo humano y una vez la capacidad de los mejores expertos dio de sí todo lo que pudo, fue entonces cuando se recurrió a los cables y a los efectos visuales para poder ofrecer ese mundo de fantasía que había popularizado la serie original y que Night quería trasladar a la gran pantalla.

Pero sin lugar a dudas el actor que más atención requirió a la hora de ser entrenado antes del rodaje fue Noah Ringer. Según se especifica en el *Press Book* del largometraje, además de conocer al detalle las técnicas que componen el *wushu*, Karine Mauffrey enseñó a Ringer cómo comportarse en las escenas de lucha sin que aparentemente le resultara complicado mientras que Jade Quon se centró en los movimientos de Ringer y en conseguir que el pequeño actor se desenvolviera con soltura colgado de un cable. Shyamalan no quería perder un ápice de emoción y espectacularidad en las escenas de acción y estaba empeñado en ofrecer el mejor espectáculo jamás visto en una pelea de cine. *Matrix* (*The Matrix*; Andy y Larry Wachowski; 1999) había puesto en este sentido el listón muy alto y M. Night Shyamalan estaba dispuesto a superarlo o por lo menos a intentarlo. Para controlar hasta el último detalle, el equipo de especialistas utilizó un avanzado programa informático, el Navigator, un sistema a partir del cual los técnicos podían medir hasta el milímetro los movimientos, la velocidad y el emplazamiento de los cables antes de situar un solo arnés. El programa mostraba cómo quedaría la escena e indicaba cómo, dónde y a qué velocidad había que emplear los resortes.

Una producción del calibre presupuestario de *Airbender. El último guerrero* le exigió a M. Night Shyamalan un proceso de trabajo completamente distinto al empleado por el director hasta la fecha. Hasta el momento, el responsable de *El bosque* podía permitirse el lujo de montar sus películas una vez había concluido la filmación, pero para esta ocasión Night Shyamalan no iba a tener tanta suerte. Las fechas y los límites presupuestarios obligaron al cineasta norteamericano a ir montando la película casi día a día una vez eran filmadas las tomas de forma que las escenas, ya plenamente editadas, podían ser enviadas a la ILM para que fueran trabajando en la aplicación de los efectos especiales. Así, la empresa de efectos especiales creada por George Lucas, generó no sólo los entornos fantásticos propios del mundo de *Airbender. El último guerrero*, sino que también dio vida a fantásticas criaturas como fue el caso del Appa, un gigantesco bisonte volador de cinco metros de alto y cuatro de ancho.

Pero antes de que las imágenes fueran enviadas a la ILM, el experto en efectos visuales y viejo colaborador de Night, Steve Cremin, tuvo bajo su responsabilidad la delicada misión de jugar con el fuego y el humo en el plató. Como es bien sabido, el fuego es un viejo conocido del cine de acción y aventuras en Hollywood, pero lo que Shyamalan quería para esta película iba un poco más allá y exigió de Cremin todo su potencial creativo. Cables, bombas de humo preparadas y tubos de gas fueron hábilmente combinados en un complejo compendio logístico que ofreciera de la mejor forma posible lo que todos los fans habían visto en *Avatar. La leyenda de Aang*.

No obstante y pese a todo el apoyo logístico que Shyamalan tenía a su disposición, a la hora de modificar, retocar, añadir y mejorar escenas con tecnología digital, el director de *El bosque* estaba muy preocupado por ofrecer un film que resultase real y que diera la sensación de que uno pudiera recorrer esos mismos paisajes. Night no quería ofrecer un mundo fantástico que pareciera situado en otra dimensión sino muy al contrario, ofrecer un mundo real salpicado de criaturas y personajes extraordinarios. De este modo, mientras se pudiera utilizar un decorado real o en su defecto, mientras se pudiera levantar un decorado, mucho mejor que tirar de las pantallas verdes y del *Computer Generated Image* (CGI). Así, el diseñador de producción, Philip Messina —que ya había trabajado con Shyamalan en *El sexto sentido*— buscó en el pasado y presente de todos y cada uno de los rincones del planeta inspiración para crear el asombroso mundo de *Airbender. El último guerrero*. Como el propio Messina detalla en el *Press Book* de la película, «tenía que pensar cómo eran los integrantes de cada nación. Desde los extintos Nómadas del Aire pasando por la grandiosidad de la Tribu del Agua del Norte en contraste con los Aldeanos de la Tierra que eran más orgánicos, hasta la industrializada Nación del Fuego. El diseño de las naciones fue como el de las cuatro piezas de un rompecabezas. Cada vez que cambiaba una de ellas, otra se veía afectada.

Y puesto que lo más importante era exprimir las posibilidades reales de cualquier escenario natural, Shyamalan no tuvo inconveniente en solicitar a Paramount que trasladara a todo el equipo de rodaje a más de cinco mil kilómetros para poder rodar en la mismísima Groenlandia. La idea en sí era un disparate absoluto para cualquier *major* de Hollywood que vería cómo el presupuesto se multiplicaría dramáticamente por trasladar el rodaje a un escenario tan remoto. Night quería rodar en una zona a la que sólo se podía acceder en avión o en helicóptero. La idea era que enormes contenedores llevaran el equipo a la diminuta aldea de Ilulisat, a unos 200 kilómetros del Círculo Polar Ártico, donde el equipo de producción tendría que pensar en todo, desde cómo mantener al personal caliente, hasta cómo evitar que el delicado equipo se congelara. Según se señala en el *Press Book* del film, por si fuera poco, el escenario que Shyamalan consideraba idóneo para arrancar el film era Patrimonio Mundial de la UNESCO, lo que implicaría determinadas restricciones que harían un poquito más difícil el rodaje. Pues bien, Paramount aceptó y trasladó a la lejana isla helada a más de 150 profesionales venidos de Estados Unidos, Dinamarca y Groelandia durante nueve días para exprimir hasta el último detalle de un entorno tan asombroso como real. Toda una odisea. No obstante, Groenlandia no fue el único destino exótico al que se traslado el equipo de *Airbender. El último guerrero*, que también viajó a Vietnam a rodar algunos planos, aunque el grueso de la filmación tuvo lugar, como de costumbre en Shyamalan, en Pensilvania.

Una vez la película estuvo filmada, procesada, manipulada, retocada, pulida y bien pulida, a alguien en Paramount se le ocurrió una feliz idea: «¿y si la pasamos a 3D?». En Hollywood se estaba —y se está— viviendo una verdadera fiebre por el cine en 3D y el abrumador éxito de *Avatar* (2009) de James Cameron sólo consiguió empeorar las cosas. Muchas películas que no habían sido rodadas para ser proyectadas en 3 dimensiones eran «infladas» y en cierto modo, adulteradas, para poder ser exhibidas en 3D con la consecuente queja por parte de buena parte del público y de la crítica. *Furia de titanes* (*Clash of the Titans*; Louis Leterrier, 2010) y *Alicia en el País de la Maravillas* (*Alice in Wonderland*; Tim Burton, 2010) fueron películas traspasadas al formato estereoscópico cuando habían sido filmadas con una única cámara (para proyectar un film en 3D se debe rodar el mismo plano con dos cámaras a la vez, una cámara para cada ojo). En aquellos momentos —y hasta la fecha, actualmente también—, en Hollywood se devanaban los sesos tratando de encontrar la película perfecta para inflar a 3D. En ocasiones el director cedía pero en otras ocasiones, éste se negaba en redondo, como fue el caso de Christopher Nolan con *Origen* (*Inception*; 2010).

De entrada a Shyamalan no le hacía ninguna gracia eso de pasar a 3D una película que había sido concebida, droducida y filmada para ser proyectada en 2D. Pero es que además el director de *La joven del agua* no creía, ni cree, que el cine en 3 dimensiones sea la mejor herramienta para un medio de expresión como el cine. «Espero que sea una moda pasajera» llegó a decir el director alegando que «¿se imaginan una película como *Alguien voló sobre el nido del cuco* en 3 dimensiones?». Convertir *Airbender. El último guerrero* a las 3 dimensiones era, según Shyamalan, una herramienta más para poder recaudar algo más de dinero. Las entradas en las salas 3D son más caras y además *Airbender* no dejaría de proyectarse en salas 2D. Quizá no fuera mala idea. Además, la empresa Stereo D, que tenía el aval de haber intervenido en la celebérrima *Avatar* de Cameron, iba a ser la encargada de transformar el film. Se hizo una prueba y se le mostró al vicepresidente de Paramount, Rob Moore, quien apostilló, «a ver si convencéis a Night»[54]. Shyamalan vio unas escenas, dio el visto bueno y se le dio luz verde a un proceso de conversión que inflaría el presupuesto de la película hasta en diez millones de dólares más.

4. M. Night Shyamalan sabía que se jugaba mucho con esta película. Al director norteamericano no le importaba reconocer abiertamente en las entrevistas de promoción previas al estreno que estaba «nervioso como un novato». Shyamalan afirmaba sentirse excitado pues, según declaró, «es algo que no quiero que cambie, si te acomodas significa que lo que haces ya no es importante para ti»[55]. Pero lo cierto es que tras este simpático y apacible manto de palabras amables yacía un director extremadamente preocupado por la recepción de su última y costosísima película.

Airbender. El último guerrero se preestrenó el 2 de julio de 2010 en Nueva York. La idea era hacerse un hueco en la Gran Manzana para ir haciendo boca con vistas a su estreno en todo el país dos días después, el 4 de julio, día de la fiesta nacional en Estados Unidos.

---

[54] Efe. Los Angeles, 23/04/2010.

[55] http://www.efeamerica.com/31_espectaculos/750495_shyamalan-nervioso-como-un-novato-por-el-estreno-de-the-last-airbender.html.

Como es bien sabido, las películas en Norteamérica se estrenan con muchísimo cuidado teniendo muy en cuenta qué films llegan a las pantallas el mismo fin de semana que un estudio decide estrenar una película. En ocasiones, un estudio ha retrasado un estreno, simplemente para no coincidir con otra esperada película y aumentar así sus posibilidades. En Paramount consideraron que *Eclipse* (*The Twilight Saga: Eclipse*; David Slade, 2010), la última entrega de la popular trilogía vamprírica de la saga *Crepúsculo,* no debía de suponer un problema para *Airbender. El último guerrero*. Eran películas muy distintas, enfocadas a un público distinto y además, al contrario que *Eclipse*, *Airbender* contaba con que además se estrenaría en salas 3D y eso era una ventaja.

El 3 de julio, un día después del preestreno neoyorquino, Internet bulló. Titulares como «La crítica vapulea *Airbender. El último guerrero*, lo último de Shyamalan» inundaron la red. De *Airbender* se dijo de todo y poco o nada bueno. La mayoría de los críticos sentenciaron que el film de Shyamalan era simple y llanamente malo. Peor que *La brújula dorada* (*The Golden Compass*; Christ Weitz, 2007) llegó a decir alguno, y eso era decir mucho. El crítico A.O. Scott del *The New York Times* aseguró que la mejor manera de ver *Airbender* era con los ojos cerrados. La revista *Variety*, un medio de referencia en Hollywood la puntuó con 20 puntos sobre 100. El temible y todopoderoso Roger Ebert del *Chicago Sun-Times* escribió que «es una experiencia agonizante en todos los apartados que uno pueda pensar y otros que aún no han sido inventados»[56].

Cliff Doerksen del *Chicago Reader* llegó a decir que «las actuales prioridades nacionales deberían ser reducir la emisiones de carbono y dejar de financiar las películas de Shyamalan»[57]. Finalmente, Keith Philips del *The Onion* afirmó que en general, *Airbender. El*

[56] http://rogerebert.suntimes.com/apps/pbcs.dll/article?AID=/20100630/REVIEWS/100639999.

[57] http://www.chicagoreader.com/chicago/the-last-airbender/Film?oid=2010226.

último guerrero no era muy distinta al terrible menú de aquel verano cinematográfico, en referencia a películas como *El equipo A* (*The A-Team*; Joe Carnahan, 2010), «aunque con una diferencia» sostenía Philips, que *Airbender* era la peor de todas.

En España, tradicionalmente más tolerante con el cine del director de origen indio, aunque con matices, se siguió subrayando que *Airbender. El último guerrero* era, en suma, una película fallida. Jordi Costa escribía en las páginas de *El País* que el film de Night «proporciona una experiencia más cercana a la de contemplar unas ruinas fascinantes que a la del deslumbramiento»[58]. Nando Salvà afirmaba en *El Periódico* que «Shyamalan concibió *Airbender* como la primera entrega de una trilogía. Afortunadamente, nadie en Holywood le va dejar seguir con ella»[59]. También en otro periódico catalán, en *La Vanguardia*, J.B.C., señalaba que «para el cinéfilo purasangre, ver *Airbender. El último guerrero* constituye una experiencia harto dolorosa»[60].

Todo el mundo parecía estar de acuerdo en una cosa, *Airbender. El último guerrero* era una película mala o muy mala. La onda expansiva en contra de la película de Shyamalan no tardó en empapar la red y, a una velocidad de vértigo, la noticia de que *Airbender* estaba siendo vapuleada por la crítica norteamericana se extendió como la pólvora. Algunas de las páginas más concurridas de la red se sumaban a la negra estampa de *Airbender*. Una web tan influyente como *Rotten Tomatoes* mantiene la película de Night, a día de hoy, a un seis por ciento de aceptación. Para que se hagan una idea, *Titanic* supera el 80 por ciento. Cuando el film llegó a Europa, la explosión se hizo patente en todos los rincones de Internet, no había nada qué hacer.

[58] http://www.elpais.com/articulo/revista/agosto/soledad/heroe/elpepirdv/20100806elpepirdv_19/Tes.

[59] http://www.elperiodico.com/es/noticias/cultura-y-espectaculos/20100806/airbender-ultimo-guerrero-shyamalan-caida-libre/422639.shtml.

[60] http://www.lavanguardia.es/cultura/noticias/20100806/53978094894/airbender-el-ultimo-guerrero-robert-bresson-mike-newell-tarantino.html.

Por si todo esto fuera poco, como ya hemos apuntado páginas atrás, antes de que la película se estrenara, *Airbender. El último guerrero* fue tachada por algunos sectores de racista, todo un tumultuoso adelanto de lo que iba a venir después. Antes de que se rodara un solo plano trascendió la noticia de que el *casting* de la siguiente película de Shyamalan estaba en marcha. El revuelo surgió cuando se supo que algunos de los personajes más importantes del film recaerían sobre actores de raza blanca, lo que resultaba como mínimo chocante para una serie inspirada en la estética y la filosofía de los *anime* asiáticos. Hubo quien sugirió que tal vez esta polémica, para algunos un poco absurda, no era más que una estratagema para que se hablara de la película, aunque fuera mal. Pero lo cierto es que lo que la prensa publicó de *Airbender. El último guerrero* tenía muy poco de crítica cómplice y sí mucho de una abierta hostilidad hacia la película.

En cualquier caso lo cierto es que este tipo de acusaciones hacia superproducciones de Hollywood no era ni es nada nuevo. Es lo que allí llaman el *whitewashing* o blanqueo, es decir, eliminar elementos raciales que no estén dentro del modelo blanco. De hecho, no muchos meses antes del estreno de *Airbender* también hubo quien arremetió contra *El príncipe de Persia* (*Prince or Persia: The Sands of Time*; Mike Newell, 2010), una producción de Jerry Bruckheimer en el que un pálido Jake Gyllenhaal interpretaba a un intrépido e improbable aventurero de origen musulmán.

Una de las organizaciones más beligerantes contra la película de Night fue Racebending, una asociación —según afirma su página web— «dedicada a fomentar la igualdad de oportunidades en Hollywood»[61]. Racebending sostenía y sostiene, entre otras cosas, que además de la presencia de actores blancos en un contexto eminentemente asiático, los pocos actores que no eran blancos e interpretaban un papel principal eran villanos, como lo demostraba la presencia del

[61] http://www.racebending.com/v3/about/.

actor británico de origen indio Dev Patel. De hecho, la situación por parte de los fans de la serie animada fue tal que uno de los creadores de la serie, Brian Konietzko, tuvo que defenderse asegurando que él no había tenido nada que ver con el *casting* de la película. Paramount Pictures tuvo que echarle un capote a Shyamalan y a su película recordando que el elenco de actores que intervenía en *Airbender. El último guerrero* estaba compuesto por múltiples razas. En mitad de todo este embrollo, y con la presión añadida de llevar a buen puerto una superproducción de Hollywood, M. Night Shyamalan, un inmigrante de piel oscura nacido en la India, probablemente estupefacto ante la situación, sólo pudo decir que estas acusaciones eran ridículas y que él sólo había escogido a los actores que había considerado idóneos para cada papel.

Dicho esto parece justo aclarar que no todo fueron varapalos para la película de Night y que aunque a estas criticas no se le dio tanta difusión y aunque es cierto que la opinión más generalizada no fue precisamente buena, también hubo voces que, dentro y fuera de nuestras fronteras, puntualizaron que en *Airbender. El ultimo guerrero* había algo más que motivos para el escarnio y el vapuleo crítico. Scott Bowles, por ejemplo, escribió en un medio tan poco dado a la moderación como el *USA Today* que la película de Night «al contrario que otras producciones de Hollywood en las que se introduce con calzador el material adolescente y se incluye secretamente el enganche para los adultos, *Airbender*, ya sea intencionadamente o no, está vinculada exclusivamente al público más joven»[62]. Esto es cierto, y además no es nada malo, es más, creo que es una de las claves de la película, porque tal vez el film de Shyamalan sea una de esas pocas cintas que tienen a su público extraordinariamente definido y lo que es más, ha tenido la osadía de descartar al sector más o menos adulto de la taquilla aunque haya sido de

[62] http://articles.latimes.com/2010/jul/01/entertainment/la-et-airbender-20100701.

forma consciente o inconsciente como dice Bowles, pero de esto hablaremos más adelante. Owen Glieberman del *Entertainment Weekly* fue tal vez uno de los pocos críticos que admitió públicamente otra cuestión que por otro lado es escandalosamente obvia y por lo que también fue criticado Shyamalan, que «*Airbender. El último guerrero* es compulsivamente fiel a la serie de televisión» y que «técnicamente no está mal hecha. Me gustó el enfrentamiento físico entre los elementos, las bolas de agua que se levantan como esculturas en el aire»[63]. Pero tal vez, la más entusiasta de las buenas críticas salidas de Estados Unidos llegara de la mano del curtido crítico de cine Colin Covert quien escribió en el *Mineapolis Startribune* que *Airbender* es «uno de los espectáculos visualmente más espléndidos de los que he visto este año, lleno de fuegos artificiales, vértigo y placer cinético» además, para el crítico norteamericano, la película de Night no se perdía en una vacua ilusión óptica sino que «se centra en la humanidad de los personajes y en su emociones»[64]. Ya dentro de nuestras fronteras y en plena efervescencia mediática en torno a los lamentables resultados artísticos de *Airbender*, Federico Marín escribió en las páginas del diario *ABC* que el arranque de la película del director norteamericano «contiene la esencia del gran arte de Shyamalan y algún plano secuencia demuestra que este joven cineasta sabe destilar sin repetirse todo el cine que ha bebido»[65].

5. Cinco meses después de su estreno, cuando las aguas habían amainado un poco y la carnicería mediática se diluía entre la catarata de estrenos de cada fin de semana, en una web tan visitada en nuestro país como Filmaffinity, *Airbender. El último guerrero* mantenía una nota media de 4,7 puntos. El largometraje de Shyamalan continuaba significando un suspenso aunque bien mirado, esto no

---

[63] http://www.ew.com/ew/article/0,,20398345,00.html.

[64] http://www.startribune.com/entertainment/movies/97496999.html?page=1&c=y.

[65] http://www.abc.es/20100806/cultura-cine/airbender-201008060908.html.

fuera algo particularmente nuevo para el director de *El protegido*. Seguro que a estas alturas nos suena eso de que un film de Shyamalan el día de su estreno no terminara de gustar a nadie y que años después se convierta en un film de culto. No digo que esto haya ocurrido con todas sus películas o que vaya a ocurrir con *Airbender*, pero sí que sospecho que existe cierta tendencia a revalorizar el cine del realizador estadounidense conforme va pasando el tiempo. No me cabe la menor duda de que el cine de Night, hasta nuevo aviso, hay que verlo dos veces como mínimo. Parece bastante obvio que con cada visionado sus películas suelen crecer o al menos se suelen definir más y mejor. Películas como *El protegido*, *El bosque* o *La joven del agua* son películas, a mi juicio, todavía inabarcables y probablemente un film, a mi parecer desigual, como *El incidente*, vaya creciendo con el paso de los años visionado tras visionado. Hay que echarle voluntad, es cierto, pero nadie ha dicho que valorar justamente una película sea fácil.

Esto ocurre por varias razones, pero fundamentalmente creo que hay una de vital importancia y es que el cine de M. Night Shyamalan a partir de *El sexto sentido* siempre se ha vendido y se ha envuelto como un *blockbuster*, es decir, como una película pensada por y para arrasar en los cine de medio planeta. Esto es importante porque sus campañas de publicidad, las expectativas que se generan en torno a ellas y las estrellas que suelen acompañar sus películas, provocan un entorno muy parecido al de películas como *Transformers* (Michael Bay; 2007) o *Piratas del Caribe*, cuando entre estas y las películas de Night no hay similitud alguna. En este sentido, es obvio que la única película que sí tiene algo de eso que se ha venido a llamar *blockbuster* es sin duda *Airbender. El último guerrero*.

Guste o no, la película tenía todos los ingredientes necesarios para convertirse en un éxito inmediato. Muchos efectos especiales, aventuras y una historia de superación, fe y responsabilidad. No tenía por qué fallar. Además, *Airbender* incluía una de esas cosas que suelen gustar mucho al público occidental, artes marciales y desde luego, escenas de lucha. Por si fuera poco había una popular serie de animación detrás de un presupuesto de 150 millones de dólares. ¿Por qué preocuparse?, debió de decirse algún que otro ejecutivo de Paramount. Probablemente nadie contaba en la *major* con el odio visceral que al parecer le tiene la crítica norteamericana al director de *Señales*, y si bien los críticos no suelen pagar las películas que suelen ir a ver, sí que acostumbran a hacerlo aquellos que leen sus críticas y que en no pocas ocasiones se dejan influir por ellas. De todos modos, Paramount tenía a su favor el «boca a boca». Puede que las críticas en Estados Unidos fueran demoledoras pero la gente había ido a ver la película. En su primer fin de semana *Airbender. El último guerrero* había recaudado más de 40 millones de dólares, el fin de semana más exitoso de la carrera de Night. Y lo cierto es que visto así, *Airbender. El último guerrero* no ha sido un mal negocio con una recaudación de más de 300 millones de dólares en todo el mundo. Más de la mitad de lo que costó. Shyamalan cumplió. Otra cosa es que Paramount quiera volver a intentarlo con Night detrás de las cámaras cuando es bien sabido que en las trilogías anunciadas, los episodios de transición, generalmente las segundas partes, en no pocas ocasiones han tenido la peor respuesta del público de algunas de las sagas más populares de la historia del cine. Ocurrió con *Indiana Jones y el templo maldito* (*Indiana Jones and the Temple of Doom*; Steven Spielberg, 1984), *La guerra de las galaxias. Episodio II. El ataque de los clones* y de hecho *Depredador* (*Predator*; John McTiernan, 1987), aunque ahora se esté queriendo revitalizar la franquicia, en su día no conoció una tercera parte por que la segunda entrega no llegó a los 60 millones de recaudación. En fin, que Hollywood es un mundo de cifras y no voy a venir yo aquí a descubrirlo, eso está claro. A las cifras me remito.

De hecho, que una película de M. Night Shyamalan contara con todos los ingredientes propios de un *blockbuster* suponía ya de por sí un elemento de interés para ir a ver un film como *Airbender. El último guerrero*. ¿Cómo se desenvolvería un director como Shyamalan tan poco dado a mostrar acción física en sus películas? En su cine, ya lo hemos visto, los momentos culminantes de mayor acción sucedían generalmente en *off*, fuera de campo. Lo vimos en *Señales*, en *El bosque* y *En la joven del agua*. Hemos comentado también como la Fox «invitó» a Shyamalan a que sugiriera menos y mostrara más en *El incidente*, lo que sin duda era un presagio de lo que vendría después. Pero aún así, *Airbender* era un paso de gigante a la hora de mostrar cómo la acción transcurría frente a la cámara. Night prefería mostrar el amago de un puñetazo y el cuerpo del contrincante cayendo al suelo que el hecho mismo de golpear. El clímax final de *Señales* sería un buen ejemplo de esto. Pero para *Airbender*, Shyamalan no tenía otra opción. Tenía que mostrar.

Y entonces surge la pregunta. ¿Cómo mostrar algo que no está incluido en el ADN creativo de un director? ¿Cómo combinar una necesidad empresarial como esta en un cineasta ajeno a ese mundo de acción física? Las escenas de acción de *Airbender. El último guerrero* son un curioso ejemplo de puesta en escena y en muchos sentidos, un verdadero ejercicio de estilo. Hubo quien consideró ridículo que Shyamalan rodará las escenas de lucha a base de planos largos o planos secuencia, pero la verdad es que la decisión tenía mucho sentido viniendo del director de *El protegido*.

En una película cualquiera, el montaje suele multiplicarse en las escenas de acción. El objetivo último es mostrar acciones muy complejas con el mayor detalle posible. Por esta razón los puntos de vista se incrementan, para que podamos ver qué sucede en cada momento sin perder detalle. La razón de este modo de planificación no tiene otro fin que el de explicar lo que estamos viendo con precisión. Con el tiempo esta costumbre se ha convertido en una tendencia estética propia del cine de acción y aventuras pero su sentido original no era otro que ser una herramienta expositiva. M. Night Shyamalan no hace esto en *Airbender. El último guerrero*. En primer lugar porque tengo la impresión de que Shyamalan vio en las escenas de lucha un momento perfecto para llevar a cabo un ejercicio de estética, de belleza formal. A Shyamalan no le preocupaba tanto ofrecer los detalles de la acción como mostrarla como un momento épico de reminiscencias casi poéticas. De hecho, las escenas de lucha son ciertamente escasas en *Airbender* y los momentos están filmados con un evidente sentimiento épico de valor, pero sobre todo de responsabilidad. Así, la acción en *Airbender. El último guerrero* se construye en torno a una planificación que no lo muestra todo y sólo pone en escena aquello fundamental para que la escena avance. No hay planos aéreos de multitudes digitalizadas ni un montaje aturullado que trate de provocar en el espectador la misma confusión que se supone hay en una guerra, no. Como en el clímax de *Señales*, donde había mucho de danza, las escenas de acción de *Airbender. El último guerrero* son más líricas que cualquier otra cosa, por esta razón Night prefirió tirar de planos largos y de mover la cámara alrededor de la batalla como si de un personaje más se tratase. De este modo, lo que Shyamalan consigue es que la acción sea tan poética y épica en lo que vemos y en cómo lo estamos viendo. No hay una decisión absurda en el fondo de todo esto, sino una toma de posición muy coherente con el resto de la película.

6. Antes de seguir hablando de *Airbender* sería interesante dejar algo muy claro. El doblaje al español del largometraje es absolutamente nefasto. No ayuda demasiado a unos actores, fundamentalmente los menores, que se intuyen mal dirigidos y esto es algo muy extraño en una película de Shyamalan. El director de *La joven del agua* ha demostrado en no pocas ocasiones que tiene una mano verdaderamente maestra a la hora de dirigir a actores infantiles. Todo el mundo recuerda el fantástico papel que hizo Haley Joel Osment en *El sexto sentido*, pero también hubo una magnífica dirección de actores infantiles en *El protegido*, *Señales* o *El incidente*. Resulta muy raro —y decepcionante también— comprobar có de sí mo los actores más pequeños apenas si ofrecen la más mínima emoción dramática y desde luego, el más perjudicado en este sentido es el actor sobre el que recae casi todo el peso de la película, Noah Ringer. De hecho tampoco se adivina una dirección de actores en general particularmente inspirada, lo cual perjudica a un film que aspira a jugar sus mejores bazas en los momentos más intimistas, porque es ahí donde se pone en juego todo el entramado dramático que propone la película. Y esto es así porque en el fondo, pese a sus luchas, sus saltos, sus idas, sus venidas y sus deslumbrantes efectos especiales, lo cierto es que *Airbender. El último guerrero* es una película que gira en torno, quizá con demasiada insistencia, a la responsabilidad que implica ser un héroe. Ya hemos visto un discurso parecido en otro *blockbuster* de hace unos años, *Spider-Man* (2002) dirigida por Sam Raimi. Pero en el caso de la película de Night el asunto se vuelve, si cabe, un poco más delicado, porque de hecho todo el largometraje gira en torno a un personaje que huye de su destino aterrado por la idea que supone ser un elegido: el Avatar.

Airbender. El último guerrero arranca con el descubrimiento por parte de dos hermanos de la tribu del Agua de un niño con unos extraños tatuajes que rememoran la leyenda del Avatar, un ser de apariencia humana que es capaz de controlar los cuatro elementos, el aire, el agua, la tierra y el fuego. El niño, Aang, es llevado a la aldea pero su descubrimiento genera un fulgor que es divisado por el temido príncipe Zuko, hijo del Señor del Fuego que ha sido humillado y desterrado por su padre hasta que traiga hasta su presencia al Avatar. El motor del film gira en torno a esta persecución y en cómo Aang decide tomar posesión de su rol, lo que nos lleva a una de esas cuestiones que tanto le gusta tratar a Shyamalan, la razón por la que estamos en este mundo. Aang tiene su propia razón de existir y sólo asumiéndola y tomando posesión de su naturaleza existencial tendrá sentido todo lo que hace y todo lo que le rodea.

De hecho, al final de la película, en su clímax, un poco al estilo de *Señales*, Shyamalan tendrá la osadía de detener la acción para insertar un *flashback*, el momento en el que Aang huyó de su papel de Avatar. No es un recurso gratuito, pues será precisamente en el momento en el que el joven Avatar tome posesión de todo su poder y lo desate ante las fuerzas de la nación del Fuego levantando el mar y utilizándolo como muro ante la amenaza enemiga. De hecho, y esto es muy significativo, vale la pena prestarle atención a la música que James Newton Howard compuso para este momento, porque lo que destila la escena puede ser cualquier cosa menos la esperada sucesión de acción trepidante. Muy al contrario, tal y como está rodada y montada la escena —en realidad toda la película está construida con un objetivo similar—, la intención que se intuye deviene más hacia un drama que hacia un film de aventuras al uso. Y es en este momento donde entramos en otra de esas cuestiones que, creo, Shyamalan no supo manejar del todo bien.

Airbender. El último guerrero es una película que para ser lo que es —la adaptación de una serie de animación destinada a los más pequeños— se toma a sí misma demasiado en serio. O dicho de otro modo, la película de Shyamalan no deja demasiado espacio para la relajación. En la serie original, pese a sus momentos más dramáticos, sus personajes estaban continuamente gastando bromas y haciendo el payaso mientras que en *Airbender. El último guerrero* las cosas ocurren con demasiada seriedad. Esto no sería un defecto particularmente importante si no fuera porque el resto de la película se confeccionó como un film pensado especialmente para los más pequeños. El resultado es que el drama no termina de encajar en un relato repleto de situaciones y diálogos excepcionalmente simples y por el contrario sus chistes y sus momentos de humor pillan al espectador desprevenido ante un drama tan tremebundo como parece empeñado en hacernos ver su director.

Y es una pena, porque digan lo que digan algunos, *Airbender. El último guerrero* está repleta de buenos momentos. La llegada a la ciudad en la que tendrá lugar el clímax final, las escenas de acción y el aviso de que se aceran los villanos a través de una frágil lluvia de ceniza que enturbia el gélido paisaje de la tribu del Agua, son sólo algunos ejemplos de que detrás de *Airbender. El último guerrero* había un director con ideas. Es posible que M. Night Shyamalan no supiera gestionar del todo bien la propuesta quizá por el empeño del director de responsabilizarse en solitario de un guión que, por necesidad, le pillaba muy lejos, aunque esto no quita que detrás de *Airbender* siguiera habitando la mente de un buen realizador. Pero lo cierto es que a la hora de escribir el guión de la película tengo la sensación de que Shyamalan no se percató de que algunas de las películas de encargo de sus más admirados directores fueron guiones compartidos cuando no directamente ajenos. Coppola escribió el libreto de *El padrino* junto a Mario Puzzo y Spielberg ni si quiera redactó una línea —acreditada al menos— de su celebrada *Tiburón*. De hecho, las entregas más flojas de una saga tan popular como *Star Wars*, lo admitan o no sus enfervorizados fans, son precisamente aquellas que viene firmadas por George Lucas en solitario. Seguramente, a Night le vendría bien admitir que al menos en ocasiones, una mano ajena, cómplice y cercana, pero ajena al fin y al cabo, le podría hacer mucho bien.

Aun así, lo cierto es que *Airbender. El último guerrero* sigue conteniendo algunas de las constantes más interesantes del cine de M. Night Shyamalan. Por ejemplo, de igual forma que Night mezcla el mundo ordinario con lo extraordinario, en *Airbender* se hace mucho hincapié en que a pesar de habitar en un universo repleto de seres fantásticos y poderes extraordinarios, sigue habiendo un mundo extraterreno, sobrehumano, el mundo de los espíritus. Este mundo, dice uno de los personajes del film «es un lugar que está hecho de cosas que no puedes tocar». De igual forma, la existencia de un Avatar no deviene tanto en la presencia de un guerrero que liderará la lucha contra las fuerzas del mal, sino en la presencia de un ser que «con su dominio de los cuatro elementos cambiará los corazones» —como ocurría con el personaje que el propio

Shyamalan interpretó en *La joven del agua*— porque «es en los corazones donde se ganan o se pierden las batallas». Y también como en otras ocasiones en el cine de Night, *Airbender* rememora esa visión del mundo en la que dioses y seres humanos, lo extraordinario y lo ordinario, conviven en un mismo espacio terreno de modo que los villanos de la película pueden asesinar a un dios que tiene la inesperada forma de un mundano pez. De igual forma, de la misma manera que en las películas de M. Night Shyamalan los adultos suelen tener comportamientos inusualmente ingenuos, infantiles, en muchas ocasiones con frases propias de niños, en *Airbender* tal vez con más razón que nunca, pues estamos ante un film netamente infantil. Vemos como definen a los dioses de la luna y el mar como «tienen muchos nombre, yina-yan, tira y afloja» o como un soldado de la Nación del Fuego sigue a un aldeano porque le estaba lanzando piedras a la cabeza «y eso duele». Formas mundanas, simples incluso, pero de una clarividencia fuera de toda duda. Y eso es en esencia *Airbender. El último guerrero.*

SHYAMALAN PERIFÉRICO

1. Además de la obra de la que un director se hace directamente responsable, en no pocas ocasiones y cada vez con más frecuencia, existen una serie de pequeñas aportaciones paralelas, periféricas si se quiere, que nos pueden ayudar a desentrañar las inquietudes de un cineasta, o como mínimo a confirmar o desmentir los intereses del director. Actualmente, con el trasvase de profesionales entre el cine y la televisión, la publicidad y los videojuegos, cada vez son más los formatos de los que un realizador puede disponer para poner a prueba todo su potencial creativo. Directores como Martin Scorsese han dirigido videoclips, Steven Spielberg ha diseñado escenografías enteras para conciertos de algunas de las estrellas más selectas de la música y cada vez son más los cineastas —el propio Spielberg— que se asoman al mundo de los videojuegos ansiosos por explotar las posibilidades que les brinda un medio cada vez más interactivo y rico.

Y probablemente de todos los formatos con los que un director de cine suele juguetear, el *spot* publicitario sea el más cercano por forma y contenido, por estructura e intenciones. De hecho, esto es así hasta tal punto que la publicidad ha ido ganándole terreno a la televisión, y si años atrás los futuros directores de cine se formaban en el medio televisivo ahora ese rol de formación continua lo está ocupando el *spot* publicitario. Es bien sabido que directores como

Ridley y Tony Scott, David Fincher, Michael Bay, Adrian Lyne o Alan Parker se pusieron por primera vez detrás de una cámara en un anuncio comercial. Lo curioso del formato publicitario es que esté produciendo el efecto contrario y que algunos directores de cine que nunca antes se habían asomado al mundo de la publicidad estén ahora hincándole el diente al escueto pero jugoso formato del *spot*. Recientemente lo hizo Martin Scorsese para Freixenet, lo hizo Spike Lee para McDonald's, y también lo hizo M. Night Shyamalan para American Express. La popular tarjeta de crédito ideó una particular campaña publicitaria en colaboración con el Tribeca Film Festival para que algunos de los cineastas más importantes del panorama norteamericano dieran su visión del slogan *My Life, My Card*. Directores como David O. Russell, Wes Anderson, Alexander Payne, Martin Scorsese, Robert De Niro o el propio Shyamalan se sumaron al proyecto.

El *spot*, que puede verse sin problemas en YouTube, nos sitúa al propio Shyamalan sentado en mitad del comedor en un restaurante. Night observa el entorno que le rodea sin que nada en especial le saque de sus pensamientos interiores hasta que de pronto algo parece llamar su atención. Primero, una pareja de ancianos dan la sensación de ser demasiado parecidos, extrañamente iguales. Después el cochecito de un bebé llorando aparece por el pasillo del restaurante y se detiene frente a una pareja que parece no verlo. De pronto, el propio Shyamalan observa que a su lado hay un tipo sudando profusamente al que parece que la piel se le está derritiendo. Unas pocas mesas más allá, el realizador contempla a una pareja discutiendo cuando el hombre parece atragantarse con algo ante la impávida y siniestra mirada de la chica que lo acompaña que además parece estar ahogándolo en una suerte de asesinato telequinésico. A continuación, una camarera pierde el control de su bandeja y tira unas copas al suelo, en realidad ha rozado a unos fantasmas que Shyamalan sí puede ver pero el resto no. Justo al lado, el director de *El protegido* se fija en una mujer que habla sin parar cuando súbitamente atrapa con la lengua una mosca demasiado impertinente. De nuevo la camarera pasa junto a unos siniestros hombres con hábito de monjes sentados alrededor de una mesa y al rozar a uno de ellos se le cae la caperuza, y al volver a colocársela sobre la cabeza vemos en el antebrazo del siniestro personaje extraños tatuajes egipcios. Night está completamente rodeado de seres extraordinarios, inquietantes en su mayoría, pero todos ajenos a los ojos de cualquiera. Sin embargo él puede verlos. Al final el *spot* termina con Shyamalan entrando a otro restaurante mirando en su interior asegurándose de que no hayan *presencias extrañas*.

Aunque filmado con la obligada celeridad narrativa que se impone ante un *spot* de publicidad, el anuncio de M. Night Shyamalan no es ningún compendio endemoniado de planos y movimientos de cámara, muy al contrario y teniendo siempre muy presente que estamos ante un *spot* publicitario, el trabajo de Shyamalan para American Express es un relato contenido, sinuoso, sugerente incluso. Las imágenes del *spot* de Shyamalan prefieren dejar a un lado la habitual concatenación de planos de una fracción de segundo para dejarse llevar por elegantes movimientos de cámara que literalmente *envuelven* al observador de excepción que en muchos sentidos es el propio Shyamalan. Elegantes movimientos de cámara y un equilibrado uso de la profundidad de campo dibujan un panorama vital muy similar al que ha moldeado su director a lo largo de su todavía corta filmografía. Un entorno cotidiano como un restaurante puede ser un lugar extraordinario si lo miramos con los ojos adecuados. Con esa mirada de extrañeza, Shyamalan puede ver en un vulgar comedor un asesinato telepático, una mutante, unos monjes de oscuras intenciones venidos del lejano Egipcio o simple y llanamente, unos fantasmas. Lo mismo en suma con lo que Night ha construido y elaborado sus dramas en sus películas.

Algo muy similar ocurre con el único guión que M. Night Shyamalan logró vender antes de dirigir *Los primeros amigos*. Se trataba de una adaptación del cuento de 1945 del neoyorquino E. B.

White (1899-1985), *Stuart Little* (1999). El guión, que terminó en manos de Columbia Pictures, fue llevado a la gran pantalla por Rob Minkoff, nada menos que el director de *El rey león* (*The Lion King*; Roger Allers y Rob Minoff). La película recaudó más de trescientos millones de dólares en todo el mundo y el destino quiso que se estrenará casi al mismo tiempo que *El sexto sentido*. Si bien es verdad que el guión de *Stuart Little* viene firmado por un segundo escritor, el por entonces guionista novel Greg Brooker, la película de Minkoff todavía conserva algunas ideas que, directa o indirectamente, encajan muy bien con el universo del director de *El bosque*. De entrada, la simple imagen de la casa de los Little, una miniatura desproporcionadamente minúscula al lado de gigantescos rascacielos en mitad de una gran ciudad como Nueva York. La propia ligereza y naturalidad con la que los Littel interactúan con el pequeño roedor cuando lo conocen en el orfanato dice mucho de esa naturalidad con la que el universo de M. Night Shyamalan propone que aceptemos la convivencia entre lo ordinario y lo extraordinario a un mismo nivel. Incluso hay un momento en el que el pequeño Littel, asombrado ante el efusivo recibimiento que recibe por parte de la familia, afirma «ahora sé que los cuentos también se hacen realidad». El pequeño Little no es una presencia extraña ni absurda en la realidad que nos propone el film, al contrario, es un personaje aceptado con toda naturalidad, con entusiasmo incluso, pero que a la vez no deja de ser extraordinario. Para el público, *Stuart Little* es un disparate que dinamita cualquier atisbo de verosimilitud del relato pero para los personajes todo forma parte del mismo universo de ficción en el que el espectador debe entrar si quiere disfrutar de la historia.

En este mundo de ratones y gatos parlantes, lo asombroso se abre paso entre los pesados bloques de la realidad a golpe de esperanza y sobre todo de ilusión. En un largometraje —muy irregular, eso sí— abiertamente dirigido a los más pequeños de la casa, la cuestión que domina en el poso del film ahonda en la evidencia de que pese a las apariencias —*Stuart Little* se desarrolla en una ciudad normal, con gente por sus calles, coches, árboles y demás— lo asombroso convive con nosotros. Tal vez, nos dice *Stuart Little* y la obra de Night en su conjunto, si miramos un poquito mejor entre los gigantescos edificios que pueblan la gran ciudad, si descartamos de nuestro entorno real el ruido, la gente y el caótico ritmo de vida que llevamos cada día, quizá podamos apreciar cosas increíbles de las que no teníamos noticia antes. Tal vez una pequeña y encantadora casa y puede que hasta un ratón que habla con la voz de Michael J. Fox o Emilio Aragón.

2. Una buena prueba de que un cineasta es algo más que un mero efecto mediático y que su obra tiene la seria intención de soportar el paso de los años es la influencia que un director puede generar a su alrededor. Es sin duda demasiado pronto para asegurar que el cine de M. Night Shyamalan va a rebasar las barreras del tiempo y que dentro de seis o siete décadas las tesis y los libros sobre el director de *El sexto sentido* se multiplicaran como esporas. Aún queda mucho camino por recorrer, muchos éxitos que ofrecer y sin duda también, muchos fracasos que sobrellevar. Pero también parece incuestionable que existen algunos indicativos en la actualidad cinematográfica, dentro y fuera de Estados Unidos, que hacen sospechar que Shyamalan podría estar influyendo de manera decisiva en los generaciones de jóvenes directores.

Probablemente, una de las influencias más obvias y directas que despertó el cine de M. Night Shyamalan se produjo inmediatamente después del estreno de *El sexto sentido* cuando súbitamente comenzaron a aparecer películas de toda naturaleza e índole en las que, casualmente, alguno, o algunos de los protagonistas del film resultaba estar muerto al final de la película. Alejandro Amenábar ha jurado y perjurado que cuando escribió *Los otros* (*The Others*; Alejandro Amenábar, 2001) no había visto *El sexto sentido* aunque la película de Amenábar se estrenara dos años después que el film de Shyamalan. También en *Premonición* (*The Gift*; Sam Raimi, 2000), un desequilibrado personaje rescataba en el clímax final de la cinta a la protagonista principal cuando ya había muerto minutos atrás y hasta la serie B se lanzó a la aventura de los personajes muertos que no son conscientes de ello como lo demuestra la curiosa aunque desigual *Dead End* (Jean Baptiste-Andrea y Fabrice Canepa; 2003), donde una familia se pierde en mitad de una inhóspita carretera en plena noche sin percatarse de que han muerto minutos antes en un accidente.

De todos modos, justo es admitirlo, estas sospechosas similitudes en torno a *El sexto sentido* en realidad no son más que recursos, fundamentalmente comerciales, destinados a estirar una fórmula que se demostró sumamente rentable, una costumbre por otro lado muy habitual, no sólo en el mundo del cine, sino también en el mundo del espectáculo en general. Y además, también es cierto que la inclusión o no de un personaje muerto que sin saberlo deambula por la trama de un largometraje no debería, al menos en principio, condicionar el valor último de una película. De todos modos, esto no es más que una cuestión ciertamente anecdótica pues lo que verdaderamente nos interesa aquí es en realidad eso que algunos ya han llamado el *estilo Shyamalan*, es decir, películas profundamente atmosféricas, asentadas sobre sus situaciones generalmente llevadas con un *tempo* pausado y un ojo casi analítico detrás de la cámara. Estas propuestas ajenas al director de *El sexto sentido* suelen ser largometrajes, en la mayoría de los casos, de terror, en los que su inquietud reside no tanto en los golpes de efecto como en la atmósfera que generan. Suelen ser películas además que dejan muy claras sus intenciones de mantener cierta distancia con los productos más tipificados del género, películas que avanzan con un *tempo* contenido y también largometrajes planificados con un inusual detenimiento, tanto, que llaman poderosamente la atención.

Un buen ejemplo de esto es sin duda *Los extraños* (*The extrangers*; Bryan Bertino, 2008). La ópera prima de Bryan Bertino nos propone la sencilla aunque turbadora historia de una pareja en su casa de campo que recibe la inesperada visita de tres individuos enmascarados con un único propósito, matarlos. Al contrario que películas similares con planteamientos parecidos tipo *Cuando llama un extraño* (*When a Stranger Call*; Simon West, 2006), Bertino situó todo el peso dramático de su película en una insólita puesta en escena articulada en torno a un atmósfera muy bien generada, construida sin prisas y dejando sentir a unos personajes y un entorno que se tornarán fatales a lo largo del metraje. Pero además, cuando la acción se va haciendo más irrespirable, Bertino evita rodar las sucesivas *set pieces* como un mero fuego de artificio y opta por una sobria planificación muy difícil de encontrar en una película de este tipo. Exprimiendo la profundidad de campo, explotando la capacidad del plano, Bertino rueda, y eso se nota, con la mente puesta en el montaje para hilvanar un relato aterrador cuya aparente frialdad en su puesta en escena lo hace, si cabe, más horrible aún.

Como Shyamalan, Bertino sabe muy bien que sin atmósfera tiene media partida perdida y más aún en una película de estas características con un único escenario. Como Shyamalan, Bertino se toma su tiempo para construir esa atmósfera y para perfilar unos personajes, que si bien no son un prodigio de complejidad, sí que al menos resultan verosímiles, por lo menos parecen humanos. Y como Shyamalan, Bertino rueda su película con un ojo puesto en el montaje, sabiendo qué va a rodar antes y después de un plano y explotando las posibilidades fílmicas del medio cinematográfico, y todo sin que apenas se note, sin que la mano del director detrás de la cámara se torne una presencia demasiado obvia, demasiado evidente para el espectador. En suma, como Shyamalan, Bryan Bertino rodó *Los extraños* haciendo que la planificación, el montaje y la música confluyeran en un todo dramático en el que casi no se perciben los elementos técnicos por separado y sí en cambio su abrumador resultado final.

Otro film relativamente reciente que en su día fue etiquetado como un significativo intento de emular las formas de M. Night Shyamalan fue *The Wicker Man* (Neil LaBute, 2006), un *remake* de un clásico de la serie B británica de los años 70 titulado *El hombre de mimbre* (*The Wicker Man*; Robin Ardí, 1973). Aunque sea un largometraje bastante más desigual que *Los extraños*, es cierto que la película de LaBute intenta, aunque lo consiga parcialmente, proponer una intriga más atmosférica que terrorífica en un entorno rural que dicho sea de paso recuerda mucho a *El bosque*. Con una comunidad apartada del mundanal ruido y que básicamente parece ocultar un terrible secreto, LaBute trata de llevar el film a buen puerto sin hacer demasiados malabarismos con la cámara, dejando que las cosas ocurran en su momento, sin forzar la narración y aunque al final el resultado sea mejorable, *The Wicker Man* no deja de ser un singular ejemplo de cine heredero del *estilo Shyamalan*, un trabajo esforzado por mantener el tipo en su puesta en escena, en rodar procurando no perder de vista el montaje y relegando los golpes de efecto a un segundo planto para centrarse en sus situaciones, en sus personajes y en suma, en su atmósfera. Como digo, en mi opinión *The Wicker Man* no llegó al extremo de *Los extraños* y desde luego se quedó a años luz del mejor Shyamalan, pero el intento quedó plasmado y su huella todavía se puede contemplar.

El cine español también ha dado significativas muestras de haber digerido con gusto la estéticas y las formas *shyamalaninas*. No hace mucho se estrenó en nuestro país *El mal ajeno* (2010), ópera prima de Óskar Santos, una película que no por casualidad venía apadrinada por Alejandro Amemábar. El film narraba la historia de un médico con un insólito don, podía curar a los enfermos con sólo tocarlos. Hay mucho de Shyamalan y más aún de *El protegido* en la propuesta de Santos y especielmente en una película con alguna que otra escena que rememora directamente el título interpretado *Little* por Bruce Willis. Porque *El mal ajeno*, además de ser un film rodado con la templanza y ritmo heredero del *estilo Shyamalan*, propone también un discurso muy cercano a las tesis del director de *La joven del agua*, porque si el cine de género suele abordar cuestiones truculentas con muy poco espacio para la esperanza, como hemos visto, el cine de Night suele sostener esa luz al final del túnel en la especie humana y eso es precisamente lo que hace *El mal ajeno*, dotar a un personaje mundano de un don extraordinario, una vez más convivencia de lo mundano y lo extraordinario en un mismo nivel terrenal.

Son sólo tres ejemplos pero creo que bastante claros. Más uno que los otros dos, los tres largometrajes no dejan lugar a dudas de que el estilo de M. Night Shyamalan primero existe y segundo ha animado a otros a seguirlo, imitarlo o incluso a desarrollarlo. Lo curioso del caso es que generalmente estas películas, que de un modo u otro copian las formas del cine de Shyamalan, suelen ser moderados éxitos de taquilla o fracasos, según se quiera hacer sangre o no. Porque la películas de Night, así como las de su pupilaje, tienen un poso narrativo muy significativo, muy particular. Son películas que dilatan el tiempo para dedicarle aunque sólo sea unos pocos minutos a sus personajes, son películas narradas con templanza y con pocas o ninguna artimaña visual, de modo que el poso de la narración lo suele llevar una cámara atenta, casi plácida que contrasta con las premeditadamente impactantes imágenes que suelen mostrar las películas de terror más comunes. Y este modelo de narrativa cinematográfica resulta cuando menos chocante para el público actual acostumbrado a las postales del cine de Jerry Bruckheimer que consume con avidez esos videoclips de cincuenta minutos bajo el título de *CSI* (*CSI: Crime Scene Investigation*; Ann Donahue y Anthony E. Zuiker, 2000) y un público, y una crítica también, que aplaude con entusiasmo los frecuentes excesos visuales de los hermanos Tony y Ridley Scott.

Pero es que si el cine de M. Night Shyamalan no es un cine de malabarismos visuales, tampoco lo es de artimañas de guión. Me explico. Se suele tender a la idea de que el cine de Shyamalan es un cine de giros inesperados y de sorprendentes finales, sin embargo creo que esta es una idea víctima de una visión bastante simplista del cine de Night. Limitar todos los logros de sus películas a un único momento concreto en el que se le fuerza al espectador a reconsiderar todo lo que ha visto, es una forma creo que equivocada de aproximarse al cine de M. Night Shyamalan. Estamos de acuerdo en que se trata de momentos ciertamente espectaculares, pero jamás deberíamos olvidar el drama, los matices y las circunstancias que nos han llevado a esos finales. Es más, sin esos personajes y sin esas particularidades dramáticas que tamizan una película de Shyamalan, seguramente esos finales, algunos de ellos tan aplaudidos, no tendrían ni la fuerza ni la consistencia que hoy se les reconocen.

De hecho, el propio Shyamalan le ha ido restando cada vez más fuerza a sus esperados finales sorpresa. Tal vez consciente de que semejante colofón solía ensombrecer los logros del resto del film. Night en sus tres últimas películas, *La joven del agua*, *El incidente* y *Airbender. El último guerrero* ha construido relatos menos alborotadores y más lineales. Pero en realidad, como digo, no creo que esto altere en absoluto su particular estilo narrativo. Porque con final o sin final sorpresa, el cine de M. Night Shyamalan siempre ha seguido el mandamiento de oro no escrito por el cine clásico de construir un film con un principio inquietante, un interés creciente y un final sorprendente. No hace falta desvelar en los cinco minutos finales que el protagonista es en realidad un fantasma, basta con mostrar cómo los héroes logran su cometido o cómo el mal se desvanece sin ofrecer demasiadas explicaciones. Nos hemos acostumbrado a que en las películas de M. Night Shyamalan el público termine descolocado ante las revelaciones de los últimos minutos del metraje pero esto, aunque perfectamente legítimo y hasta resultón, no deja de ser una herramienta dramática más que puede o no puede estar presente pero que en ningún caso debería definir ni condicionar el cine de un director. Esto último es lo que ha ocurrido con M. Night Shyamalan y parece que el propio Night ha considerado mejor apartar, al menos de momento, los finales excesivamente sorprendentes.

3. Meses antes del estreno de *El bosque*, la cadena de televisión Sci-Fi emitió un curioso documental, *El secreto de M. Night Shyamalan*. El largometraje, dirigido por Nathaniel Kahn y escrito por Melissa Foster se presentaba como una aproximación a la figura de Shyamalan desde una óptica meramente documental durante el rodaje de *El bosque*. El film, que detalla con precisión los prolegómenos de producción con los que el equipo de Kahn se enfrentó hasta poder acceder al rodaje de *El bosque* y hablar con Shyamalan, arranca con un aire absolutamente convencional hasta que poco a poco, la película se va convirtiendo en algo completamente inesperado: un pseudo-documental de terror. Conforme va avanzando el relato, *El secreto de M. Night Shyamalan* va siendo testigo de fenómenos insólitos que van desde una sesión de espiritismo con una resolución asombrosa, hasta la mismísima aparición de un fantasma delante de la cámara reflejado fugazmente en un espejo. *El secreto de M. Night Shyamalan* puede disfrutarse por tanto como un simpático juguete que juega con la realidad pero que en realidad nunca termina de abrazarla. Esto probablemente sea así porque desde un principio ésta no fuera la meta de Nathaniel Kahn y su equipo. El documental pronto deja de serlo y se va transformando en un relato de terror que, y aquí reside lo atractivo de la propuesta, parece rescatado de un film de Shyamalan que haya impregnado la realidad. Todo esto en suma quiere decir una cosa: *El secreto de M. Night Shyamalan* como documental de la figura del director es un auténtico fraude, pero como propuesta cinematográfica de un producto que se mueve entre la aparente realidad y la fantasía, el film de Kahn es un largometraje a tener en consideración.

Pero en realidad, lo más extraño de *El secreto de M. Night Shyamalan* no son ni sus fantasmas, ni sus leyendas, ni sus historias de traumas infantiles, sino la propia imagen que en última instancia ofrece el falso documental del propio Shyamalan. La película de Nathaniel Kahn nos presenta a un M. Night Shyamalan hermético hasta rozar lo paranoico, encerrado en sí mismo como un ermitaño creativo y con extraños vínculos con la naturaleza. Según vemos en *El secreto de M. Night Shyamalan*, aceptar intervenir en una película de Shyamalan es mucho más que firmar un contrato y participar en la promoción del film. Según nos dice la película de Kahn, intervenir en un film de Shyamalan implica ajustarse a unos parámetros muy estrechos que apenas dejan margen de maniobra, sobre todo para su actores cuando tienen que enfrentarse a una entrevista en la que hay respuestas dictadas, un secretismo extremo y hasta preguntas pactadas que delimitan de una forma muy precisa hasta dónde quiere Night que lleguemos a conocer y hasta dónde se debe entrar a hablar sino queremos que el cineasta se levante y se vaya en mitad de una entrevista.

Y digo que todo esto es lo más extraño del conjunto porque la película de Nathaniel Kahn lo que hace en última instancia es dibujar un perfil de M. Night Shyamalan muy poco simpático para el gran público. Es más, *El secreto de M. Night Shyamalan*, verdad o ficción, en suma lo que ofrece es una perspectiva muy poco agradable del director de origen hindú quien según vemos en la película de Kahn es un hombre que nunca cuenta la verdad al completo, que siempre juega a las medias mentiras y verdades y con una retorcida visión del mundo que lo rodea y que lo hace casi un ser malicioso. Y todo, en un documental producido por, entre entras productoras, la Blinding Edge Pictures, la productora de M. Night Shyamalan.

El documental generó en su día cierta polémica precisamente por esto, por poner en imágenes un pasado oculto del director, una relación con lo paranormal más allá de lo habitual y por dejar al descubierto las malas artes del cineasta norteamericano. Sin embargo, poco antes del estreno de *El bosque*, los responsables de la cadena de televisión Sci-Fi y el propio Shyamalan, admitieron públicamente que *El secreto de M. Night Shyamalan* no era más que una estrategia de promoción. A nosotros nos puede parecer estúpido, pero lo cierto es que los estadounidenses tienen a veces formas muy extrañas de auto promocionarse como se volvió a demostrar hace poco en el también falso documental *I'm Still Here* (Casey Affleck; 2010) en el que Joaquin Phoenix hizo creer a medio mundo que dejaba el cine para dedicarse a todo tipos de excesos y al Hip-Hop.

Puede que en efecto *El secreto de M. Night Shyamalan* no fuera más que una artimaña publicitaria, pero lo cierto es que en la película su estrella y protagonista interpretó el papel más difícil, el de un áspero director de cine, cosa curiosa, viniendo de un cineasta que ha asegurado en un millar de ocasiones que él hace películas para todo el mundo, para las amas de casa y la clase trabajadora en general y que *El secreto de M. Night Shyamalan* lo termina retratando como todo lo contrario, como un hombre extraño, megalómano, falso y hasta mentiroso.

No cabe duda de que *El secreto de M. Night Shyamalan* es un falso documental, supuestos personajes que van salpicando el metraje del documental y que se presentan como personas reales que tuvieron o tienen una relación muy cercana con Night son en realidad actores, algo que se puede comprobar sin demasiado esfuerzo a través de Internet. Pero insisto, llama poderosamente la atención la implicación de Shyamalan, con la presencia de su productora en los créditos y con su propia intervención en el relato en un producto que en última instancia lo deja bastante mal parado.

Como digo, *El secreto de M. Night Shyamalan* ofrece una aproximación muy discutible sobre el director, pero sí es cierto que, como mínimo, es el primer testimonio que retrata a ese Night egocéntrico que cayó mal nada más aterrizar en Miramax, que no soporta que sus películas fracasen en taquilla y que es tremendamente receloso con su universo personal. No creo que el film de Kahn sea un testimonio con demasiada credibilidad pero sí que estoy convencido de que *El secreto de M. Night Shyamalan* tiene al menos la valentía de decir cosas acerca de una estrella que normalmente no se suelen decir. Cosas como que, por más que Night haga sus películas para las amas de casa, el director de *La joven del agua* es muy posiblemente un hombre muy hermético que no conduce su propio coche, que el acceso a su persona es tremendamente complicado y hasta que, debido al secretismo de sus películas, obliga por contrato a los actores a decir ciertas cosas y a no contar otras.

4. Dejamos para el final el primer capítulo de la serie denominada *The Night Chronicles*. Se trata de una nueva empresa ideada por Shyamalan para poner en marcha ideas suyas pero dirigidas por otros cineastas. El primer capítulo de esta prometedora serie fue *La trampa del mal* (*Devil*; John Erick Dowdle; 2010). El film tiene un inquietante punto de partida surgido de la mente de Shyamalan; cinco personajes se quedan encerrados en un ascensor y uno de ellos es nada menos que Lucifer. Construida como un *thriller* de terror *La trampa del mal* es una película resultona que en general no recibió malas críticas. El largometraje dirigido por Dowdle era un film de consumo rápido y olvido certero pero no es menos cierto que se trataba de una película bien hecha, bien construida y bien filmada.

Lo curioso del caso es que lo primero que llama la atención de *La trampa del mal* es su ritmo, mucho más frenético que en el cine habitual del director de *El protegido*. Se advierte desde el primer plano de la película que *La trampa del mal* va a marcar las distancias con el cine de Night en general, al menos en algunos aspectos, precisamente en aquellos que sospecho, Shyamalan intuye deben incomodar más al espectador: su ritmo y los personajes. Guste o no, ya lo hemos visto, M. Night Shyamalan suele prestar una atención a sus personajes fuera de lo común dentro del corpus habitual de Hollywood, una particularidad que suele ir intrínsecamente ligada al ritmo de sus películas. Insisto, ya lo hemos visto: paso firme pero templado, atención a los detalles del personaje, poco diálogo, etc...

En este sentido, *La trampa del mal* es todo lo contrario. Sus personajes están dibujados a base de pinceladas, las justa para hacernos entender que estamos ante un boceto de lo que sería un ser humano y esto se refleja en su puesta en escena efectiva, hay que reconocerlo, pero mucho más funcional y lejos de los esfuerzos narrativos del director de *La joven del agua*.

No obstante, Shyamalan quería hacer un film comercial de consumo rápido sí, pero no estaba dispuesto a renunciar a determinados interesas personales. El detective Bowden (Chriss Messina), que se hará cargo de la enrarecida situación que se dará en el consabido ascensor, es un hombre roto —como suele ser habitual en Night— debido a la muerte de su mujer e hijo en un accidente de tráfico, culpa de un conductor que nunca fue atrapado. Bowden, que ha flirteado con el alcoholismo, vive atormentado con la idea de encontrarse un día, cara a cara, con el hombre que segó la vida de su familia. El destino, siempre caprichoso, o mejor, siempre indicativo de la visión que Night tiene de la existencia, le dará esa oportunidad al final de la película con una respuesta inesperada por parte de Bowden: «te perdono», le dirá el detective al hombre que mató con su coche a su familia.

La reacción de Bowden en un contexto como el de *La trampa del mal*, en el que se percibe la presencia del mal en estado puro debido a la cercanía incuestionable del Diablo, resume muy bien esa tendencia propia del cine de Shyamalan, esa inclinación optimista del director de *Señales*, que prefiere pensar que pese a todo en el hombre habita el bien y que siempre, aún en el peor de los casos hay espacio para la esperanza. También resulta reveladoras algunas propuestas de guión que *La trampa del mal* ofrece y que parecen literalmente extraídas de la cabeza de M. Night Shyamalan. Hay un momento especialmente reseñable, porque engloba muy bien esa habitual forma que Night tiene de decir las cosas, siempre entre los mundano y lo ingenuo. Cuando en *La trampa del mal* el ascensor se detiene y los personajes encerrados comienza a morir de formas preocupantemente extraña, uno de los vigilantes del edificio que ve en todo momento a través de una cámara de vídeo lo que sucede en el interior del ascensor, concluye que el Mal, que Satanás tiene algo que ver en todo esto. El vigilante, de origen hispano, parece ser el único que a lo largo de todo el metraje está convencido de la presencia sobrenatural de lo que está sucediendo y una de las evidencias que muestra para demostrarlo es dejar caer una tostada de mermelada al suelo. Cuando está cae con la mermelada en el suelo, el vigilante dice «cuando Él está cerca todo lo que puede salir mal sale mal, por eso la tostada ha caído por el lado de la mermelada». Lo dicho: mundano, sencillo, ingenuo, es decir, *shyamalaniano*.

A MODO DE CONCLUSIÓN

Digo «A modo de conclusión» porque M. Night Shyamalan todavía está, como mínimo, a mitad de su carrera, y casi con toda probabilidad aún está por hacer su gran película. En cualquier caso, lo cierto es que ya ha pasado más de una década desde que M. Night Shyamalan se diera a conocer en todo el mundo. Y desde entonces han pasado muchas cosas, tantas, que al director de *El bosque* le ha dado tiempo para casi todo. Ha triunfado y ha fracasado, ha creado tendencias y se ha sumado a otras, ha gozado de control absoluto y ha hecho una película de encargo. Y esto es algo bueno, muy bueno de hecho. Porque un cineasta que sólo saborea las mieles del éxito nunca podrá evolucionar con la contundencia y la madurez de un realizador que haya experimentado qué es eso de estrellarse con todo el equipo. A veces un poco de humildad viene muy bien para quien se cree el rey del mundo. Además, tengo la sensación de que ahora M. Night Shyamalan debe andar haciéndose cierta preguntas muy sanas que no se había planteado nunca antes en su carrera o que al menos no se las había planteado con la suficiente seriedad. Su idílico matrimonio con la Disney acabó y el perpetuo parapeto que implicaba su sola mención se ha evaporado. Y esto también creo que es muy bueno.

Las cifras en un negocio como el cine mandan. Ya lo hemos dicho, han levantado carreras en peso y han hundido a directores realmente formidables y si esto se da en cualquier cinematografía del mundo, en un entorno como Hollywood, todos sus efectos y consecuencias se multiplican por mil. *Airbender. El último guerrero* recaudó en todo el mundo más de trescientos millones de dólares, algo más del doble de lo que costó, pero aún así nadie en Hollywood entendió que la película fuera el éxito abrumador que todos esperaban y que daría pie a una trilogía. De hecho, esto es así hasta el extremo de que poco después del estreno del film, los responsables de *Airbender* comenzaron a hablar de duología y dejar así la saga *Airbender* en dos películas. Y lo cierto es que una tibia respuesta como la de *Airbender* no parecía el antídoto idóneo para resarcir un fracaso comercial como su anterior film. Con *La joven del agua*, su carrera —comercial— tocó fondo. No recaudó tan poco como *Los primeros amigos*, pero por aquel entonces nadie conocía a Shyamalan y a nadie le importó demasiado, salvo quizá, a su productor, Harvey Weinstein. Pero con *La joven del agua* el asunto fue bien distinto. Por aquel entonces Shyamalan era toda una celebridad, algo muy parecido a un valor seguro, con ideas, con propuestas y con estimables resultados en taquilla. Fue entonces cuando *La joven del agua* no llegó a los 73 millones de dólares de recaudación y por si fuera poco, buena parte de la crítica se abalanzó sobre ella con bastante saña, tanta, que la película se haría con dos premios Razzies, al peor director y al peor actor secundario, ambas menciones para el propio M. Night Shyamalan.

Sí, es cierto que *El incidente* funcionó algo mejor en taquilla —superar las cifras de *La joven del agua* tampoco tuvo que ser muy complicado— rebasando en más de la mitad la barrera de los cien millones de dólares, pero la película se quedó lejos de los 672 millones de *El sexto sentido*, de los 400 de *Señales*, los 256 de *El bosque* o los 248 de *El protegido*. *El incidente* puso de manifiesto cierta recuperación o al menos cierta capacidad innata por parte de Shyamalan para sobrepasar los cien millones de dólares sin demasiados esfuerzos, pero en cualquier caso se trata de cifras todavía muy poco estimulantes como para volver a darle un cheque en blanco al director de origen indio. Y en esta misma dirección podríamos decir que apunta *Airbender. El último guerrero*. Recaudaciones que salvan los muebles, que recuperan lo invertido, pero nadie se hace rico con ellas y eso no interesa en Hollywood. En cualquier caso, el simple hecho de que unos estudios como Paramount pensaran en Shyamalan (llevaban detrás de él desde los tiempos de *La joven del agua*) para una trilogía que podría llegar a costar 300 millones de dólares sin demasiados problemas, es una buena noticia en sí misma. Significa que pese a todo Hollywood, o por lo menos algunos en Hollywood, todavía ven en Night un director potencialmente rentable, un cineasta con un peso específico visual muy potente, con inquietudes y en general con muchas ideas. Todo esto, lógicamente, a veces conlleva riesgos, pero Shyamalan parece que todavía continúa inspirando la suficiente confianza; de hecho que Will Simth pensara en él para lanzar un film protagonizado por su hijo incide en lo mismo.

Además, otra significativa señal de que por la cabeza de Night fluyen últimamente aires renovadores son propuestas como la propia *La trampa del mal*. El film en sí mismo supone la primera vez que Night cede una idea original para que otros la exploten, o lo que visto de otro modo, se trata de la primera vez que Shyamalan utiliza su nombre con un único y específico propósito, sacarle la máxima rentabilidad con el mínimo de riesgos. Al fin y al cabo, si al final *La trampa del mal* no funciona en taquilla, siempre se podrá achacar a sus directores. Otra cuestión que evidencia que M. Night Shyamalan está pensando cosas que hace años hubiera descartado y de hecho descartó, es la constante posibilidad de que *El protegido 2* pudiera ser una realidad de aquí a unos pocos años. La sola suposición de una secuela de aquella película del año 2000 apunta a dos cuestiones interesantes, la primera, la misma que hemos señalado antes, la necesidad de Shyamalan por restablecer su nombre como un creador rico y comercialmente fiable. *El protegido* podrá gustar en mayor o menor medida, pero nadie le puede negar un profundo poso creativo y una rentabilidad sobrada (pese a la relativa decepción que supuso en su día) que a la vista de la expectación que ha generado una posible secuela, muy bien podría verse multiplicada.

La segunda cuestión es si cabe más interesante. Como hemos señalado páginas atrás, *El protegido* se concibió inicialmente como una trilogía, pero el tibio recibimiento con el que respondió el público paralizó la idea. Night se culpó a sí mismo y desechó por completo la posibilidad de continuar con las aventuras de David Dunn. Sin embargo, el tiempo le preparaba una sorpresa. Conforme pasaban los años, *El protegido* se seguía viendo en los videoclubs y en los diferentes canales de televisión. Quienes ya la habían visto volvían a verla y quienes no la habían visto lo hacían por primera vez. La película, como los buenos vinos, fue ganando en intensidad, en aroma y en sabor con el paso de los años. Un buen día M. Night Shyamalan salió a la calle y en medio de una banal conversación alguien le preguntó: «¿para cuando la segunda parte de *El protegido*?». «Yo creía que está película no le había gustado a nadie» debió de pensar Night. Pero lo cierto es que aquella curiosa pregunta se fue repitiendo una y otra vez hasta que según parece, no pasa un día sin que a Night le interroguen por la calle sobre una hipotética secuela de *El protegido*.

Esto ha calado muy hondo en la mente de Shyamalan. Porque el director de *El sexto sentido* ha llegado a la conclusión de que sus películas no son obras para el consumo rápido, sino para el reposo y así lo ha confesado en más de una ocasión. Las películas de M. Night Shyamalan se pueden ver perfectamente en un multicine y quizá, de entrada, con aquel primer visionado sus películas puede que no terminen de decir nada, o por lo menos, lo suficiente. Pero lo cierto es que al cabo de los días, las semanas y los meses, algo extraño ocurre. Las imágenes de aquella película que vimos de forma apresurada entre palomitas y móviles que suenan en mitad de la proyección regresan a nuestra cabeza con nuevos atributos, con nuevos detalles que la primera vez no habíamos visto. Esto verifica además una cuestión muy interesante y es la naturaleza intrínseca de las películas de Shyamalan como largometrajes ajenos a la frenética naturaleza de la actual sociedad de consumo. Hoy, cuando vamos al cine, lo hacemos con prisas. Le robamos horas al día para hacernos un hueco en ésta o aquella sesión y de este modo, poder llegar a tiempo al compromiso siguiente. Resulta muy difícil entrar en un cine, dejar las prisas en el vestíbulo y relajarnos para contemplar. De algún modo, bajo la apariencia de *blockbuster* que exhiben las películas de M. Night Shyamalan, el director de *El sexto sentido* parece estar reivindicando, pese a todo, la contemplación en el cine, el reposo ante una película, invitar a la reflexión ante lo que uno está viendo. Un multicine es, como he dicho, un entorno muy poco cómodo para hacer cosas como contemplar o reflexionar, pero un DVD en nuestro salón, es otra cosa bien distinta, más relajada, más susceptible de ser contemplada, de ser saboreada. Y esto ocurre también porque las películas de Night son vendidas y proyectadas precisamente como eso, como *blockbuster* que se espera revienten las taquillas de medio planeta. Es el particular *handicap* de Shyamalan, combinar sus contenidos intereses de ritmo, puesta en escena y reflexión, con un público ávido de ser zarandeado en una sala de cine.

Pero el caso es que es sin duda esta imperiosa necesidad que tienen las películas de Night de ser paladeadas con cierto detenimiento es la razón por la que el director de *Señales* ha terminado por reconocer que, al fin y al cabo, lo más probable es que no se deba preocupar demasiado por las cifras, porque ha señalado en más de una ocasión estar convencido —y no sin razón— de que sus películas ganan entre el gran público con el paso del tiempo. Y es esto precisamente, lo que a su vez nos lleva otra cuestión bastante más compleja y ciertamente desatendida, la propia percepción que ese gran público tiene de M. Night Shyamalan. No hablo de la opinión de la crítica, ni de la consideración previa de un productor de Hollywood, hablo de, según el propio Shyamalan, el sector de la población más importante, el que paga por ver una de sus películas, del gran público. Como el mismo director ha dicho en alguna ocasión, amas de casa, trabajadores, gente normal y corriente.

A veces es un ejercicio muy curioso, mientras uno abandona una sala de cine, afinar el oído y rescatar alguno de los muchos comentarios que el público hace una vez ha terminado una proyección. Se trata de un momento de la exhibición cinematográfica muy poco valorado, porque no proporciona ningún dinero, ni se puede hacer un gráfico con él, pero tengan la garantía de que cuando el público sale de una sala de cine y acto seguido se enciende un pitillo en corro, es cuando fluyen las opiniones más sinceras y más honestas. Al fin y al cabo las que valen, porque en muchos sentidos van a definir el éxito o el fracaso de una película. Estoy seguro de que M. Night Shyamalan nunca ha merodeado alrededor de la gente que acaba de salir de un cine. Entre otras razones porque le hubiera sido imposible pasar desapercibido, pero debería encargarle a alguien que probará a ver una de sus películas y que después estuviera atento a los comentarios del público. Si Shyamalan hubiera tenido esto en cuenta, se habría dado cuenta de que para la inmensa mayoría del gran público su mejor película es *El sexto sentido* y que nunca jamás se ha superado. Sabría que para ese mismo público, *El protegido*, aunque interesante y curiosa, es lenta y aburrida, o al menos, lo fue en su día porque ahora ha ganado infinidad de adeptos. También sabría que a *Señales* le falla el final, que *El bosque* no le gustó a casi nadie de los que fueron pensando que iban a ver una película de terror, que *La joven del agua* ni si quiera despertó el interés mínimo en el público el día de su estreno, que *El incidente* es mala o muy mala y que con *Airbender. El último guerrero*, si uno es benévolo, se pasa el rato y punto.

Como digo, no son críticas de cine, ni analistas de medios, se trata *tan sólo* del sentimiento generalizado que flota en el aire del público que paga por ver una película. El fruto de conversaciones, comentarios robados en corrillos ajenos, foros de Internet, etc... Y si a Shyamalan realmente le preocupa su público, debería tener más en cuenta estas aparentemente banales, pero en el fondo, fundamentales opiniones. Porque por muy buena que sea *El protegido*, *El bosque* o *La joven del agua*, si el cine de Night llega un momento que deja de dar dinero, ya no habrá más películas suyas que hacer ni ver. Se trata del eterno dilema entre las inquietudes personales y los intereses comerciales. Pero es una realidad que está ahí. Pixar es un buen ejemplo de perfecta comunión entre calidad y taquilla. Night sólo lo ha logrado de forma ocasional, aún no le ha pillado el punto. Se trata de una decisión muy difícil es cierto, pero una decisión que hay que tomar.

Como Shyamalan, son muchos y muy variados los cineastas que a lo largo de la historia del cine han manifestado abiertamente sus intenciones populistas. Billy Wilder dijo aquello de que las tres reglas principales que había que seguir a la hora de hacer una película era no aburrir, no aburrir y no aburrir. Alfred Hitchcock le preocupaba mucho eso de que nadie fuera a ver una de sus películas. Por más que John Carpenter esté encasillado como un director de culto para una minoría, el cineasta norteamericano siempre ha admitido sin tapujos que él hace películas para el gran público, otra cosa es que no vayan a verlas. Y es que en realidad, nadie o casi nadie hace una película para él y sus amigos. Es el precio que hay que pagar si uno quiere estar dentro del sistema y más aún, si hablamos de un sistema como el de Hollywood.

M. Night Shyamalan penetró en la Tierra de los Sueños con una asombrosa autonomía y éxito. *El sexto sentido* le permitió disfrutar de algunos lujos que ciertos directores han perseguido toda su vida y nunca han llegado a conseguir del todo en un lugar como Hollywood. Brian de Palma, por ejemplo, alterna producciones en Hollywood con películas más independientes financiadas principalmente en Europa si quiere gozar de libertad absoluta. Un cineasta tan importante como Francis Ford Coppola ha decidido a sus sesenta años que es inútil tratar de hacerse con un lugar que tenga sentido para él dentro del actual Hollywood. El mismísimo Orson Welles vio gravemente afectada su carrera por no poder o no querer claudicar ante las exigencias de los grandes estudios. Ejemplos en suma que M. Night Shyamalan seguro que tiene muy presentes, de forma que no es de extrañar que cuide mucho cada uno de sus movimientos, sobre todo en el punto trascendental que se encuentra ahora con vistas al futuro de su carrera.

El camino que tome a partir de ahora la carrera de Shyamalan depende de múltiples factores y resultaría francamente inútil aventurar cualquier tipo de previsión. Night puede terminar sus días financiándose producciones independientes allá donde pueda, como equilibrando sus propuestas más personales y arriesgadas con otras menos osadas y más comerciales, un poco al estilo de De Palma. Yo de hecho creo que *El incidente* tiene algo de eso, y vistos los movimientos que a corto plazo ha efectuado y está efectuando Night, todo parece indicar que se va a curar de espanto. Superó cómodamente los cien millos de dólares con *El incidente*, por más que nadie saltara de alegría. *Airbender. El último guerrero* le arrancó al público más de trescientos millones de dólares. Con *Night Chronicles* el director de origen indio sólo quiere exprimir el potencial jugo que su apellido tiene entre determinado sector de la audiencia sin distanciarse demasiado de su propia filosofía vital.

Porque lo cierto es que M. Night Shyamalan tiene un camino muy duro por delante. De entrada la crítica, con mención especial para los medios de comunicación norteamericanos que parecen haberle echado las cruces. Cada nueva propuesta del director de *El sexto sentido* es tomada con sorna, dando por sentado que será un nuevo ejercicio de egocentrismo de ribetes místicos con muy buena pinta, de entrada, pero destrozado por sus constantes caprichos mesiánicos. *Night Chronicles* es un buen ejemplo de esto. La revista *Variety* no escatimó a la hora de presentar la idea de Shyamalan como un ridículo intento de estirar un nombre que ya no le decía nada a nadie.

A esto hay que sumarle la sensación cada vez más generalizada en Hollywood, y por extensión en Estados Unidos, de que M. Night Shyamalan es un tipo bastante egocéntrico, un megalómano convencido de que siempre tiene la razón en pos de un mensaje universal que debería llegar a todos por igual. Desde luego, una película como *El secreto de M. Night Shyamalan* con sus licencias y todo, apuntaba en esa dirección y *La joven del agua*, con ese personaje *iluminado* que el propio Night interpreta, parece confirmar que en efecto, Shyamalan debe estar convencido de que su mensaje, y de hecho él mismo lo ha afirmado en alguna ocasión, es universal y no entiende de fronteras, ni temporales, ni territoriales. Un mensaje de esperanza, de luz al final del túnel, un mensaje que como mínimo debería sorprendernos en un entorno en el que el pesimismo y las tragedias parecen gozar de mucho más respeto crítico en el mundo del arte en general.

Todo esto nos llevaría sin remisión a otro asunto no menos importante: cómo hace Shyamalan sus películas. Consciente, como lo es el director de *Señales*, de que su mensaje de esperanza se articula en función de la mirada, de los ojos con los que se contempla el mundo, M. Night Shyamalan siempre ha tenido mucho cuidado del equipo de profesionales del que se ha rodeado. Hemos apuntado que aunque una película de Night es fácilmente identificable casi al primer golpe de vista, por su planificación, por sus movimientos, por su *tempo*, resulta curioso que el director de *El bosque* no se haya rodeado de un equipo fijo de colaboradores, una costumbre muy extendida por Hollywood entre aquellos directores que quieren asegurarse una continuidad en sus diferentes estilos. Es muy posible que esto se deba a una sana intención por parte del realizador de querer siempre avanzar, de procurar siempre dar un paso hacia delante con sus películas. Es seguramente por esta razón por la que M. Night Shyamalan parece que ha ido buscando a los profesionales adecuados en función de las intenciones que el director tenía puestas en cada nueva película y esto se puede comprobar sin problemas, sobre todo, a partir de *El sexto sentido*, cuando Night comenzó a gozar de todo su control. Un buen ejemplo podría ser Eduardo Serra como director de fotografía de *El protegido*, el montador de *El bosque*, Christopher Tellefsen o la dirección de fotografía de Christopher Doyle para *La joven del agua*, profesionales impecables que pese a sus buenos resultados, no han vuelto a repetir con Shyamalan.

De hecho, quizá por esta razón, *Señales* sea una película que innova desde un punto de vista dramático y no tanto narrativo, aunque sea un film formalmente impecable, casi exquisito, pero no innovador. Quizá también por esto *El incidente* y *Airbender. El último guerrero* sean, a mi parecer, sus películas menos interesantes desde *Los primeros amigos*, por no ofrecer mucho más de lo que Night ya nos había ofrecido en otras películas —o menos aún— a un nivel dramático y por quedarse en —ejemplar, eso sí— corrección narrativa. En el caso de *El incidente* la propuesta es innovadora, sí, pero el desarrollo y resolución resulta bastante más convencionales. En *Airbender* ni eso, tiene otras cosas, pero no innovación. Porque una cosa sí que es cierta: como filma M. Night Shyamalan no filma nadie en Hollywood. Se aprecia enseguida que el director de *La joven del agua* se ha curtido con los clásicos, porque su puesta en escena es esencialmente clásica. Como las grandes vacas sagradas del Hollywood de los años 30, 40 ó 50, Night se toma su tiempo para presentar a los personajes, para filmarlos, para de algún modo, mimarlos. Su cámara no tiene prisa, muy al contrario, sabe cómo extraer todo su potencial a las situaciones y a los personajes que tiene delante. Su película más floja pese a todo, conserva siempre un impecable estilo visual construido en torno a su cuidada planificación, a su dedicación a los principios básicos del cine clásico; planteamiento, nudo y desenlace. A un montaje que no aturde porque muestra con claridad lo que se propone mostrar y que por extensión, puede llegar a sugerir mucho más de lo que simple y llanamente vemos.

Y lo curioso de todo esto es que M. Night Shyamalan se sienta más un guionista que un director. Son pocos los guionistas que ruedan como Night, con su *tempo*, con su dominio del espacio fílmico, con su cuidado por el montaje. Sí que se puede apreciar que Shyamalan es más un guionista que un director en cómo se aproxima a sus historias, cómo las aborda y cómo las pone al descubierto. Al director de *El protegido* le gusta hacer guiños al público que acude a ver una película suya por el simple hecho de que le cuenten una historia. Y esto es muy curioso. Night tiene la virtud de contar muy bien sus historias, y lo hace como si de un cuento se tratase, con sumo cuidado, casi como una oración. Tal vez por está razón, a mi modo de ver, su mejor película hasta la fecha sea *La joven del agua*. La película protagonizada por Paul Giamatti resume con asombrosa complicidad los intereses formales y narrativos del Shyamalan más elocuente. Por un lado supone su film más naturalista, casi costumbrista hemos apuntado páginas atrás. *La joven del agua* es, de momento, el cenit de Night en cuanto a su habitual discurso de coexistencia entre lo ordinario y lo extraordinario. Nunca una película de M Night Shyamalan nos había propuesto una historia tan asombrosa, y nunca su director se había zambullido en los terrenos de lo mundano con tanta naturalidad visual y con tanta —aparente— espontaneidad. Probablemente, una imagen que muy bien podría fundir ambos conceptos (el de forma y contenido) sería aquella en la que el hijo del señor Dury, Joey lee un mensaje del cosmos en el lomo de unas cajas de cereales. El objetivo de ese momento es ciertamente trascendente para la historia y su contenido fantástico es a todas luces importante y en cambio, Night nos lo expone en un niño que puede descifrar mensajes ocultos en una banal caja de cereales. Asombroso.

Pero además, *La joven del agua* resulta también un film que pone sobre la mesa los mecanismos a partir de los cuales se construye una historia. Es curioso, porque ocasionalmente M. Night Shyamalan siempre ha dejado caer algún que otro guiño acerca del propio mecanismo interno de las historias, de cómo funciona su maquinaria. La escueta clase magistral que Cole le imparte al doctor Malcom acerca de cómo contar un relato, «ha de ocurrir algo sorprendente», el comentario que la madre de Elijah Price le hace a su hijo nada más regalarle un cómic cuando afirma «dicen que estos es de los que tiene un final sorprendente» por ejemplo, son guiños de complicidad que Shyamalan le hace a un público que espera precisamente eso, recibir una historia sorprendente. Es como si Night le dijera al público: «sí, los dos estamos pensando en lo mismo». Pero nunca Shyamalan se había acercado tanto a esa fundamental relación entre historia y público como lo hizo con *La joven del agua*. La presencia de un crítico de literatura y cine en el relato le permite al director de *Señales* poner en evidencia los resortes a través de los cuales funciona un relato. El señor Farber se pasea durante toda la proyección poniendo en evidencia los tópicos de las películas y desmontando los hipotéticos misterios de cualquier historia. De este modo, el señor Farber cometerá el error de creer saber quién es quién en todo el complejo de apartamentos y de igual modo ridiculizará algunos tópicos que de forma consciente, también se darán en *La joven del agua*. Sin embargo, lo verdaderamente asombroso de esta película es que M. Night Shyamalan nos habla de la vida a través del cine, o más concretamente, a través de un relato que nosotros tenemos que ir encajando como las piezas de un puzzle. De este modo, mientras vamos descifrando los códigos de la historia y vamos configurando un cuento de hadas, al final, nos daremos cuenta de que en realidad, lo que estábamos construyendo era algo muy parecido a nuestra propia existencia..

Y esto es en última instancia lo verdaderamente insólito del film, que Shyamalan se mire al espejo para desvelar los misterios que entraña cualquier historia y a la vez, que a través de esa mecánica, Night nos hable de la vida. M. Night Shyamalan sabe que vivir no es fácil. El propio Cleveland Heep es un hombre roto porque un desgraciado entró en su casa y mató a su familia a tiros. Night sabe que el mundo puede ser muy cruel, y lo deja caer puntualmente en sus películas. La tristeza, la soledad, el asesinato y en última instancia el suicidio de Vincent en *El sexto sentido*, los atentados terroristas de Elijah Price en *El protegido*, un mundano accidente de tráfico que parece segar porque sí la vida de una madre de familia en *Señales*, los terribles acontecimientos que llevaron a los protagonistas de *El bosque* a aislarse del tiempo y del espacio en una villa encallada en el siglo XIX o la argucia quizá más cruel de una película de Shyamalan, la total desaparición del instinto de supervivencia en *El incidente*.

Las películas de M. Night Shyamalan en efecto suelen dejar tras su visionado un agradecido sentimiento de esperanza, a veces incluso de cuento de hadas con moraleja. Pero no nos engañemos, Shyamalan no es un iluso que no quiera ver lo cruel que es a veces el mundo. En *Los primeros amigos*, lo primero que ve Joshua cuando enciende la tele en busca de Dios es una guerra y en *La joven del agua*, cada vez que se ve un televisor encendido es la guerra de Irak lo que se está viendo. Lo que Night nos propone entonces es precisamente que, sabiendo las tragedias que nos puede deparar el mundo, sabiendo que esta vida puede ser muy cruel, tratemos de desentrañar nuestra propia existencia, que tratemos de ver un poco más allá de lo horrible y de lo mundano. Que sentirse sólo o aburrido en nuestro día a día es un sentimiento tan legítimo y humano como equivocado, porque la vida es maravillosa, y si no lo percibimos así, es que estamos mirando mal. Y es maravillosa, no porque los pájaros canten y la música suene, sino porque sin que nos demos cuenta, estamos constantemente rodeados de cosas asombrosas, de cosas maravillosas, porque son extraordinarias, sólo que a veces no nos damos cuenta. Por esto, el cine de M. Night Shyamalan *en ocasiones ve muertos*, porque en ocasiones, es capaz de revelar lo extraordinario dentro de lo ordinario. Y eso, en estos días, es magia.

BIBLIOGRAFÍA

LIBROS

- Aresté, José María. «El nuevo mago del suspense» en Fijo, Alberto (Ed.) *Breve encuentro*. Cie Dossat. Madrid. 2004 [257]
- Bamberger, Michael. *The Man Who Heard Voices.* Gotham Books, New York. 2006 [278]
- Baudrillard, Jean. *La transparencia del mal.* Anagrama, Barcelona, 2001 [185]
- Biskind, Peter. *Moteros tranquilos, toros salvajes.* Anagrama, Barcelona, 2004 [667]
- Biskind, Peter. *Sexo, mentiras y Hollywood.* Anagrama. Barcelona, 2006. [684]
- Cabrera, Julio. *Cine: 100 años de filosofía.* Gedisa, Barcelona, 1999 [367]
- Cortés, José Miguel G. *Orden y caos. Un estudio cultural sobre lo monstruoso en el arte*. Anagrama, Barcelona, 2003 [211]
- Costa, Jordi. *Hay algo ahí fuera. Una historia del cine de ciencia ficción*. Glénat, Barcelona, 1997 [181]
- Maquiavelo, Nicolás de. *El príncipe*. Tecnos. Madrid, 2005. [152]
- Murch, Walter. *En el momento del parpadeo. Un punto de vista sobre el montaje cinematográfico*. Ocho y Medio, Madrid, 2003 [177]

- Ortega y Gasset, José. *La rebelión de las masas.* Alianza. Madrid. 2001 [203]
- Ortega y Gasset, José. *Misión de la universidad,* Madrid, Alianza, 1999 [240]
- Rodríguez, Hilario J. *El museo del miedo.* JC, Madrid, 2003 [326]
- Saada, Nicolás. *El cine norteamericano actual.* JC, Madrid, 1997 [304]
- Safranski, Rüdiguer. *El mal o el drama de la libertad.* Tusquets, Barcelona, 2002 [288]
- Tolkien, J.R.R. *Árbol y hoja*, Minotauro, Barcelona 1991 [143]
- Vidal Estévez, Manuel. *Carl Theodor Dreyer.* Cátedra, Madrid, 1997, [360] *Little Little*

ARTÍCULOS

- De Lucas, Gonzalo. «Joel y Ethan Coen. El lado irónico de los géneros cinematográficos» en *Dirigido por...*, n.º 294, p. 44-62
- Fernández Valentí, Tomás. «La fábula de la sirena» en *Dirigido por...*, n.º 359, pp. 26-27
- García, Yago. «Airbender. El último guerrero» en *On Madrid*, n.º 220, p. 16
- Latorre, José María. «Una invasión extraterrestre» en *Dirigido por...* n.º 335, p. 77
- Latorre, José María. «Vida de fantasma» en *Dirigido por...*, nº 307, p. 76
- Lerman, Gabriel. «M. Night Shyamalan». En *Imágenes de actualidad*, 217, pp. 84-87
- Lerman, Gabriel. «M. Night Shyamalan» en *Imágenes*, n.º 239, pp. 76-77
- Martínez, Luis. «Hollywood es un club endogámico de amigos» en *El mundo*, sábado 7 de agosto de 2010.

- Navarro, Antonio José. «El fantástico trascendental. M. Night Shyamalan». En *Dirigido por...*, n.º 337, pp. 44-58
- Navarro, Antonio José. «Entre fantasmas» en *Dirigido por...*, n.º 285, pp. 37-38
- Navarro, Antonio José. «¿Más allá hay monstruos?» En *Dirigido por...*, n.º 337, pp. 40-42
- Parera, Josep. «Secreta invasión» En *Imágenes de actualidad*, n.º 217, pp. 84-87
- Rocamora, Jesús. «El 3-D está bien para grandes épicas... y poco más», en *Público*, viernes 6 de agosto de 2010.
- Salas, Ángel. «M. Night Shyamalan. El protegido de Hollywood» en *Imágenes*, n.º 239,p. 78
- Robbins, Mark. «La guerra de los mundos llega a casa» en *Dirigido por...*, n.º 285, pp. 43-44
- Ruiz Mantilla, Jesús. «La irrupción del superhéroe existencialista» en *El espectador*. n.º120. pp. 8-9
- VVAA. «La película que cambió mi vida» en *Fotogramas*. n.º 1906 p. 112

INTERNET

- Agger, Michael. «*Village* Idiot» en *www.slate.com* en 30/07/04. URL: http://img.slate.com/id/2104567/
- Arce, José. «Jugar con el espectador es mágico» en *www.labutaca.es* en 03/02/11. URL: http://noticias.labutaca.net/2011/02/03/m-night-shyamalan-productor-y-autor-de-la-historia-de-la-trampa-del-mal-jugar-con-el-espectador-es-magico/
- Arce, José. «M. Night Shyamalan y Mark Whalberg presentan 'El incidente' en Madrid» en *www.labutaca.es* en 27/05/08. URL: http://noticias.labutaca.net/2008/05/27/m-night-shyamalan-y-mark-wahlberg-presentan-el-incidente/

- Aresté, José María. «M. Night Shyamalan» en *www.decine21.com* en 01/01/05. URL: http://www.decine21.com/entrevistas/M-Night-Shyamalan-01012005
- Bardot, Nicolas. «Le realisme magique de Shyamalan» en *www. filmdeculte.com* No consta fecha de entrada. URL: http://archive.filmdeculte.com/coupdeprojo/shyamalan.php
- B.C., J. «Buscando a M. desesperadamente» en *www.lavanguardia.com* en 06/08/10. URL: http://www.lavanguardia.es/cultura/noticias/20100806/53978094894/airbender-el-ultimo-guerrero-robert-bresson-mike-newell-tarantino.html
- Biodrowski, Steve. «Sense of Wonder: What is Happening to Night?» en www.cinefantastiqueonline.com en 12/06/08. URL: http://cinefantastiqueonline.com/2008/06/sense-of-wonder-what-is-happening-to-night/
- Bureau, IndianFM News. «I would love to shoot a small movie with a supernatural theme featuring Bollywood actors» en www.bollywoodhungama.com en 22/03/07. URL: http://www.bollywoodhungama.com/features/2007/03/22/2420/index.html
- C, J. «La soledad del héroe» en *www.elpais.com* en 06/08/10. URL: http://www.elpais.com/articulo/revista/agosto/soledad/heroe/elpepirdv/20100806elpepirdv_19/Tes
- Covert, Colin. «'Airbender' exposes us to the elements» en www.startribune.com en 02/07/10. URL: http://www.startribune.com/entertainment/movies/97496999.html?page=1&c=y
- Doerksen, Clift. «The Last Airbender» en *www.chicagoreader.com* No consta fecha de la entrada. URL: http://www.chicagoreader.com/chicago/the-last-airbender/Film?oid=2010226
- Duque López, Alberto. «Entrevista a M. Night Shyamalan. `La muerte es la máxima expresión de los desconocido y su proximidad nos vuelve más ricos⊠» en *www.estasemana.cip.cu* en 04/09/11. URL: http://estasemana.cip.cu/noticias/entrevista-m-night-shyamalan-la-muerte-es-la-maxima-expresion-de-lo-desconocido-y-su-proximidad-nos-vuelve-mas-vivos

- Ebert, Roger. «The Last Airbender» en www.rogerebert.suntimes.com en 30/06/10. URL: http://rogerebert.suntimes.com/apps/pbcs.dll/article?AID=/20100630/REVIEWS/100639999
- Edelstein, David. «M. Narcissus Shyamalan» en *www.nymag.com* en 16/07/06. URL: http://nymag.com/movies/reviews/17661/
- Fleming, Michael. «Night falls for Media Rights» en www.variety.com en 21/07/08. URL: http://www.variety.com/article/VR1117989271?refCatId=1237
- Fleming, Michael. «Shyamalan cast floats on 'Air'» en www.variety.com en 01/02/09. URL: http://www.variety.com/article/VR1117999413?refCatId=13
- Gleiberman, Owen. «The Last Airbender» en www.ew.com en 30/06/10. URL: http://www.ew.com/ew/article/0,,20398345,00.html
- Holden, Stephen. «American Comes of Age Amid India's Old Ways» en www.nytimes.com en 15/11/93. URL: http://movies.nytimes.com/movie/review?res=9F0CE5DA1331F936A2575AC0A965958260
- Humphries, Stephen. «A different take» en www.csmonitor.com en 28/07/04. URL: http://www.csmonitor.com/2004/0728/p15s01-almo.html
- Leins, Jeff. «Details on Shyamalan Story 'Devil'» en www.newsinfilm.com en 19/10/09. URL: http://www.newsinfilm.com/2009/10/19/details-on-shyamalan-story-devil/
- Marín Bellón, Federico. «El 3-D, los cuatro elementos y el sexto sentido» en *www.abc.es* en 06/08/10. URL: http://www.abc.es/20100806/cultura-cine/airbender-201008060908.html
- Plaire, Nicolas. «La mise en scene de Shyamalan» en *www.filmdeculte.com* No consta fecha de la entrada. URL: http://archive.filmdeculte.com/coupdeprojo/signes.php
- Pais, Arthur, J. «The Need for a Dev Patel in the Life of Pi» en www.rediff.com en 20/02/09. URL: http://inhome.rediff.com/movies/2009/feb/20need-for-a-dev-patel-in-the-life-of-pi.htm

- Phillips, Julia. «The 5-minutes Interview: M. Night Shyamalan, Writer and Director» en www.independent.co.uk en 31/05/08. URL: http://www.independent.co.uk/arts-entertainment/films/features/the-5minute-interview-m-night-shyamalan-writer-and-director-837413.html
- Salvá, Nando. «Shyamalan en caída libre» en *www.elperiodico.com* en 06/08/10.URL: http://www.elperiodico.com/es/noticias/cultura-y-espectaculos/20100806/airbender-ultimo-guerrero-shyamalan-caida-libre/422639.shtml
- Schwartz, Missy. «'Water' Bearer» en *www.ew.com* en 03/05/06. URL: http://www.ew.com/ew/article/0,,1190527,00.html
- Turan, Kenneth. «Movie Review: 'The Last Airbender'» en www.latimes.com en 01/07/10. URL: http://articles.latimes.com/2010/jul/01/entertainment/la-et-air-bender-20100701
- Vidiella, Rafa. «M. Night Shyamalan: 'Quiero volver a mi cine original'» en *www.20minutos.es* en 09/02/11. URL: http://www.20minutos.es/noticia/953708/0/entrevista/night/shyamalan/

OTRAS PÁGINAS

- http://boxofficemojo.com/
- http://bso.labutaca.net/tag/m-night-shyamalan/
- http://www.cinearchivo.com/site/Fichas/Ficha/FichaPerson.asp?IdPerson=24702
- http://www.colinandrews.net/
- http://www.efeamerica.com
- http://www.elmundo.es/encuentros/invitados/2011/01/4550/
- http://www.elpais.com/todo-sobre/persona/M/Night/Shyamalan/6096/
- http://en.wikipedia.org/wiki/M._Night_Shyamalan
- http://es.wikipedia.org/wiki/M._Night_Shyamalan
- http://www.filmaffinity.com

- http://www.imdb.com/
- http://www.labutaca.es/
- http://www.miradas.net/2006/n56/estudio.html
- http://www.mnight.com/
- http://www.mnightfans.com/
- http://www.mnightshyamalan.com/
- http://www.nndb.com/people/232/000026154/
- http://peliculas.labutaca.net/airbender-el-ultimo-guerrero
- http://www.racebending.com
- http://www.rottentomatoes.com/
- http://www.thehappeningmovie.co.nz/
- http://www.thelastairbendermovie.com/intl/es/
- http://wwws.warnerbros.es/ladyinthewater/
- http://www.youtube.com/watch?v=Skw-rKYsXOY

NOTAS DE PRODUCCIÓN

- Press Book de *Airbender. El último guerrero*. Copyright © 2010 Paramount Pictures, Nickelodeon Movies, Blinding Edge Pictures y Kennedy/Marshall Company. Distribuida en España por Paramount Pictures Spain.
- Press Book de *El bosque*. Copyright © 2004 Touchstone Pictures, Blinding Edge Pictures y Scott Rudin Productions. Distribuida en España por Buena Vista International.
- Press Book de *El incidente*. Copyright © 2008 20th Century Fox, UTV Motion Pictures, Spyglass Entertainment y Blinding Edge Pictures. Distribuida en España por Hispano Foxfilm.
- Press Book de *La joven del agua*. Copyright © 2006 Warner Bros. Pictures, Legendary Pictures y Blinding Edge Pictures. Distribuida en España por Warner Sogefilms.
- Press Book de *Señales*. Copyright © 2002 Touchstone Pictures. Distribuidora en España: Buena Vista International.

FILMOGRAFÍA Y FICHA TÉCNICA

COMO DIRECTOR

- ***Praying with Anger.*** AÑO: 1992. DIRECCIÓN, GUIÓN Y PRODUCCIÓN: M. Night Shyamalan. PRODUCTOR ASOCIADO: Jayalakshmi Shyamalan y Nelliate C. Shyamalan. MÚSICA: Edmund Choi. DIRECTOR DE FOTOGRAFÍA: Madhu Ambat. DIRECCIÓN ARTÍSTICA: Frank Reynolds. DIRECCIÓN ARTÍSTICA: Krishnamurthy. DEPARTAMENTO DE SONIDO: Anette Danto, Ira Spiegel y Reilly Steele. INTÉRPRETES: Dev Raman (M. Night Shyamalan), Sanjay (Mike Muthu), Rupal Mohan (Richa Ahuja) y Mrs Mohan (Sushma Ahuja).

- ***Wide Awake*** *(Los primeros amigos)*. AÑO: 1998. DIRECCIÓN Y GUIÓN: M. Night Shyamalan. PRODUCTOR: Cathy Konrad y Cary Woods. CO-PRODCUTOR: James Bigwood. PRODCUTORES ASOCIADOS: Harvey Weinstein, Bob Weinstein, Meryl Poster, Randy Ostrow y Timothy J. Lonsdale. MÚSICA: Edmund Choi. DIRECTOR DE FOTOGRAFÍA: Adam Holender. MONTAJE: Andrew Mondshein. CASTING: Avy Kaufman. DISEÑO DE PRODUCCIÓN: P.

Michael Johnston. DECORACIÓN: Andrea Mae Fenton. DISEÑO DE VESTUARIO: Bridget Kelly. PELUQUERÍA Y MAQUILLAJE: Shirley Baker, Diane Heller, Joseph P. Hurt, Janice Kinigipoulos, Karen Lowell, Donna Moyer y Rita Parillo. ASISTENTES DE DIRECCIÓN: Carla Bowen, Solita Hanna y Rick Walls. DEPARTAMENTO DE ARTE: Meg Hyatt Barker, Kate Bartouldos, Liz Bonaventura, Carl Catanese, Guido DeCurtis, Rich Devine, Douglas Fecht, Meg Hyatt, Lara Kelly, Peggy Khoury, Yvonne King, Jay Klein, Paul Maiello, Brick Mason, Greg Rocco, John Martin Schmidt, Charles J. Scott, Kia Steave-Dickerson, Nell Stifel, Gay Studebaker, Joseph M. Urbanik y Paul Williams. DEPARTAMENTO DE SONIDO: Louis Bertini, Tim J. Carroll, Kenna Doiringer, Jeff Formosa, Bruce Kitzmeyer, Hal Levinsohn, David J. Marks, Brian Miksis, Anne Pope, Mary Ellen Porto, Ira Spiegel y Reilly Steele. EFECTOS ESPECIALES: Edward Drohan III. INTÉRPRETES: Joshua Beal (Joseph Cross), Dave O'Hara (Timothy Reifsnyder), Mrs Beal (Dana Delany), Mr. Beal (Denis Leary), Abuelo Beal (Robert Loggia), Hermana Terry (Rosie O'Donnell), Hermana Sofia (Camryn Manheim), Hermana Beatrice (Vicki Giunta), Neena Beal (Julia Stiles), Esperanza (Heather Casler), Padre Peters (Dan Lauria), Frank Benton (Stefan Niemczyk), Freddie Waltman (Michael Pacienza), Robert Brickman (Michael Shulman), Dan (Jaret Ros Barron), John (Jarrett Abello), Billy (Joseph Melito), Newman (Peter A. Urban Jr.), Estudiante (Jahmal Curtis), Cardenal Geary (Gil Robbins), Padre Sebastian (Marc H. Glick), Sacerdote joven (Robert K. O'Neill), Mrs. Waltman (Deborah Stern), Mr. Waltman (Joey Perillo), Entrenador de fútbol (Jerry Walsh), Profesora de gimansia (Liam Mitchell), Conserje (Charles Techman), Wilson (Antoine McLean) y Mrs. Pitman (Arleen Goman).

- ***The Sixth Sense*** *(El sexto sentido).* AÑO: 1999. DIRECTOR Y GUIÓN: M. Night Shyamalan. PRODUCTOR: Kathleen Kennedy, Frank Marshall y Barry Mendel. PRODUCTOR EJECUTIVO: Sam Mercer. MÚSICA: James Newton Howard. DIRECTOR DE FOTOGRAFÍA: Tak Fujimoto. MONTAJE: Andrew Mondshein. CASTING: Avy Kaufman. DISEÑO DE PRODUCCIÓN: Larry Fulton. DECORADO: Douglas A. Mowat. DISEÑO DE VESTUARIO: Joanna Johnston. PELUQUERÍA Y MAQUILLAJE: Richard Alonzo, Michal Bigger, Francesca Peris, Bunny Parker y Gerald Quist. DIRECCIÓN DE PRODUCCIÓN: Lynn Andrews, Paul A. Levin y Sam Mercer. SEGUNDA UNIDAD Y AYUDANTES DE DIRECCIÓN: Sonia Bhalla, Michael T, Meador, Andrew Mondshein, Scott Andrew Robertson y John Rusk. EFECTOS ESPECIALES: Stan Wiston Studio y Dream Quest. INTÉRPRETES: Dr. Malcom Crowe (Bruce Willis), Cole Sear (Haley Joel Osment), Lynn Sear (Toni Collette), Anna Crowe (Olivia Williams), Vincent Grey (Donnie Wahlberg), Darren (Peter Anthony Tambakis), Bobby (Jeffrey Zubernis, Stanley Cunningham (Bruce Norris), Sean (Glenn Fitzgerald), Mr. Collins (Greg Wood), Kyra Collins (Mischa Barton), Tommy Tạmmisimo (Trevor Morgan), Mrs. Collins (Angelica Torn), Dama de honor (Lisa Summerour), Madre de Darren (Hayden Saunier), Mujer en la cocina (Janis Dardaris), Hermana de Kyra (Samantha Fitzpatrick), Mujer en el accidente (Marilyn Shanok), Dr. Hill (M. Night Shyamalan), Niño ahorcado (Nico Woulard), Mujer ahorcada (Carol Nielson), Hombre ahorcado (Keith Woulard), Profesora quemada (Jodi Dawson), Niño fatasma con disparo en la cabeza (Tony Michael Donnelly), Secretaria (Ronnie Lea), Fantasma español en cinta grabada (Carlos Xavier Lopez), Joven Vincent (Gino Inverso), Mrs. Sloan (Ellen Sheppard), Padre de Anna (Tom McLaughlin) y Madre de Anna (Candy Aston-Dennis).

- *Unbreakable (El protegido).* AÑO: 2000. DIRECTOR, GUIÓN Y PRODUCCIÓN: M. Night Shyamalan. PRODUCCIÓN: Sam Mercer y Barry Mendel. PRODUCCIÓN EJECUTIVA: Gary Barber y Roger Birnbaum. MÚSICA: James Newton Howard. DIRECTOR DE FOTOGRAFÍA: Eduardo Serra. MONTAJE: Dylan Ticheron. CASTING: Douglas Aibel. DISEÑO DE PRODUCCIÓN: Larry Fulton. DIRECCIÓN ARTÍSTICA: Steve Arnold. DECORADOS: Joanna Johnston. MAQUILLAJE: Allan A. Apone, Howard Berger, Roy Bryson, Don Kozma, Christine Leiter, Bernadette Mazur, Christopher Allen Nelson, Gregory Nicotero, Francesca Paris, Michele Paris, Gerarld Quist, Robert L. Stevenson y Alan Tuskes. DIRECCIÓN DE PRODUCCIÓN: Lynn Andrews y Sam Mercer. SEGUNDA UNIDAD Y AYUDANTES DE DIRECCIÓN: Sonia Bhalla, Joe Cacciotti, Larry Fulton, Cary Jones, Scott Robertson Price, Scott Andrew Robertson, John Rusk, Kathryn-Ann Oaks Shertzer y Sherman Ward. EFECTOS ESPECIALES: TSL, Walt Disney Feature Animation, Cinesite Hollywood y Pacific Title Digital. EN MEMORIA DE: Elizabeth Lawrence. INTÉRPRETES: David Dunn (Bruce Willis), Samuel L. Jackson (Elijah Price), Robin Wright Penn (Audrey Dunn), Spencer Trear Clark (Joseph Dunn), Madre de Elijah (Charlayne Woodard), Dr. Mathison (Eamon Walker), Kelly (Leslie Stefanson), Elijah con 13 años (Johnny Hiram Jamison), Niñera (Michaella Carroll), Empleado de la tienda de cómic (Bostin Christopher), Enfermera del colegio (Elizabeth Lawrence), David Dunn con 20 años (David Duffiel), Audrey con 20 años (Laura Regan), Hombre del mono naranja (Chance Kelly), Dr. Dubin (Michael Kelly), Hombre de negocios (Firdous Bamji), Vendedora (Johanna Day), Sacerdote (James Handy), Antigua secretaria de personal (Sally Parris), Noel (Richard Council), Hombre con chaqueta de militar (Damian Young), Médico (Sherman Roberts), Fisioterapeuta (Whitney Sugarman), Madre paseando (Dainne Cotten Murphy), Hombre con droga (M. Night Shyamalan), Niño con termómetro (Sasha Neulinger), Conductor de camión (José L. Rodriguez), Chica del tren (Samantha Savino), Ratera (Susan Wilder), Hombre de pelo engominado (Greg Horos), Padre rehén (Anthony Lawton), Rehén chica (Julia Yorks), Rehén chico (John Patrick Amedori) y Rehén mujer (Simms Thomas).

- ***Signs*** *(Señales).* AÑO: 2002. DIRECCIÓN, GUIÓN Y PRODUCCIÓN: M. Night Shyamalan. PRODUCCIÓN: Frank Marshall y Sam Mercer. PRODUCCIÓN EJECUTIVA: Kathleen Kennedy. MÚSICA: James Newton Howard. DIRECTOR DE FOTOGRAFÍA: Tak Fujimoto. MONTAJE: Barbara Tulliver. CASTING: Douglas Abel. DISEÑO DE PRODUCCIÓN: Larry Fulton. DIRECCIÓN ARTÍSTICA: Keith P. Cunningham. DECORADOS: Douglas A. Mowat. DISEÑO DE VESTUARIO: Ann Roth. PELUQUERÍA Y MAQUILLAJE: Don Kozma, Bernadette Mazur, Francesca Paris y Waldo Sánchez. DIRECCIÓN DE PRODUCCIÓN: Lynn Andrews, Aby Callahan, Sam Mercer, Jose L. Rodríguez y Gerald Scaife. SEGUNDA UNIDAD Y AYUDANTES DE DIRECCIÓN: Maya Choldin, Frank Ferro, Brick Mason, Alison C. Rosa, John Rusk y Kathryn-Ann Oaks Shertez. EFECTOS ESPECIALES: Industria Light and Magic. ESPECIAL GRACIAS: Steven Garfinkel. EN MEMORIA DE: Bill Nisselson. INTÉRPRETES: Graham Hess (Mel Gibson), Merrill Hess (Joaquin Phoenix), Morgan Hess (Rory Culkin), Bo Hess (Abigail Breslin), Oficial Paski (Cherry Jones), Ray Reddy (M. Night Shyamalan), Colleen Hess (Patricia Kalember), SFC Cunningham (Ted Sutton), Tracey Abernathy (Merrit Wever), Mr. Nathan (Lanny Flaherty), Mrs. Nathan (Marion McCorry), Lionel Prichard (Michael Sowalter), Niño cumpleaños en Brasil (Kevin Pires), Profesor Universidad de Columbia (Clifford David) y Sarah Hughes (Rhonda Overby).

- ***The Village*** *(El bosque).* AÑO: 2004. DIRECCIÓN, GUIÓN Y PRODUCCIÓN: M. Night Shyamalan. PRODUCCIÓN: Sam Mercer y Scott Rudin. PRODUCCIÓN ASOCIADA: Jose L. Rodriguez. MÚSICA: James Newton Howard. DIRECTOR DE FOTOGRAFÍA: Roger Deakins. MONTAJE: Christopher Tellefsen. CASTING: Douglas Aibel. DISEÑO DE PRODUCCIÓN: Tom Foden. DIRECCIÓN ARTÍSTICA: Tim Beach, Michael Manson y Chris Shriver. DECORADOS: Larry Dias. DISEÑOR DE VETUARIO: Ann Roth. MAQUILLAJE Y PELUQUERÍA: Michael Boothby, Roy Brison, Ljiljana Lee Cado, Christine Cantrell, Ardis Cohen, Jerry DeCarlo, Felice Diamond, Diane Dixon, Kelly Gleason, Diane Heller, Todd Kleitsch, Sandra Linn Koepper, Karen Lovell, Eva N. Marinakis, Bernadette Mazur, Ivana Primorac, Rosalee Riggle y Peggy Schierholz. DIRECCIÓN DE PRODUCCIÓN: Mark Indig, Tegan Jones y Gerarld Scaife. SEGUNDA UNIDAD Y AYUDANTES DE DIRECCIÓN: Julian Brain, Paul Davison, Tudor Jones, Kathleen E. Kearney, Brick Mason, Alison C. Rosa y John Rusk. EFECTOS ESPECIALES: Steve Johnson's Edge FX Inc, Industria Light and Magic e Illusion Arts. ESPECIAL GRACIAS A: Peter Benedek, David Benton, Steve Blakely, Stephen F. Breimer, Edward Caputo, Karen Truman Downing, Edward F. Eaton, Jim Gardner, Marc H. Glick, Martin Izquierdo, Amy Minch, Ken Reagan, Jay Rubin, Gary Rudstrom y Jeremy Zimmer. EN MEMORIA DE: William M. Hamilton Jr. INTÉRPRETES: Bryce Dallas Howard (Ivy Walker), Joaquin Phoenix (Lucius Hunt), Adrien Brody (Noah Percy), William Hurt (Edward Walker), Sigourney Weaver (Alice Hunt), Brendan Gleeson (August Nicholson), Jerry Jones (Mrs. Clack), Celia Weston (Vivian Percy), John Christopher Jones (Robert Percy), Frank Collison (Victor), Jayne Atkinson (Tabitha Walker), Judy Greer (Kitty Walker), Fran Kranz (Christop Kane), Michael Pitt (Finton Coin), Jesse Eisenberg (Jamison), Charlie Hofheimer (Joven guarda de seguridad), Scott Sowers (Hombre con las cejas levantadas), Zack Wall (Donald), Pascale Renate Smith (Marybeth), Jordan Burt (Chico de 12 años), Jane Lowe (Chica de ojos marrones), Charlie McDermott (Chico de 10 años), Robert Lenzi (Hombre joven), Willem Zuur (Gerarld), Liz Stauber (Beatrice), Tim Moyer (Hombre nervioso), M. Night Shyamalan (Guarda), John Rusk (Voz en la radio), Joey Anaya (Aquellos de los que no hablamos) y Kevin Foster (Aquellos de los que no hablamos).

- ***Lady in the Water.*** *(La joven del agua).* AÑO: 2006. DIRECCIÓN, GUIÓN Y PRODUCCIÓN: M. Night Shyamalan. PRODUCCIÓN: Sam Merecer, José L. Rodríguez y John Rusk. MÚSICA: James Newton Howard. DIRECCIÓN DE FOTOGRAFÍA: Christopher Doyle. MONTAJE: Barbara Tulliver. CASTING: Douglas Aibel. DISEÑO DE PRODUCCIÓN: Martin Childs. DIRECCIÓN ARTÍSTICA: Stefant Dechant y Christina Ann Wilson. DECORADOS: Larry Dias. DISEÑO DE VESTUARIO: Betsy Heimman. MAQUILLAJE Y PELUQUERÍA: Merribelle Anderson, Steven E. Anderson, Qodi Armstrong, Jason Barnett, Adrienne Bearden, Roland Blancaflor, Diane Dixon, Mike Elizalde, Diane Heller, Don Kozma, Mike Manzel, Bernadette Mazur, Cass McClure, James Ojala, Betty Lou Skinner, Wesley Wofford y Melissa A. Jonkey. DIRECCIÓN DE PRODUCCIÓN: Bill Daly, Sharon Mann, Ravi D. Mehta, Gerarld Scaife y Jessie Thiele. SEGUNDA UNIDAD Y AYUDANTES DE DIRECCIÓN: Keri Bruno, Brick Mason, Joseph Payton, Keith Potter, John Rusk y Basti Van Der Woude. EFECTOS ESPECIALES: Industria Light and Magic y Spectral Motion Inc. INTÉRPRETES: Paul Giamatti (Cleveland Heep), Bryce Dallas Howard (Story), Jeffrey Wright (Sr. Dury), Bob Balaban (Harry Farber), Sarita Choudhury (Anna Ran), Cindy Cheung (Young-Soon Choi), M. Night Shyamalan

(Vick Ran), Freddy Rodriguez (Reggie), Bill Irwin (Sr. Leeds), Mary Beth Hurt (Sra. Bell), Noah Gray-Cabey (Joey Dury), Joseph D. Reitman (Fumador de pelo largo), Jared Harris (Fumador con perilla), Grant Monohon (Fumador demacrado), John Boyd (Fumador de una ceja), Ethan Cohn (Fumador con gafas), June Kyoto Lu (Sra. Choi), Tovah Feldshuh (Sra. Bubchik), Tom Mardirosian (Sr. Bubchik), Maricruz Hernandez (Hermana Perez de la Torre # 1), Carla Jimenez (Hermana Perez de la Torre # 2), Natasha Perez (Hermana Perez de la Torre # 3), Monique Gabriela Curnen (Hermana Perez de la Torre # 4), Marilyn Torres (Hermana Perez de la Torre # 5), George Bass (Sr. Perez de la Torre), Joe Garland (Tipo de la piscina), Nell Jonson (Voz del mensaje telefónico), Walter Lafty, Mark Mellchiorre Jr., Kevin Frank, Brian Weaver y Nick Perry (Miembros del grupo de música), Jeremy Howard (Tartutic # 1), Brian Steele (Tartutic # 2), Kurt Carley (Tartutic # 3) y Doug Jones (Tartutic # 4).

- ***El incidente.*** *(The Happening).* AÑO: 2008. DIRECCIÓN, GUIÓN Y PRODUCCIÓN: M. Night Shyamalan. PRODUCCIÓN: Barry Mendel y Sam Mercer. CO-PRODUCCIÓN: Deven Khote y José L. Rodríguez. PRODUCCIÓN EJECUTIVA: Gary Barber, Roger Birnbaurm, Ronnie Screwvala y Zarina Screwvala. PRODUCCIÓN ASOCIADA: John Rusk. LINE PRODUCER (PARIS): John Bernard. MÚSICA: James Newon Howard. DIRECTOR DE FOTOGRAFÍA: Tak Fujimoto. MONTAJE: Conrad Buff. CASTING: Douglas Aibel y Stephanie Hoolbrook. DISEÑO DE PRODUCCIÓN: Jeannine Caludia Oppewall. DIRECCIÓN ARTÍSTICA: Anthony Dunne. DECORADOS: Jay Hart. DISEÑO DE VESTUARIO: Betsy Heimann. DIRECCIÓN DE PRODUCCIÓN: Gilles Castera, Sharon Mann, Sam Mercer, Lyn Pinezich, Gearld Scaife y Lauren Scott. SEGUNDA UNIDAD Y AYUDANTES

DE DIRECCIÓN: Ali Cherkaoui, Ray Graig, Alan B. Curtiss, Chris DeAngelis, Tudor Jones, Ariane Lacan, William Lebeda, Jeremy Marks, Brad Robinson, John Rusk y Christian Vendetti. EFECTOS ESPECIALES: Quatum Creation FX, Spectral Motion, Picture Mill, CafeFX, Industria Light and Magic. INTÉRPRETES: Mark Whalberg (Elliot Moore), Zooey Deschanel (Alma Moore), John Leguizamo (Julian), Ashlyn Sanchez (Jess), Betty Buckley (Sra. Jones), Spencer Breslin (Josh), Robert Bailey Jr. (Jared), Frank Collison (Propietario del vivero), Victoria Clark (Esposa del propietario del vivero), M. Night Shyamalan (Voz de Joey), Allison Folland (Mujer leyendo en el banco con horquilla), Kristen Connolly (Mujer leyendo en el banco), Cornell Womack (Jefe de construcción), Curtis McClarin (Obrero de la construcción), Robert Lenzi (Jake), Derege Harding (Conductor del tren), Kerry O'Malley (Mujer del teléfono móvil), Shayna Levina (Chica joven en el Jeep), Stéphane Debac (Ciclista francés), Cyrille Thouvenin (Amigo del ciclista francés), Stephen Singer (Dr. Ross), Sophie Burke (Estudiante Laura), Alex Van Kooy (Chico en clase), Charlie Saxton (Estudiante Dylan), Lisa Gunn (Profesora en auditorio), Rick Foster (Policía en la estación de tren), Don Castro (Policía de Philadelphia), Bill Chemerka (Conductor de taxi), Jann Ellis (Mujer mayor con perro), Whitney Sugarman (Pasajera), Mary Ellen Driscoll (Mujer pasajera), Greg Wood (Pasajero en el mostrador), Eoin O'Shea (Pasajero # 1), Michael Quinlan (Pasajero # 2) y Lyman Chen (Pasajero # 3).

- ***Airbender. El último guerrero.*** *(The Last Airbender).* AÑO: 2010. DIRECCIÓN Y PRODUCCIÓN: M. Night Shyamalan. GUIÓN: M. Night Shyamalan, basado en la serie de televisión Avatar. La leyenda de Aang, creada por Michael Dante DiMartino y Bryan Konietzko. PRODUCCIÓN: Scott Aversano, Frank

Marshall y Sam Mercell. CO-PRODUCCIÓN: José L. Rodríguez. PRODUCCIÓN EJECUTIVA: Michael Dante DiMartino, Bryan Konietzko y Kathleen Kennedy. MÚSICA: James Newton Howard. DIRECTOR DE FOTOGRAFÍA: Andrew Lesnie. MONTAJE: Conrad Buff. CASTING: Douglas Aibel. DISEÑO DE PRODUCCIÓN: Philip Messina. DIRECCIÓN ARTÍSTICA: Robert Fetchman, Richard L. Johnson, Patrick M. Sullivan Jr. y Gerard Sullivan. DECORADOS: Larry Dias. DISEÑO DE VESTUARIO: Juddiana Makovsky. MAQUILLAJE Y PELUQUERÍA: Sherri Bramlett, Patrick Conlon, Diane Dixon, Christine Fennell, Kelly Golden, Diane Heller, Lori Hicks, Sandra Linn Koeper, Joshua Lord, Jerry Popolis, Ivana Primorac, Frank Vazquez y Wesley Wofford. DIRECCIÓN DE PRODUCCIÓN: Mouns Overgaard, Gerarld Scaife, Lauren Scott y Neri Kyle Tannenbaum. SEGUNDA UNIDAD Y AYUDANTES DE DIRECCIÓN: David Fisher, Jeff Habberstad, Allen Kupetsky, Eric Richard Lasko, Jeremy Marks, John Rusk y Basti Van Der Woude. EFECTOS ESPECIALES: Quatum Creatiom FX Inc., Industria Light and Magic, Kerner Optical, Stereo D, CIS Vancuver, Ollin Studios, DIVE y Svengali Visual Effects. INTÉRPRETES: Noah Ringer (Aang), Dev Patel (Príncipe Zuko), Nicola Peltz (Katara), Jackson Rathbone (Sokka), Shaun Toub (Tio Iroh), Aasif Mandvi (Comandante Zhao), Cliff Curtis (Señor del fuego Ozai), Seychelle Gabriel (Princesa Yue), Catherine Houghton (Abuela de Katara), Francis Guinan (Maestro Pakku), Damon Gupton (Monje Gyatso), Summer Bishil (Azula), Randall Duk Kim (Hombre viejo del templo), John D'Alonzo (Ayudante de Zhao), Keong Sim (Padre Maestro de la Tierra), Isaac Jin Solstein (Chico Maestro de la Tierra), Edmun Ikeda (Hombre viejo de la ciudad de Kyoshi), John Noble (Espíritu del dragón), Morgan Spector (Soldado de la Nación del Fuego), Karim Sioud (Guardia de prisiones de la Nación del Fuego), Manu Narayan (Guardia rapado de la prisión de la Nación de Fuego), Kevin Yamada (Prisionero del Reino de la Tierra), Ritesh Rajan (Soldado de la Nación del Fuego), Georgie DeNoto (Jet), Manuel Kanian (Guardia de prisión nervioso), Chris Brewster (Maestro del Fuego), Ryan Cyrus Shams (Arquero de plomo), Jeffrey Zubernis y Brian Jonson (Soldados de la nación del Agua) y LA'Tino (Secuaz).

COMO GUIONISTA

- ***Pray With Anger***
- ***Los primeros amigos***
- ***El sexto sentido***
- ***Stuart Little.*** *(Stuart Little).* AÑO: 1999. DIRECCIÓN: Rob Minkoff. GUIÓN:: M. Night Shyamalan y Greg Booker, basado en el libro para niños Stuart Littel de E. B. White. PRODUCTOR: Douglas Wick. CO-PRODCUTOR: Jason Clark. PRODUCTOR ASOCIADO: Brian E. Frankish. PRODUCTORES EJECUTIVOS: Jason Clark, Jeff Franklin y Steve Wateman. MÚSICA: Alan Silvestri. DIRECTOR DE FOTOGRAFÍA: Guillermo Navarro. MONTAJE: Tom Finan. CASTING: Debra Zane. DIRECCIÓN ARTÍSTICA: Philip Toolin. DECORADOS: Clay A. Griffith. DISEÑO DE VESTUARIO: Joseph Porro. MAQUILLAJE Y PELUQUERÍA: Bonita DeHaven, Mindy Hall, Amy Lederman, Beth Miller, Christine Raye y Joseph Yuss Simon. DIRECCIÓN DE PRODUCCIÓN: Dustin Bernard, D. Scott Easton y Brian E. Frankish. SEGUNDA UNIDAD Y AYUDANTES DIRECCIÓN: Benita Allen, David Ascher, Dieter Busch, John Dykstra, Marisa Ferrey, Paul B. Pedeira, Frederic Roth y Kent Tsurunamu. EFECTOS ESPECIALES: Patrick Tatopoulos Designs, Thunderstone, SPI, Rhythm & Hues y Centropolis Effects. INTÉRPRETES: Michael J. Fox (Voz de Stuart Littel), Geena Davis (Eleanor Littel),

Hugh Laurie (Frederick Littel), Jonathan Lipnicki(George Littel), Natha Lane (Voz del gato Bola de Nieve), Chazz Palminteri (Voz del gato jefe del callejón), Steve Zahn (Voz de Monty), Jim Doughan (Detective Allen/ Voz de Lucky), David Allan Grier (Voz del gato Alley), Bruno Kirby (Voz de Reggie), Jennifer Tilly (Voz de Camile), Jeffrey Jones (Tío Crenshaw), Connie Ray (Tía Tina Littel), Allyce Beasley (Tía Beatrice Littel), Brian Doyle-Murray (Primo Edgar Littel), Estelle Getty (Abuelita Estelle Littel), Harold Gould (Abuelito Spencer Littel), Patrick O'Brian (Tío Stretch Littel), Julia Sweeney (Señora Keeper), Dabney Coleman (Doctor Beechwood), Miles Marisco (Anton), Jon Polito (Detective Sherman), Taylo Negron (Vendedor en el centro comercial), Kimmy Robertson (Espectador en la carrera), Tannis Bennedict (Vendedor de perritos calientes) y Chuck Blechen (Skipper).

- ***El protegido***
- ***Señales***
- ***El bosque***
- ***La joven del agua***
- ***El incidente***
- ***Airbender. El último guerrero***
- ***La trampa del mal.*** *(Devil).* AÑO: 2010. DIRECCIÓN: John Erick Dowdle. GUIÓN: Brian Nelson basada en una historia de M. Night Shyamalan. PRODUCTOR: Sam Mercer y M. Night Shyamalan. CO-PRODUCTOR: Ashwin Rajan y John Rusk. LINE PRODUCER: Joseph Boccia. PRODUCTORES EJECUTIVOS: Drew Dowdle, John Erick Dowdle y Trish Hofmann. MÚSICA: Fernando Velazquez. DIRECTOR DE FOTOGRAFÍA: Tak Fujimoto. MONTAJE: Elliot Greenberg. CASTING: Debra Zane. DISEÑO DE PRODUCCIÓN: Martin Whist. DISEÑO DE VESTUARIO: Erin Benach. MAQUILLAJE Y PELUQUERÍA: Joe Badiali, Amber Chase, Karola Dirnberger, Liz Gruzska, Jenn Hall, Robert Hall, Glen Hlanz,

Christine Hart, Stephenie Ingram, Hiroshi Katagiri, Mandy Ketcheson, Brian Kinney, Dalton Kutsch, Clayton Martinez, Linda Montgomerie, Christopher Allen Nelson, Douglas Noe y Erik Porn. DIRECCIÓN DE PRODUCCIÓN: Joseph Boccia, Abby Callahan y Trish Hoffmann. SEGUNDA UNIDAD Y AYUDANTES DE DIRECCIÓN: Adam Bocknek, Jack Boem, Divya D'Souza, Adam Druxman, Gerrod Shully y Charles Simmers. EFECTOS ESPECIALES: Zoic Studios y Almost Human Inc.. INTÉRPRETES: Chris Messina (Detective Bowden), Logan Marshall-Green (Mecánico), Jenny O'Hara (Mujer mayor), Bojana Novakovic (Mujer joven), Bokeem Woodbine (Guarda de seguridad), Geoffrey Arend (Vendedor), Jacob Vargas (Ramírez), Matt Craven (Lustig), Joshua Peace (Detective Markowitz), Caroline Dhavernas (Elsa Nahai), Joe Cobden (Dwight), Zoie Palmer (Cheryl), Vincent Laresca (Henry), Rudy Webb (Viejo conserje), Craig Eldridge (Donnelly), Robert Lee (hombre chino), Genadijs Dolganovs (Conserje), Killiam Gray (Uni), Michael Rhoades (Capitán de bomberos), Kelly Jones (Bombero Kurtzy), Lee Oliveira (Bombero # 2), Jonathan Potts (Wayne Kazan), Alice Poon (Oficial Choi), Stacy Chbosky (Mujer accidentada en el coche) y Jay Hunter (Bombero).

COMO PRODUCTOR:

- Pr*aying With Anger*
- *El protegido*
- *Señales*
- *El bosque*
- *La joven del agua*
- *El incidente*
- *Airbender. El último guerrero*
- *La trampa del mal*

COMO ACTOR

- *Praying With Anger*
- *El sexto sentido*
- *El protegido*
- *Señales*
- ***El secreto de M. Night Shyamalan.*** *(The Buried Secret of M. Night Shyamalan).* AÑO: 2004. DIRECCIÓN: Nathaniel Kahn. GUIÓN: Melissa Foster. PRODUCTOR: Callum Greene. PRODUCTOR ASOCIADO: Geoff Garret. MÚSICA: Jeff Beal. DIRECTOR DE FOTOGRAFÍA: Robert Richman. MONTAJE: Brad Fuller y Geraldine Peroni. DISEÑO DE VESTUARIO: Luca Mosca. DIRECCIÓN DE PRODUCCIÓN: Jen Wall. INTÉRPRETES: Billy Arrowood (Él mismo), Adrien Brody (Él mismo), Deepak Chopra (Él mismo), Johnny Deep (Él mismo), Sean Andrew Fash (Él mismo), Adrian H. Hickman (Gerente de la tienda de vídeo), Nathaniel Kahn (Él mismo), Maggie Kiley (Cecilia Meadows), Ilana Levine (Publicista), Brick Mason (Él mismo), Griffin Newman (Fan adolescente), Chandler Parker (Javier Ortega), Sharon Pinkenson (Ella misma), Jicky Schnee (Jennifer), M. Night Shyamalan (Él mismo), Benjamín Smolen (Fan de Shyamalan), John F. Sttreet (Él mismo) y Greg Urban (Él mismo).
- *El bosque*
- *La joven del agua*
- *El incidente*

Made in the USA
Monee, IL
04 November 2026

67386624R00181